普通高等教育电气信息类应用型规划教材

单片机原理与应用

——基于实例驱动和Proteus仿真

（第三版）

李林功　编著

科 学 出 版 社
北　京

内 容 简 介

本书以应用为目的，以 Proteus 为仿真软件，以汇编语言和 C51 语言为编程语言，结合趣味应用实例，系统介绍 MCS-51 单片机的组织结构、工作原理、指令系统、程序设计、中断、定时/计数器、串行通信、存储器扩展、接口技术、应用系统设计等内容。书中的例题、习题解答都用 Proteus 仿真实现；习题也可以作为实践教学内容，体现“理论联系实际”“学中做、做中学”的工程教育理念。

本书可作为高等学校电子信息工程、通信工程、电气工程、自动化、计算机应用、机械工程、机电一体化等专业的“单片机原理与应用”课程教学用书，也可作为工程技术人员、单片机爱好者的技术参考书。

图书在版编目（CIP）数据

单片机原理与应用：基于实例驱动和 Proteus 仿真/李林功编著. —3 版.—北京：科学出版社，2016

（普通高等教育电气信息类应用型规划教材）

ISBN 978-7-03-047108-6

Ⅰ.①单… Ⅱ.①李… Ⅲ.①单片微型计算机-系统仿真-高等学校-教材 Ⅳ.①TP368.1

中国版本图书馆 CIP 数据核字（2016）第 009074 号

责任编辑：陈晓萍／责任校对：王万红

责任印制：吕春珉／封面设计：耕者设计工作室

科学出版社 出版

北京东黄城根北街 16 号

邮政编码：100717

http://www.sciencep.com

天津翔远印刷有限公司 印刷

科学出版社发行 各地新华书店经销

*

2011 年 6 月第 一 版 2020 年 1 月第十一次印刷

2013 年 2 月第 二 版 开本：787×1092 1/16

2016 年 2 月第 三 版 印张：19 1/4

字数：440 000

定价：38.00 元

（如有印装质量问题，我社负责调换〈翔远〉）

销售部电话 010-62136230 编辑部电话 010-62138978-2009

前　　言

随着科学技术的飞速发展，物联网技术、智慧城市理念已经逐渐走进寻常百姓的生活，这使得信息技术的应用深度和广度不断拓展，也为单片机技术的发展和应用开拓了新的应用空间。

单片机种类繁多，性能各异，但由于8位单片机资源丰富、性价比高，目前应用最为广泛。单片机技术简单易学，应用广泛，掌握单片机的工作原理及应用方法是电类专业学生的基本素质。本书将以MCS-51单片机为例介绍单片机的工作原理及应用技术。

本书是作者们多年教学、科研经验和集体智慧的结晶，具有鲜明特色。

1. 易学易用。本书主要面向单片机初学者，内容安排遵循由简到繁、循序渐进、实用、有趣、易学、易懂、易用的原则，重点讲述单片机的基础知识，培养学生的单片机应用基本方法和基本能力。相关的扩展内容、扩展实例、扩展应用都放在单片机课程网站上，所有读者均可随时下载使用。体现强化基础、强调应用、内容开放、适合不同读者需求的教学理念。

2. Proteus仿真。书中所有例题、习题解答都用Proteus仿真实现，教学过程中，随时可以展示仿真过程和仿真结果。既培养学生的仿真能力，加深学生对教学内容的理解和掌握程度，又提高学生的单片机应用系统分析、设计能力和工程实践能力。

3. 双语言编程。书中例题、习题解答都用汇编语言和C51语言两种语言编程，方便不同需求的学生学习、应用，既培养学生的程序设计方法，提高学生对教学内容的理解、掌握程度，又方便学生实践应用，使教学内容更加接近工程实践。

4. 实用有趣。教学内容，特别是例题、习题紧密结合学生生活实际和生产应用实际，既体现单片机的基本工作原理，又体现单片机应用系统的设计方法，有效提高了教学内容的实用性和趣味性，师生可以边讲、边学、边做，充分体现“学中做、做中学”的工程教育理念。书中的练习题既可作为学生的练习作业，也可作为实验内容，一书两用，方便实用。

5. 内容开放。书中习题少而精，但每一道习题都是开放的、可以无限扩展的，追求“做一件事，做好一件事”的教学理念。学习有困难的学生可以完成例题、习题的基本要求；普通学生可以在现有例题、习题基础上，根据自己的需求实现自主扩展或扩充；优秀学生可以创新应用，实现超越。教学内容适合所有学生的所有需求。

6. 网络支持。教材为师生提供基本的教学内容；课程网站为师生提供丰富的扩展内容、应用资料；课程QQ群为师生提供互相学习、及时交流的平台，随时问，及时答，有问必答。及时解决学生学习过程中遇到的问题，培养好习惯，增强自信心。

7. 有声、有色、有滋味。绝大部分教学内容，特别是例题、习题，通过趣味实例呈现，且通过 Proteus 仿真；仿真结果通过不同颜色的 LED、数码管显示，通过扬声器或蜂鸣器发声。所有教学内容都是无限开放的，学生可以根据自己的理解和爱好在基础内容上进行扩展，可以根据自己的实际需求，选择一个或几个题目进行深入研究。如从点亮一个 LED 开始，逐步到 LED 闪烁、流水灯、交通灯、彩灯等，步步升级，慢慢体会单片机应用的真实滋味，真正实现让学生喜欢学、有条件学、学得会、用得上的教学目标。从而使教学内容有声、有色、有滋味，使单片机教学像玩升级游戏一样趣味横生、其乐无穷。

全书共分 12 章。第 1 章介绍单片机的发展、特点和应用；第 2 章介绍 MCS-51 单片机的内部结构、引脚功能、存储器结构、端口结构等内容；第 3 章介绍 MCS-51 单片机的寻址方式和 111 条指令；第 4 章介绍常用伪指令、汇编语言程序的基本结构和设计方法；第 5～7 章分别介绍 MCS-51 单片机的中断、定时器/计数器、串行通信功能；第 8～11 章分别介绍单片机应用系统中的按键与显示技术、A-D 转换技术、D-A 转换技术、存储器扩展技术、输入/输出端口扩展技术；第 12 章介绍单片机应用系统的设计方法。书后附有 ASCII 表、MCS-51 单片机指令详解表、Proteus 使用简介、C51 语言简介等内容，以便读者查阅使用。

本书在参编者共同讨论的基础上，由浙江大学宁波理工学院李林功统编、统写、统校完成。参加修改编写的有浙江大学宁波理工学院吴飞青、丁晓、裘君，山东建筑大学于复生，防灾科技学院马洪蕊，浙江工商职业技术学院叶香美，浙江万里学院吕昂、郑子含，浙江树人大学阮越，宁波大红鹰学院裴佳利，河南师范大学杨豪强、王长清，德州学院张福安，河南财经政法大学袁泽明，郑州华信学院宋东亚、褚新建，河南工程学院陶春鸣，广东石油化工学院张翼成、左敬龙等。

本书配有 PPT 课件、习题解答、全部例题和习题解答 Proteus 仿真、实验指导等资料。欢迎广大教师向科学出版社（cxp666@yeah.net）索取、使用。

在本书编写、出版过程中，参阅、借鉴了许多优秀教材和技术专家的宝贵经验、技术资料和研究成果，得到了科学出版社的大力支持，在此深表感谢。

由于作者水平有限，书中错误和不妥之处在所难免，敬请读者不吝指正。

李林功

2015 年 11 月

目　　录

第1章 概　　述

随着科学技术的迅速发展，单片机的功能越来越强大、体积越来越小、功耗越来越小、价格越来越便宜、学习越来越简单、使用越来越方便、应用越来越广泛。从手机、电视到火箭、飞船，从精细农业、现代化工业到医疗卫生、军事、航空，都有单片机的踪迹，可以说，单片机的应用无处不在。

1.1 单片机基本结构

单片机是单片微型计算机（Single Chip Microcomputer）的简称，又称微控制器（Micro- controller），它是将中央处理器（Central Processing Unit，CPU）、存储器、中断控制器、定时器/计数器、输入/输出（Input/Output，I/O）端口、总线等部件做在一个芯片上的集成电路芯片，如图 1.1 所示。在现代应用系统中，单片机常被作为控制器件嵌入其中，所以也被称为嵌入式微控制器或嵌入式单片微机。

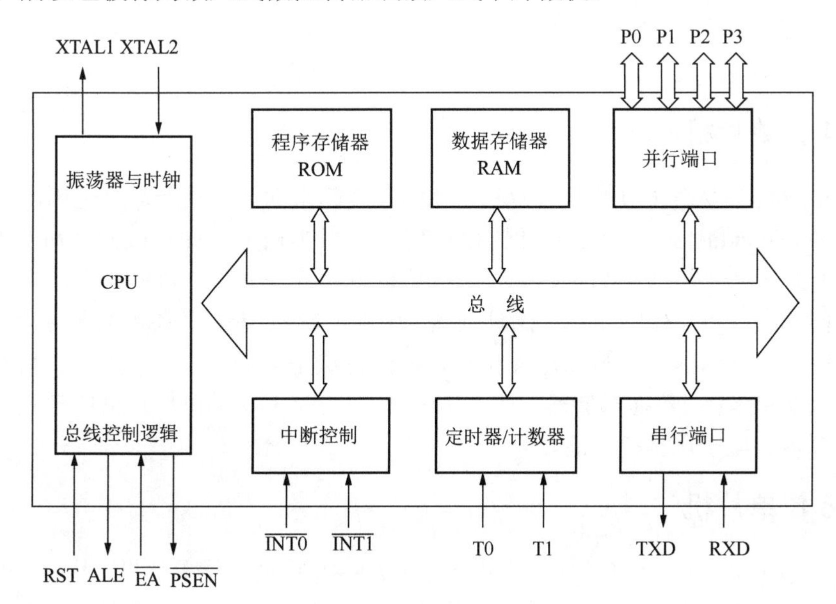

图 1.1　单片机的逻辑结构

中央处理器是单片机的核心部件，它由运算器和控制器组成，主要完成算术运算、逻辑运算和逻辑控制等功能。

存储器是具有记忆功能的电子部件，分为只读存储器（Read Only Memory，ROM）

和随机存储器（Random Access Memory，RAM）两类。只读存储器用于存储程序、表格等相对固定的信息，所以也称为程序存储器；随机存储器用于存储程序运行期间所需要的数据和产生的结果，所以也称为数据存储器。

输入/输出端口是单片机与外界进行信息交流的通道，其主要功能是协调、匹配单片机与外部设备的工作。并行口传输并行信息，速度快，但需要的引脚数目多，适合近距离快速传送。串行口传送串行信息，速度慢，但需要的引脚数目少，适合远距离传送。

定时器/计数器用于实现系统定时或事件计数，并以定时或计数结果对操作对象进行控制。

中断控制系统是单片机为满足各种实时控制而设置的功能部件，是重要的输入/输出机制。

输入/输出端口、中断控制系统、定时器/计数器是单片机重要的内部资源，为单片机控制外部设备，实现信息交流提供了强有力的支持。

时钟电路主要由振荡器和分频器组成，为系统各工作部件提供时钟。

总线（Bus）是各工作部件之间传送信息的公共通道。按照功能可把总线分为数据总线（Data Bus，DB）、地址总线（Address Bus，AB）和控制总线（Control Bus，CB）三部分，分别传送数据信息、地址信息和控制信息。

1.2 单片机的发展

1971 年英特尔（Intel）公司的霍夫（Hoff）博士研制成功了世界上第一块 4 位微处理器芯片 Intel 4004，这标志着微型计算机时代从此开始。

1.2.1 4 位单片机

4 位单片机主要是在 1974～1976 年期间发展起来的。典型产品有美国国家半导体（National Semiconductor，NS）公司的 COP402 系列，日本松下（Panasonic）公司的 MN1400 系列等。4 位单片机有一个 4 位 CPU，一次可以直接处理 4 位二进制信息。内部设有多个通用功能模块（如并行口、定时器/计数器、中断控制系统等），还可配备专用接口（如打印机、键盘、显示器、音箱等）。4 位单片机的特点是体积小，功能简单，片内程序存储器一般为 2～8KB，数据存储器一般为 128×4～512×4 位。4 位单片机广泛应用于家用电器、计算器、电子玩具等产品。

1.2.2 8 位单片机

1976 年 9 月，美国 Intel 公司首先推出了 MCS-48 系列 8 位单片机。从此，单片机发展进入了一个崭新的阶段。但在 1978 年以前，各厂家生产的 8 位单片机，由于受集成电路技术的限制，一般没有串行接口，并且寻址范围也比较小（小于 8KB），从性能上看属于低档 8 位单片机。随着集成电路工艺水平的提高，在 1978～1983 年期间集成电路的集成度提高到几万只管/片，因而一些高性能的 8 位单片机相继问世。例如，1978 年摩托罗拉（Motorola）公司推出的 MC6801 系列，Zilog 公司推出的 Z8 系列，1979 年 NEC 公司推出的 uPD78XX 系列，1980 年 Intel 公司推出的 MCS-51 系列等，寻址能力都能达到 64KB，片内 ROM 容量为 4～8KB，片内除带有并行 I/O 口外，还有串行 I/O 口，某些还有 A-D 转换器。通常把这类单片机称为高档 8 位单片机。

随着应用需求的不断增长，各生产厂家在高档 8 位单片机的基础上，又相继推出了超 8 位单片机。如 Intel 公司的 8X252，Zilog 公司的 SUPER8，Motorola 公司的 MC68HC 等。它们不但进一步扩大了片内 ROM 和 RAM 的容量，同时还增加了通信功能、DMA 传输功能以及高速 I/O 功能等。自 1985 年以后，各种高性能、大存储容量、多附加功能的超 8 位单片机不断涌现，它们代表了单片机的发展方向之一，在单片机应用领域中发挥着越来越重要的作用。

8 位单片机由于功能强，价格适中，软硬件资源丰富，被广泛应用于工业控制、智能仪器仪表等领域，是目前单片机应用的主要机型。

1.2.3　16 位单片机

1983 年以后，集成电路的集成度可达十几万只管/片，16 位单片机逐渐问世。这一阶段的代表产品有 Intel 公司推出的 MCS-96/98 系列，美国国家半导体公司推出的 HPC 系列，Motorola 公司推出的 M68HC16 系列，NEC 公司推出的 783XX 系列等。16 位单片机在功能上又上了一个新的台阶，如 MCS-96 系列单片机的集成度为 12 万只管/片，片内含有 16 位 CPU、五个 8 位并行 I/O 口、四个全双工串行口、四个 16 位定时器/计数器、八级中断处理系统、高速输入/输出 HSIO、脉冲宽度调制（Pulse Width Modulation，PWM）输出、特殊用途的监视定时器等。16 位单片机功能强大，常用于高速复杂的控制系统。

1.2.4　32 位单片机

随着集成电路技术的不断发展和实际应用需要的快速增长，许多生产厂家相继推出高性能 32 位单片机。如 Motorola 公司推出的 M68300 系列，日立公司推出的 SH 系列等。这些单片机中不仅包含有存储器和 I/O 端口，而且还包含有专门的通信链路接口，能按计算方法的特点直接连成各种阵列，满足快速响应的要求。32 位单片机常用于信号处理、图像处理、高速控制、通信等。

1.2.5　单片机的发展方向

随着单片机功能的不断提高和应用需求的迅速增加，单片机正朝着多功能、高速度、低功耗、低价格、大存储容量等方向发展。

1）多功能。把应用系统中经常需要的存储器、液晶显示（Liquid Crystal Display，LCD）驱动器、模拟-数字（Analog-Digital，A-D）转换、数字-模拟（Digital-Analog，D-A）转换、多路模拟开关、采样/保持器等都集成到单片机芯片中，从而成为名副其实的单片微机。

2）高性能。为了提高速度和执行效率，在单片机中使用精简指令集计算机（Reduced

Instruction Set Computer，RISC）体系结构、并行流水线操作等设计技术，使单片机的指令运行速度得到大大提高，电磁兼容性得到明显改善。

3）CMOS（Complementary Mental Oxide Semiconductor）工艺。单片机采用两种半导体工艺生产。一种是HMOS（High Performance Mental Oxide Semiconductor）工艺，即高密度短沟道MOS工艺，它具有高速度和高密度等特点。另一种是互补金属氧化物（Complementary HMOS，CHMOS）工艺，这种工艺除具有HMOS的优点外，还具有CMOS工艺的低功耗特点。如8051（HMOS）的功耗为630mW，而80C51（CHMOS）的功耗仅为120mW。从第三代单片机开始淘汰非CMOS工艺。目前，数字逻辑器件也已普遍采用CMOS工艺了。

4）串行总线。串行总线可以显著减少引脚数量，简化系统结构。随着串行外围器件的迅速发展，单片机的串行接口的普遍化、高速化趋势越来越明显，许多公司都推出了串行总线单片机，极大地丰富了单片机的应用领域。

5）大存储容量。由于集成电路集成度的不断提高，有的单片机的寻址能力已突破64KB的限制，8位、16位单片机的寻址能力已可达到1MB、16MB。这给单片机用户带来很大方便。

1.3 单片机的特点

单片机种类多、型号多、生产厂家多，每个厂家生产的不同型号的单片机都有自己独特的优势和特色，但普遍具有以下特点。

1. 种类多，型号全

单片机生产厂家为了适应市场需求，都推出丰富的系列产品，使系统开发工程师有广泛的选择余地，并且大部分产品具有较好的兼容性，使产品容易进行升级换代。

2. 体积小，价格低

单片机集成度高，功能丰富，能方便地构成各种智能化的设备和仪器，这也使得单片机的销售量不断增加，价格不断降低，应用的领域不断扩大。

3. 面向控制

单片机的硬件结构和指令系统都带有强烈的控制色彩，这使得用单片机完成各类控制任务变得简单方便。

4. C语言开发环境，易于开发

大多数单片机提供基于C语言的开发平台，并提供大量的实用函数库，这使产品的开发周期、代码可读性、可移植性都大大提高。

5. 网络功能

使用单片机可以方便地构成多机或分布式控制系统，使应用系统的效率和可靠性大为提高，也可以将单片机作为互联网的网络终端。

6. 扩展能力强

在单片机内部的各种功能部件不能满足应用需要时，均可在外部进行扩展（如扩展ROM、RAM、I/O 接口、定时器/计数器、中断控制系统等），由于单片机与许多通用的接口芯片兼容，给应用系统设计带来极大的方便。

7. 抗干扰能力强

为了满足各种复杂应用需求，单片机芯片是按工业测试环境要求设计的。产品在120℃温度条件下经 44 小时老化处理，又通过电气测试及质量检验，以适应各种恶劣的工作环境。

1.4 单片机的应用

由于单片机具有功能强、价格低、体积小、使用方便等特点，在工农业生产、航空航天、日常生活等各个领域，都得到了广泛应用。

1. 工业、农业、军事、航空

单片机作为控制器广泛用于工业测控、航空航天、尖端武器、机器人、船舶、精细农业等实时控制系统中。单片机的实时数据处理能力和控制功能，可使系统保持在最佳状态，有效提高系统的工作效率和产品质量。

2. 仪器仪表

目前单片机应用最多、最活跃的是在仪器仪表领域。由于单片机具有体积小、功耗低、控制功能强、扩展灵活、使用方便等优点，结合不同类型的传感器，可方便实现诸如电压、功率、频率、湿度、温度、流量、速度、厚度、角度、长度、硬度、元素、压力等物理量的测量。使用单片机，可以使仪器仪表数字化、智能化、微型化，可以提高测量的自动化程度和精度，简化仪器仪表的硬件结构，提高性价比。

3. 计算机外部设备与智能接口

目前，大部分计算机的外部设备包含有单片机。如微型打印机内部采用 8031 单片机控制，带有小型汉字库，能打印汉字，可与一般的 4 位或 8 位微机配接，通信方式简单，使用方便。软盘驱动器采用 8048 单片机，存储多种速度值，片内 RAM 中有磁道寄存器、制动计数器，能控制寻道和定位。

4. 电子商务设备

在电子商务设备中，如自动售货机、电子收款机等设备中都有单片机的踪迹。

5. 家用电器

在家用电器中，如洗衣机、电冰箱、电视机、收录机、照相机、摄像机等家用电器配上单片机后，增加了功能，提高了性能，简化了操作，备受人们的喜爱。

6. 医疗器械

为了有效提高医疗器械的智能化、自动化水平，普遍采用单片机。如医用呼吸机、血液分析仪、生理体征监护仪、超声诊断设备、病床呼叫系统等，都是单片机的典型应用。

7. 汽车电子

单片机在汽车电子中的应用越来越广泛，例如，汽车中的发动机控制器、GPS 导航系统、ABS 防抱死系统、制动系统等都由单片机控制。

8. 网络及通信

在比较复杂的系统中，常采用分布式结构，单片机在这种系统中往往作为一个终端，安装在系统的某些节点上，对现场信息进行实时测量和控制，大大提高了系统的工作效率和灵活性。

思考题

1. 单片机主要由哪些功能模块构成？各模块的主要功能是什么？
2. 举例说明你身边的单片机应用。

第2章 硬件基础

目前，单片机种类繁多，性能各异，但其工作原理是相通的，学会了一种，其他种类的单片机也就不难理解了。本书将以目前流行的 MCS-51 系列单片机为例介绍单片机的基本结构、工作原理和应用方法。

2.1 体系结构

MCS-51 单片机主要由运算器、控制器、定时器/计数器、程序存储器 ROM、数据存储器 RAM、串行 I/O 端口、并行 I/O 端口、中断控制系统、时钟电路和总线等工作部件组成，如图 2.1 所示。

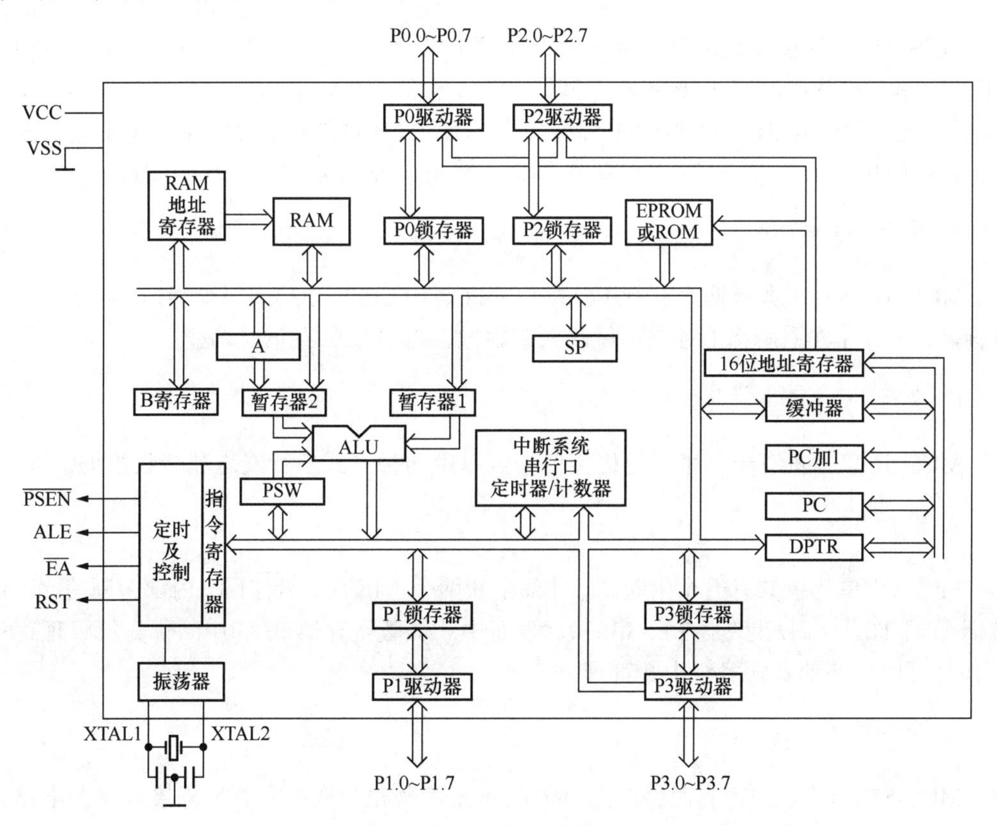

图 2.1 MCS-51 单片机内部结构

1. 运算器

运算器包括算术逻辑单元（Arithmetic and Logic Unit，ALU）、累加器（Accumulator，ACC）、B 寄存器、程序状态寄存器（Program Status Word，PSW）、暂存器 1 和暂存器 2 等部件，主要完成算术、逻辑运算功能。

2. 控制器

控制器包括程序计数器（Program Counter，PC）、指令寄存器（Instruction Register，IR）、指令译码器（Instruction Decoder，ID）、数据指针（Data Pointer，DPTR）、堆栈指针（Stack Pointer，SP）、缓冲器以及定时与控制矩阵等，主要功能是：指令译码，控制各功能部件协调工作。

3. 定时器/计数器

定时器/计数器常用于定时控制、延时等待以及对外部事件的计数和检测等场合。MCS-51 单片机片内有两个 16 位的加 1 定时器/计数器。

4. 存储器

MCS-51 单片机采用程序存储器和数据存储器互相独立的哈佛（Harvard）结构。MCS-51 单片机片内配有 4KB 程序存储器，用于存储程序、表格等信息，如果不够用，外部可以扩展到 64KB。MCS-51 单片机片内配有 256B 数据存储器，主要用于存放程序执行过程中用到的数据和产生的结果，如果不够用，外部可以扩展到 64KB。

5. 并行 I/O 端口

MCS-51 单片机共有四个并行 I/O 端口（P0、P1、P2、P3），每个端口都有八个 I/O 引脚，每一个 I/O 引脚都能独立用做输入或输出。部分引脚有第二功能。

6. 串行 I/O 端口

MCS-51 单片机有一个串行通信接口，可以用四种方式串行发送和接收数据。

7. 中断系统

MCS-51 单片机共有五个中断源，外部中断两个（$\overline{\text{INT0}}$、$\overline{\text{INT1}}$）、内部中断三个（定时/计数器 T0、定时/计数器 T1、串口）。设有中断屏蔽寄存器 IE 和中断优先权管理寄存器 IP，可以方便地实现多级中断管理。

8. 时钟电路

MCS-51 单片机内部有时钟电路，但晶体振荡器和微调电容必须外接。时钟电路为单片机产生时钟脉冲序列，控制单片机各工作部件协调工作。

9. 总线

总线是各个工作部件之间进行信息交流的公共通道。单片机的各组成部件都是通过总线连接并互相通信的。通常按照功能把总线分为地址总线（Address Bus，AB）、数据总线（Data Bus，DB）和控制总线（Control Bus，CB）三部分，也称为三总线。采用总线结构有效提高了单片机应用系统设计的灵活性和维护的方便性。

2.2 引脚功能

单片机的封装形式多种多样，如双列直插式封装（Dual In-line Package，DIP）、贴片封装（Lead Chip Carrier，LCC）、扁平封装（Quad Flat Package，QFP）等。但由于采用DIP封装的IC芯片有两排引脚，通常是插入具有DIP结构的芯片插座上工作，适合在印制电路板（Printed Circuit Board，PCB）上穿孔焊接，且插拔操作十分方便。所以，大部分新产品开发、试验产品、教学实验室采用DIP芯片。MCS-51单片机的DIP封装形式及逻辑结构如图2.2所示。

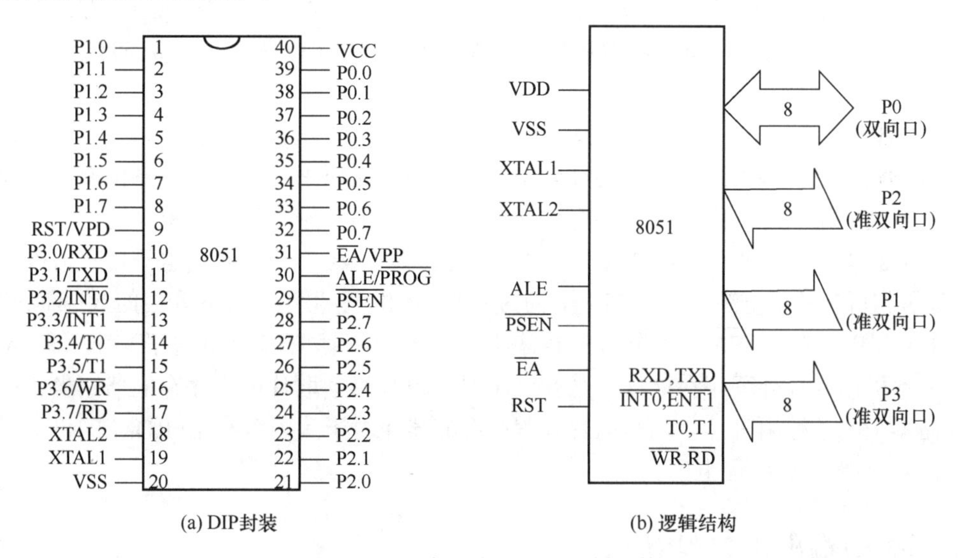

图2.2 单片机封装形式及逻辑结构

MCS-51单片机的DIP封装为40引脚，下面介绍各引脚的主要功能。

1. 电源和晶振

VCC（40）：接+5V电源正端。

VSS（20）：接电源地端。

XTAL1（19）：接外部石英晶体的一端。在单片机内部，它是一个反相放大器的输入端，这个放大器构成了片内振荡器。

XTAL2（18）：接外部石英晶体的另一端。在单片机内部，它是反相放大器的输出端。

2. I/O 端口

P0 口（32～39）：P0 口包括 P0.0～P0.7。在不接片外存储器与不扩展 I/O 端口时，可作为准双向 I/O 口。在接有片外存储器或扩展 I/O 端口时，P0 口分时复用（不同时刻用途不同）为低 8 位地址总线和双向数据总线。

P1 口（1～8）：P1 口包括 P1.0～P1.7，可作为准双向 I/O 口使用。

P2 口（21～28）：P2 口包括 P2.0～P2.7，在不接片外存储器、不扩展 I/O 端口时，可作为准双向 I/O 口使用。在接有片外存储器或扩展 I/O 口时，P2 口用做高 8 位地址总线。

P3 口（10～17）：P3 口包括 P3.0～P3.7。除作为准双向 I/O 口使用外，还有第二功能。

3. 控制线

ALE/$\overline{\text{PROG}}$（30）：地址锁存有效信号输出端/编程脉冲输入端。ALE 在每个机器周期内输出两个脉冲。在访问片外存储器期间，下降沿用于锁存 P0 口输出的低 8 位地址。对于片内含有 EPROM 的机型，在编程期间，该引脚用做编程脉冲 $\overline{\text{PROG}}$ 的输入端，低电平有效。

$\overline{\text{PSEN}}$（29）：片外程序存储器读选通信号，低电平有效。在从外部程序存储器读取指令或常数期间有效，在每个机器周期，该信号两次有效，以便通过数据总线 P0 口读取指令或常数。

RST/VPD（9）：复位/备用电源。该引脚为单片机的上电复位或掉电保护端。当单片机振荡器工作时，该引脚上出现持续两个机器周期的高电平，就可实现复位操作，使单片机恢复到初始状态。上电时，考虑到振荡器有一定的起振时间，该引脚上高电平必须持续 10ms 以上才能保证有效复位。当系统发生故障，VCC 降低到低电平规定值或掉电时，该引脚可接备用电源 VPD（+5V），为内部 RAM 供电，以保证 RAM 中的数据不丢失。

$\overline{\text{EA}}$/VPP（31）：$\overline{\text{EA}}$为片外程序存储器选用端。该引脚有效（低电平）时，即$\overline{\text{EA}}$=0 时，单片机读取片外程序存储器；当$\overline{\text{EA}}$=1 时，单片机读取片内程序存储器，当片内程序存储器空间不够用时，自动转向片外程序存储器。对于片内含有 EPROM 的机型，编程时，VPP 接 21V 编程电压。

2.3 输入/输出端口结构

MCS-51 单片机共有四个 8 位的并行双向口，共计有 32 根输入/输出引脚。各端口的每一位均有锁存器、输出驱动器和输入缓冲器。但由于它们在结构上有一定的差异，所以各端口的性质和功能也各不相同，如表 2.1 所示。

表 2.1 端口性能

端口	P0	P1	P2	P3
位数	8	8	8	8
字节地址	80H	90H	A0H	B0H
位地址	80H～87H	90H～97H	A0H～A7H	B0H～B7H
灌电流（引脚）	10mA	10mA	10mA	10mA
拉电流（引脚）		50μA	50μA	50μA
P3 口第二功能	P3.0=RXD，串行口输入端 P3.1=TXD，串行口输出端 P3.2= $\overline{\text{INT0}}$，外部中断 0 请求输入端，低电平或下降沿有效 P3.3= $\overline{\text{INT1}}$，外部中断 1 请求输入端，低电平或下降沿有效 P3.4=T0，定时器/计数器 0 计数输入端 P3.5=T1，定时器/计数器 1 计数输入端 P3.6= $\overline{\text{WR}}$，外部数据存储器写选通信号输出端，低电平有效 P3.7= $\overline{\text{RD}}$，外部数据存储器读选通信号输出端，低电平有效			

2.3.1 P0 口

P0 口是一个三态双向口，可作为地址/数据分时复用口，也可作为普通 I/O 口。其一位结构如图 2.3 所示。在图中，锁存器起输出锁存作用，场效应晶体管 VT1、VT2 组成输出驱动器，以增大带负载能力；三态门 1 是引脚输入缓冲器；三态门 2 用于控制读 D 锁存器操作；与门 3、反相器 4 及多路开关 MUX 构成了输出控制电路。

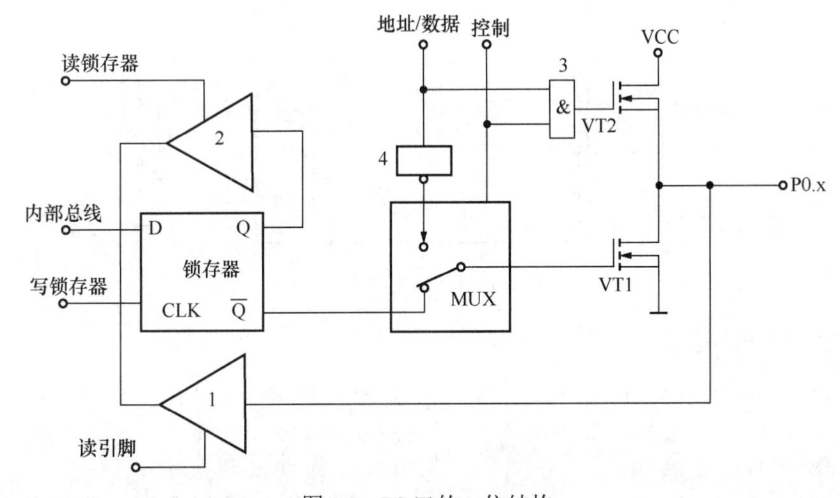

图 2.3 P0 口的一位结构

P0 口的工作过程：当输出“地址/数据”时，“控制”信号被置成高电平 1，反相器 4 与 VT1 接通。当“地址/数据”为 1 时，VT1 截止，与门 3 输出高电平 1，VT2 导通，P0.x 引脚为高电平 1；当“地址/数据”为 0 时，与门 3 输出低电平 0，VT2 截止，VT1 导通，P0.x 引脚为低电平 0。

当 P0 口作为 I/O 口使用时，“控制”信号被置成低电平 0，D 锁存器反相输出端与

VT1 接通。由于“控制”信号为低电平，VT2 截止，VT1 漏极开路输出。当 D 锁存器反相输出端输出 0 时，VT1 截止，这个时候，需要在 P0.x 引脚上外接上拉电阻，使得 P0.x 引脚为高电平 1；当 D 锁存器反相输出端输出 1 时，VT1 导通，P0.x 引脚为低电平 0。

当从 P0.x 引脚输入信息时，控制信号使 VT2 截止，为保证电路的安全及正确输入引脚信号，必须先向 D 锁存器输出 1，使 VT1 截止，即置端口为高阻态，或称输入状态，P0.x 引脚内容才能通过输入缓冲器 1 正确输入到内部总线。

【例 2.1】 P0 口驱动 LED。电路如图 2.4 所示，XTAL1、XTAL2 接石英晶体 X1 和振荡电容 C1、C2，构成单片机外部振荡电路，产生时钟脉冲。电阻 R1 和电容 C3 组成上电复位电路，按键 K1、电阻 R1、R2 组成手动复位电路。按键 K2 闭合，LED 闪烁；K2 断开，LED 点亮。变阻器 RH1 既可以调节 LED 亮度，又是 P0.0 引脚的上拉电阻。

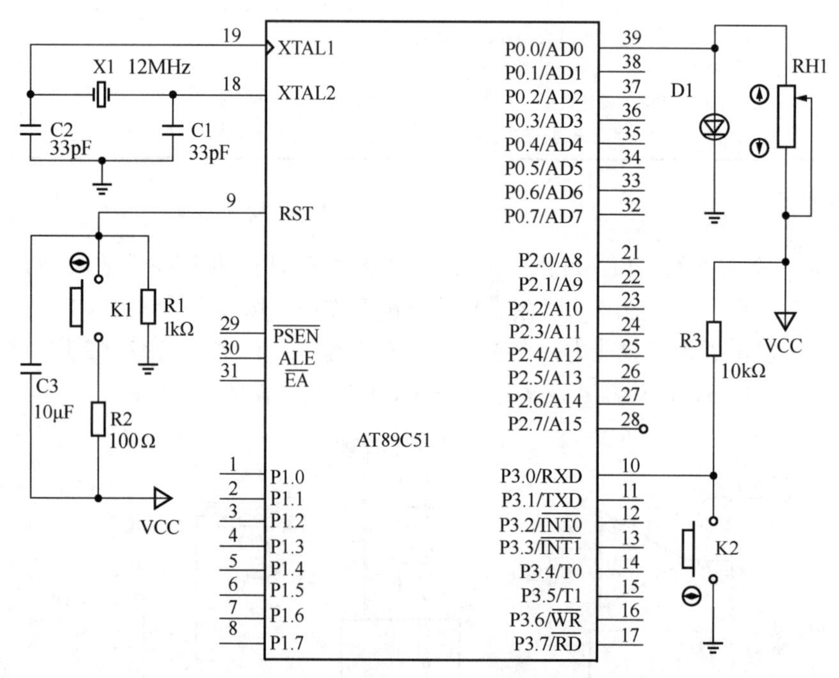

图 2.4 P0 口驱动 LED

C 语言参考程序如下：

```
#include<reg51.h>                   //预处理命令，定义 SFR 头文件
sbit key = P3^0;                    //key 为 P3.0 引脚
sbit led = P0^0;                    //LED 为 P0.0 引脚
void delay(unsigned char x)         //延时函数，无返回值，x 为无符号字符型参数
{
    unsigned char i;                //变量 i 为无符号字符型变量
    while(x--)                      //x≠0 循环，x 自减 1
    {
        for(i=0; i<123; i++){;}     //延时循环
    }
```

```
    }
    void main(void)                         //主函数，无参数，无返回值
    {
        while(1)                            //死循环
        {
            if(key==0)                      //按下按键，LED 闪烁
            {
                led = 0;                    //led 置 0，熄灭 LED
                delay(130);                 //延时
                led = 1;                    //点亮 LED
                delay(130);                 //延时
            }
            Else                            //按键放开，LED 点亮
            led = 1;                        //点亮 LED
        }
    }
```

2.3.2 P1 口

P1 口的一位结构如图 2.5 所示。P1 口的输出驱动部分由场效应晶体管 VT1 与内部上拉电阻组成，可以直接驱动拉电流负载，不必像 P0 口那样需要外接上拉电阻。

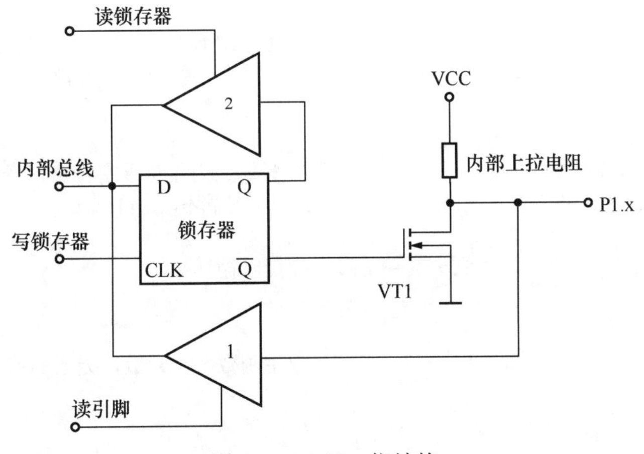

图 2.5 P1 口一位结构

P1 口的工作过程：内部总线输出高电平 1 时，D 锁存器反相输出端输出低电平 0，VT1 截止，P1.x 引脚通过上拉电阻输出高电平 1；内部总线输出低电平 0 时，D 锁存器反相输出端输出高电平 1，VT1 导通，P1.x 引脚输出低电平 0。

作为输入端口使用时，应先向 D 锁存器输出 1，使 VT1 截止，端口处于输入状态。P1.x 引脚电平通过输入缓冲器 1 输入内部总线。

【例 2.2】 P1 口驱动蜂鸣器。电路如图 2.6 所示。HA1 为蜂鸣器，三极管 VT 为蜂鸣器提供功率。当 P1.7 输出高电平 1 时，晶体管导通，蜂鸣器发声。

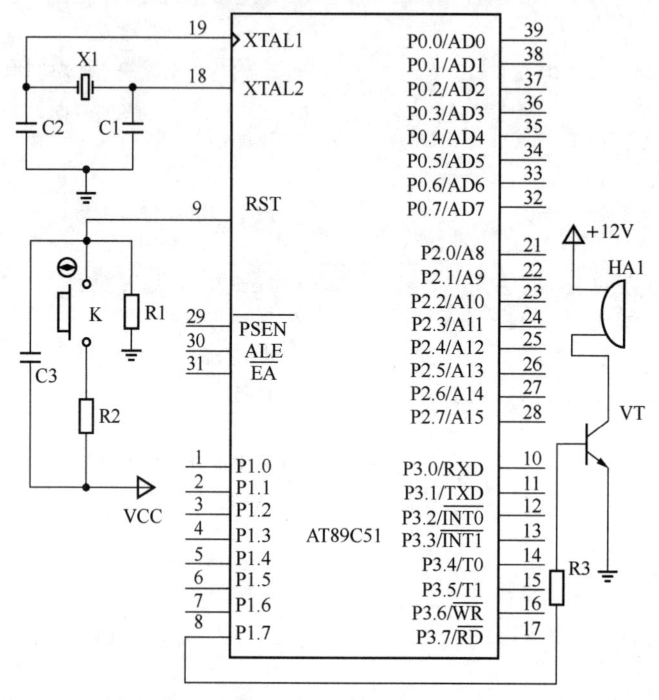

图 2.6　P1 口驱动蜂鸣器

C 语言参考程序如下：

```
#include<reg51.h>                  //预处理命令，定义 SFR 头文件
sbit beep = P1^7;                  //蜂鸣器连接 P1.7 引脚
void delay(unsigned char x)        //延时函数，x 为无符号字符型参数
{
    unsigned char i;               //变量 i 为无符号字符类型变量
    while(x--)                     //x≠0 循环，x 自减 1
    {
        for(i=0; i<123; i++){;}    //延时循环
    }
}
void main()                        //主函数，无参数，无返回值
{
    while(1)                       //死循环
    {
        {
            beep = ~beep;          //蜂鸣器端口取反
            delay(100);            //延时
        }
    }
}
```

2.3.3　P2 口

P2 口的一位结构如图 2.7 所示。从图中可以看出，它在结构上与 P1 的区别在于多

了一个多路转换开关和反相器，它具有通用 I/O 端口和高 8 位地址总线输出两种功能。

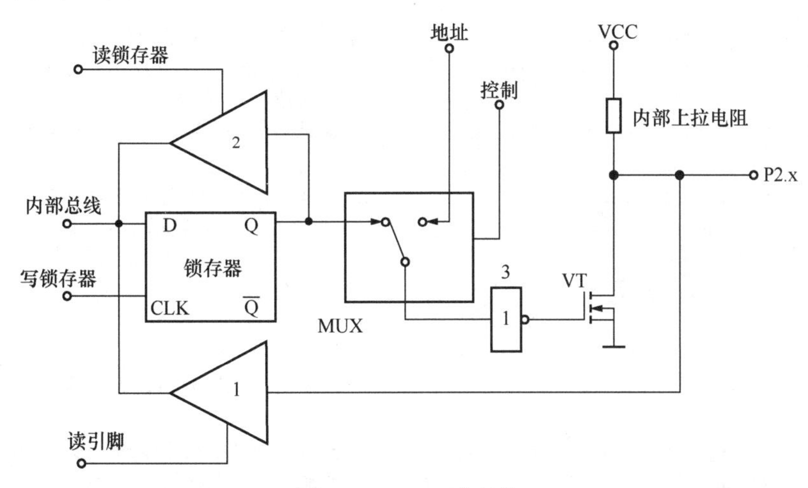

图 2.7　P2 口一位结构

P2 口的工作过程：当作为通用 I/O 口使用时，“控制”信号使转换开关接向 D 锁存器，D 锁存器 Q 端经反相器 3 接 VT，其工作原理与 P1 口相同。

当作为外部扩展存储器的高 8 位地址总线使用时，“控制”信号使转换开关接向“地址”线，程序计数器 PC 的高 8 位地址 PCH，或数据指针 DPTR 的高 8 位地址 DPH 经反相器 3 和 VT 原样呈现在 P2 口的引脚上，输出高 8 位地址 A8～A15 信息。

【例 2.3】 P2 口驱动共阳极数码管，电路如图 2.8 所示。P2.0～P2.6 接数码管的 abcdefg 段，控制数码管显示内容，数码管公共端接高电平。

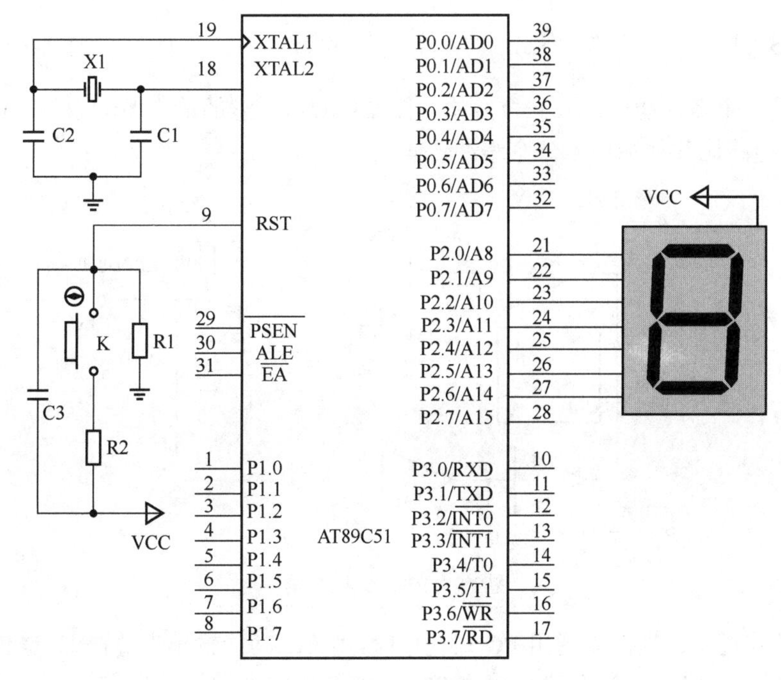

图 2.8　P2 口驱动数码管

在数码管上循环显示 0、1、2、3、4、5、6、7、8、9 的 C 语言参考程序如下：

```
    #include<reg51.h>                    //预处理命令，定义 SFR 头文件
    unsigned char tab[] = {0xC0, 0xF9, 0xA4, 0xB0, 0x99, 0x92, 0x82, 0xF8,
0x80, 0x90};                             //定义数码管显示代码表
    void delay(unsigned int x)           //延时函数，x 为无符号整型参数，无返回值
    {
        unsigned char i;                 //变量 i 为无符号字符类型变量
        while(x--)                       //x≠0 循环，x 自减 1
        {
            for(i=0; i<123; i++){;}      //延时循环
        }
    }
    void main()                          //主函数，无返回值，无参数
    {
        unsigned char s;                 //s 为无符号字符型变量，用于查表
        while(1)                         //死循环
        {
            P2 = tab[s];                 //在 P2 口显示数字
            delay(1000);                 //延时
            s++;                         //变量 s 加 1
            if(s==10)                    //判断计数值是否为 10
            {
                s=0;                     //若 s=10，0～9 显示完毕，清零
            }
        }
    }
```

2.3.4 P3 口

P3 口是一个多功能口，其一位结构如图 2.9 所示。它的输出驱动由与非门 3 和 VT 组成。输入电路比其他端口多一个缓冲器 4。

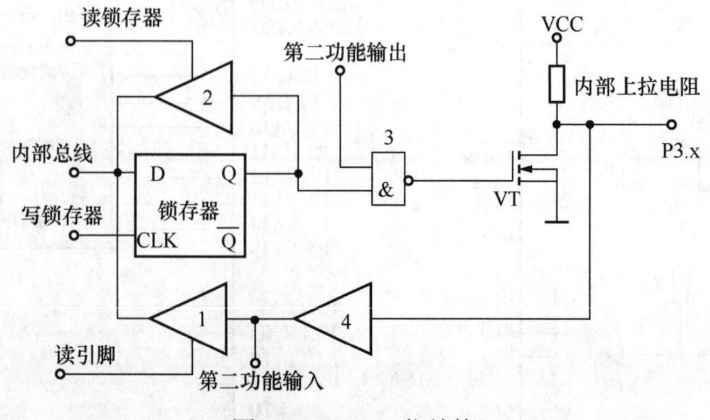

图 2.9 P3 口一位结构

P3 口工作过程：当作为通用 I/O 口使用时，“第二功能输出”端置 1，D 锁存器的输出数据经过与非门 3 和 VT 传送到引脚 P3.x，其工作状态和 P1 口类似。

当使用第二功能时，D 锁存器输出高电平 1，“第二功能输出”信号经过与非门 3 和 VT 传送到引脚 P3.x。P3 口的第二功能如表 2.1 所示。

端口输入时，使 D 锁存器输出高电平 1，和“第二功能输出”的高电平相与，使 VT 截止，外部引脚信号经读引脚缓冲器输入。若是第二功能信号输入，则经缓冲器 4 输入。

【例 2.4】　P3 口驱动电磁继电器，电路如图 2.10 所示。晶体管 VT1 为继电器提供驱动电流，VD1 为续流二极管，在继电器断开的瞬间，提供泄放电流通路。L 为白炽灯，交流电源 S 为 L 提供能量。当 P3.0 为高电平 1 时，VT1 导通，继电器闭合，L 点亮；当 P3.0 为低电平 0 时，VT1 截止，继电器断开，L 灭。

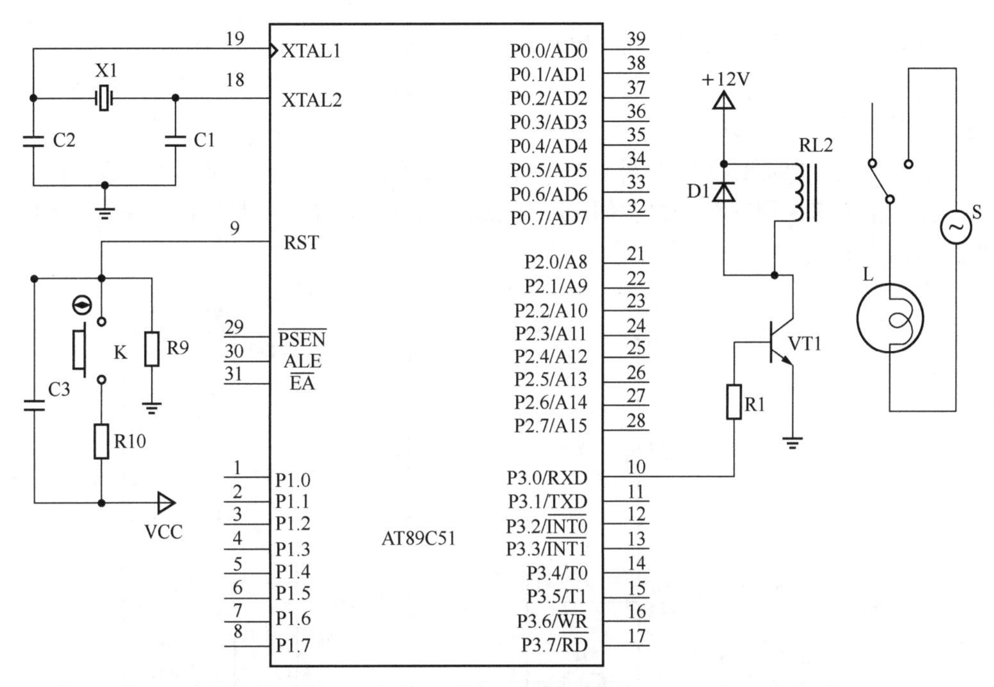

图 2.10　P3 口驱动继电器

C 语言参考程序如下：

```
#include<reg51.h>                //预处理命令，定义 SFR 头文件
sbit  jidianqi = P3^0;           //P3.0 引脚驱动继电器
void delay(unsigned int x)       //延时函数，x 为无符号整型参数，无返回值
{
   unsigned char i;              //变量 i 为无符号字符类型
   while(x--)                    //x≠0 循环，x 自减 1
   {
      for(i=0; i<123; i++){;}    //延时循环
   }
}
void main()                      //主函数，无返回值，无参数
{
   while(1)                      //死循环
   {
```

```
            jidianqi = 0;               //继电器断开，灯灭
            delay(1500);                //延时
            jidianqi = 1;               //继电器闭合，灯亮
            delay(1500);                //延时
        }
    }
```

2.4 存储器体系结构

MCS-51单片机的存储器体系采用哈佛（Harvard）结构，即程序存储器与数据存储器独立设置的结构，如图2.11所示。这种结构对于单片机面向控制的应用特点是十分有利的。从图2.11中可以看出，物理上分成四个存储器空间，即片内程序存储器、片外程序存储器、片内数据存储器、片外数据存储器；逻辑上分成三个地址空间，即片内、片外统一编址的64KB程序存储器空间，片内256B的数据存储器地址空间，片外64KB的数据存储器空间。

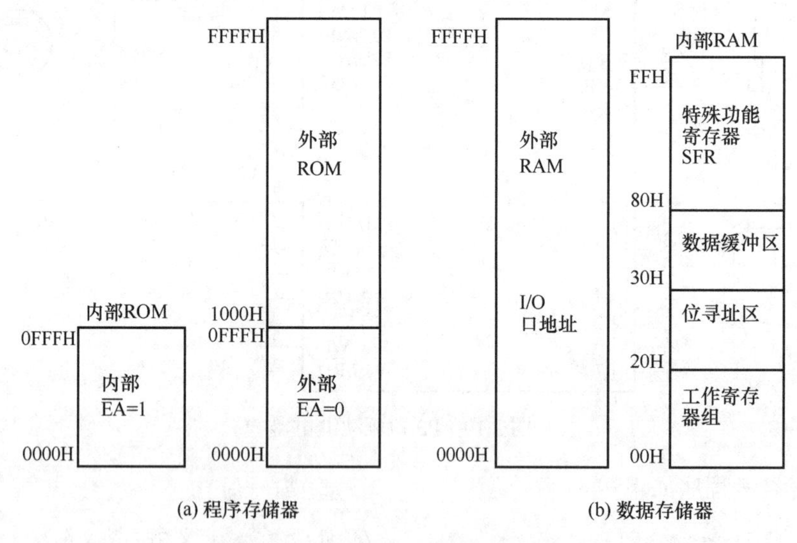

图2.11 MCS-51单片机存储器映像图

2.4.1 程序存储器

MCS-51单片机的程序存储器（Read Only Memory，ROM）结构如图2.11（a）所示。物理上可分为片内程序存储器、片外程序存储器两个空间；但逻辑上只有一个64KB程序存储器空间。即无论程序存储器从片内开始（$\overline{EA}$=1），还是从片外开始（$\overline{EA}$=0），都是一个连续的64KB空间。

程序存储器主要用于存放程序和常数表格。由于MCS-51单片机采用16位的程序计数器（Program Counter，PC）和16位的地址总线，因而程序存储器可扩展的地址空间为64KB。

程序存储器物理上可分为片内和片外两部分，访问时由$\overline{EA}$引脚来控制。当$\overline{EA}$=1时，单片机从片内程序存储器0000H单元开始执行程序，当地址范围超过片内程序存储器地址的最大值（51子系列为0FFFH）时，将自动转到片外程序存储器执行。当$\overline{EA}$=0时，单片机将直接从片外程序存储器0000H单元开始执行程序。对于无片内程序存储器的8031、8032单片机，$\overline{EA}$引脚一定要接低电平。对于有片内程序存储器的单片机，若$\overline{EA}$接低电平，将强制从片外程序存储器开始执行程序。

当单片机读片外程序存储器时，$\overline{PSEN}$引脚有效，用于控制片外程序存储器的读操作。

MCS-51单片机程序存储器中有六个具有特殊用途的地址是专门保留给系统专用的，而且是固定不变的，用户不能更改。这些入口地址如表2.2所示。

表2.2　MCS-51单片机复位/中断入口地址

入口地址	名　称
0000H	程序计数器PC起始地址
0003H	外部中断0 $\overline{INT0}$中断入口地址
000BH	定时器/计数器T0溢出中断入口地址
0013H	外部中断1 $\overline{INT1}$中断入口地址
001BH	定时器/计数器T1溢出中断入口地址
0023H	串行口接收/发送中断入口地址

0000H是所有程序的起始地址，即当单片机启动或复位时，PC的值为0000H。有一句话叫“一切从0开始”，就是这个意思。一般在0000H单元中存放一条跳转指令，转移到应用程序。

0003H、000BH、0013H、001BH、0023H对应五个中断源的中断入口地址。即每一个中断源都有一个固定的中断入口地址，CPU响应中断后，就根据不同的中断源，转入相应的中断入口，从这些固定的入口处再转移到中断服务程序。通常也是在这些固定中断入口处存放一条转移指令，跳转到相应的中断服务程序。

2.4.2 数据存储器

MCS-51单片机的数据存储器（Random Access Memory，RAM）分为片内数据存储器和片外数据存储器两部分。

片内RAM的地址空间分布如图2.12所示。片内RAM共有256B，地址范围为00H～FFH，它又分为两大部分：低128B（00H～7FH）为真正的RAM区，高128B（80H～FFH）为特殊功能寄存器区（Special Function Register，SFR）。

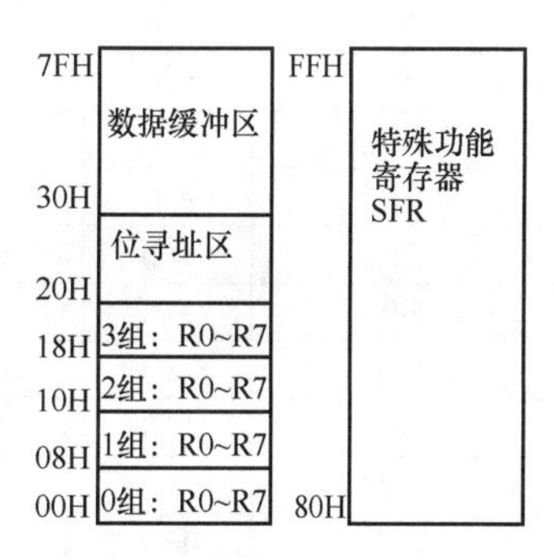

图2.12　片内RAM地址空间分布

片内RAM按功能可分为四个区域：工作寄存器区、位寻址区、数据缓冲区和特殊功能寄存器区。

1. 工作寄存器区

地址为 00H～1FH 的单元为工作寄存器区，也称通用寄存器区。工作寄存器分成四组，每组八个，用 R0～R7 表示。每个时刻只能用一组作为当前工作寄存器组，使用哪一组作为当前工作寄存器组，由程序状态寄存器（Program Status Word，PSW）中的 PSW.4（RS1）和 PSW.3（RS0）两位来选择，其对应关系如表 2.3 所示。

表 2.3 工作寄存器组

RS1	RS0	工作寄存器组（地址）
0	0	0 组（00H～07H）
0	1	1 组（08H～0FH）
1	0	2 组（10H～17H）
1	1	3 组（18H～1FH）

通过软件设置 RS0 和 RS1 两位的状态，可以改变当前工作寄存器组。未被选用的寄存器可用做缓冲器。单片机启动时，或复位后，默认 0 组为当前工作寄存器组。

2. 位寻址区

20H～2FH 单元是位寻址区，如表 2.4 所示。这 16 个单元（共计 16×8 位=128 位）的每一位都有一个位地址。字节地址范围为 20H～2FH，位地址范围为 00H～7FH。位寻址区的每一位都可当做一个软件触发器使用。通常可以把各种程序状态标志、位控制变量保存于位寻址区内。

表 2.4 位寻址区字节地址与位地址的关系

字节地址	位地址							
	D7	D6	D5	D4	D3	D2	D1	D0
2FH	7FH	7EH	7DH	7CH	7BH	7AH	79H	78H
2EH	77H	76H	75H	74H	73H	72H	71H	70H
2DH	6FH	6EH	6DH	6CH	6BH	6AH	69H	68H
2CH	67H	66H	65H	64H	63H	62H	61H	60H
2BH	5FH	5EH	5DH	5CH	5BH	5AH	59H	58H
2AH	57H	56H	55H	54H	53H	52H	51H	50H
29H	4FH	4EH	4DH	4CH	4BH	4AH	49H	48H
28H	47H	46H	45H	44H	43H	42H	41H	40H
27H	3FH	3EH	3DH	3CH	3BH	3AH	39H	38H
26H	37H	36H	35H	34H	33H	32H	31H	30H
25H	2FH	2EH	2DH	2CH	2BH	2AH	29H	28H
24H	27H	26H	25H	24H	23H	22H	21H	20H
23H	1FH	1EH	1DH	1CH	1BH	1AH	19H	18H
22H	17H	16H	15H	14H	13H	12H	11H	10H
21H	0FH	0EH	0DH	0CH	0BH	0AH	09H	08H
20H	07H	06H	05H	04H	03H	02H	01H	00H

3. 数据缓冲区

字节地址为30H～7FH的区域是数据缓冲区，即用户RAM区，共80个字节单元，通常用做临时数据存储。堆栈通常也设置在这个区域。

由于工作寄存器区、位寻址区、数据缓冲区统一编址，使用同样的指令访问。这三个区域内的存储单元既有自己独特的功能，又可统一调度使用。因此，任何没有被使用的单元都可作为用户RAM单元使用，以便充分发挥片内RAM的作用。

应当注意，通常也将堆栈设置在用户RAM区。堆栈是一块按“先进后出”或“后进先出”原则组织的存储空间。并且有特殊的数据传输指令（PUSH、POP），还有一个专门为堆栈操作服务的堆栈指针（Stack Pointer，SP）。

开机或复位时，SP的初始值为07H，这样就使堆栈从08H单元开始操作。而08H～1FH区域是MCS-51单片机的第二、三、四工作寄存器区，经常要被使用，这就会造成数据的混乱。为此，用户在初始化程序中要根据片内RAM各功能区的使用情况给SP赋一个合适的初值，以规定堆栈的起始位置。实际上，内部RAM里没有专门的区域指定给堆栈，通常需要人为地把堆栈放在内部RAM的合适区域里。如在程序开始时，用一条MOV SP，#5FH指令，把堆栈设置在从内部RAM单元60H开始的区域。

4. 特殊功能寄存器区

MCS-51单片机片内RAM的80H～FFH中分布了21个特殊功能寄存器SFR，包括四个端口、中断控制、定时器/计数器控制、串行控制、SP、DPTR、PSW等，如表2.5所示。

表2.5 SFR字节地址和位地址

寄存器符号	MSB←			位地址/位定义			→LSB		字节地址
*B	F7	F6	F5	F4	F3	F2	F1	F0	F0H
*ACC	E7	E6	E5	E4	E3	E2	E1	E0	E0H
*PSW	D7	D6	D5	D4	D3	D2	D1	D0	D0H
	CY	AC	F0	RS1	RS0	OV	—	P	
*IP	BF	BE	BD	BC	BB	BA	B9	B8	B8H
	—	—	—	PS	PT1	PX1	PT0	PX0	
*P3	B7	B6	B5	B4	B3	B2	B1	B0	B0H
	P3.7	P3.6	P3.5	P3.4	P3.3	P3.2	P3.1	P3.0	
*IE	AF	AE	AD	AC	AB	AA	A9	A8	A8H
	EA	—	—	ES	ET1	EX1	ET0	EX0	
*P2	A7	A6	A5	A4	A3	A2	A1	A0	A0H
	P2.7	P2.6	P2.5	P2.4	P2.3	P2.2	P2.1	P2.0	
SBUF									99H
*SCON	9F	9E	9D	9C	9B	9A	99	98	98H
	SM0	SM1	SM2	REN	TB8	RB8	TI	RI	

续表

寄存器符号	MSB←			位地址/位定义			→LSB		字节地址
*P1	97	96	95	94	93	92	91	90	90H
	P1.7	P1.6	P1.5	P1.4	P1.3	P1.2	P1.1	P1.0	
TH1									8DH
TH0									8CH
TL1									8BH
TL0									8AH
TMOD	GATE	C/T	M1	M0	GATE	C/T	M1	M0	89H
*TCON	8F	8E	8D	8C	8B	8A	89	88	88H
	TF1	TR1	TF0	TR0	IE1	IT1	IE0	IT0	
PCON	SMOD	—	—	—	GF1	GF0	PD	IDL	87H
DPH									83H
DPL									82H
SP									81H
*P0	87	86	85	84	83	82	81	80	80H
	P0.7	P0.6	P0.5	P0.4	P0.3	P0.2	P0.1	P0.0	

要访问SFR单元，要用直接寻址方式来访问。有些还可以位寻址（字节地址末位为0或8的单元）。还有一些是保留单元，用户不能对这些单元进行读/写操作，若对其进行访问，将得到一个不确定的随机数，没有意义。复位时，多数SFR都有固定的初值。如SP=07H，P0～P3=FFH，SBUF为随机数，其他均为00H。

（1）程序计数器PC

程序计数器（Program Counter，PC）是一个16位计数器，用来存放下一条要执行的指令地址，它控制着程序的运行轨迹。当单片机开始执行程序时，PC=0000H，每取出一个指令字节，PC的内容就会自动加1，以指向下一指令字节的地址，使指令能顺序执行。当程序遇到转移指令、子程序调用指令时，PC按转移地址转到指定的存储器地址。PC物理上是独立的，它不属于SFR，也没有地址。但因其地位重要，故在此一并介绍。

（2）累加器A

累加器A（Accumulator）为8位寄存器，是算术运算和数据传送中使用频率最高的寄存器。常用于存放被操作数和运算结果。

（3）寄存器B

寄存器B主要用在乘、除运算中。做乘法时，用于存放乘数、积的高8位；做除法时，用于存放除数、余数。也可作为通用寄存器使用。

（4）程序状态字

程序状态字（Program Status Word，PSW）是一个8位的标志寄存器，它保存指令执行结果的特征信息，以供程序查询和判别使用。它的格式及各位的意义如下：

MSB							LSB
CY	AC	F0	RS1	RS0	OV	…	P

进位标志位CY（PSW.7）：当最高位有进位（加法）或有借位（减法）时，CY=1，否则CY=0，也可由软件置位或清零。

辅助进位（或称半进位）标志位AC（PSW.6）：当两个8位数运算时，若D3位向D4位有进位（或借位）时，AC=1，否则AC=0。在BCD码运算时，要用AC标志进行十进制调整。

用户自定义标志位F0（PSW.5）：用户可根据自己的需要对F0赋予一定的含义。

工作寄存器组选择位 RS1、RS0（PSW.4、PSW.3）：可用软件置位或清零，用于指定当前工作寄存器组使用四组中的某一组。

溢出标志位OV（PSW.2）：做加、减法时OV= C7⊕C6。其中C7为D7位向更高位的进位（借位），C6为D6位向D7位的进位（借位）。OV=1反映运算结果超出了累加器可以表示的符号数数值范围。

乘法：积>255时，OV =1，否则OV =0。

除法：B中除数为0，OV=1，否则 OV=0。

奇偶标志位P（PSW.0）：若累加器A中1的个数为奇数，则P=1，否则P=0。该标志可用于形成奇偶校验标志。

（5）数据指针

数据指针（Data Pointer，DPTR）是一个16 位的专用寄存器，其高字节寄存器用DPH表示，低字节寄存器用DPL表示。它既可作为一个16 位寄存器DPTR来用，也可作为两个独立的8位寄存器DPH和DPL来用。DPTR 主要用来存放16位地址，可通过它访问64KB外部数据存储器或外部程序存储器空间。

（6）堆栈指针

堆栈是用户在单片机内部 RAM 中开辟的、遵循“先进后出”原则的一个存储区。堆栈操作时，用堆栈指针（Stack Pointer，SP）来间接指示堆栈中数据存取的位置。堆栈指针SP的初始值称为栈底，在堆栈操作过程中，SP始终指向堆栈的栈顶有效单元。将数据压入堆栈操作（PUSH）时首先将SP的当前值自动加1，使SP指向新的存储单元，然后再把数据压入由SP指示的最新单元中；数据出栈操作（POP）时，首先将当前栈顶的内容（SP指示的存储单元）弹出到相应位置，然后把SP的值自动减1，指向下一个有效单元。

其他特殊功能寄存器将在后续章节陆续介绍。

MCS-51 单片机的外部数据存储器是一块最大可扩展到 64KB 的连续空间，地址范围为0000H～FFFFH。单片机通过MOVX指令，用间接寻址方式，访问外部数据存储器。R0、R1和DPTR都可以作为间接寄存器，用R0、R1间接寻址的范围为256B，用DPTR寻址的范围为64KB。

外部RAM和扩展的I/O接口统一编址，即所有扩展的I/O口占用的地址都是64KB外部RAM地址的一部分。

2.5 时钟电路

单片机工作时，是在统一的时钟脉冲控制下有序进行的，这个脉冲是由时钟电路产生的。时钟电路由振荡器和分频器组成，如图2.13所示。振荡器产生基本的振荡信号，然后进行分频，得到相应的时钟。振荡电路有两种方式：内部振荡和外部振荡。

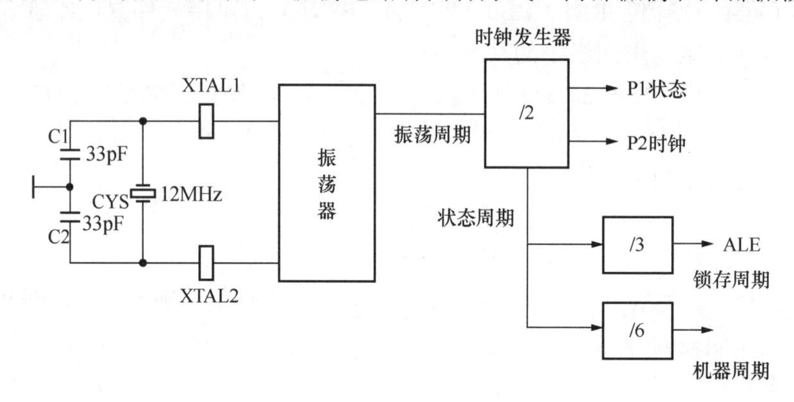

图2.13 时钟电路

1. 内部振荡方式

MCS-51单片机片内有一个用于构成振荡器的高增益反相放大器，引脚XTAL1是此放大器的输入端，XTAL2是输出端。把放大器与晶体振荡器、振荡电容连接，就构成了自激振荡器，其输出就是时钟脉冲，其电路如图2.14所示。石英晶体作为感性元件，与电容C1、C2构成电容三点式振荡电路。

2. 外部振荡方式

外部振荡方式是把外部已有的时钟信号引入单片机内部。对于HMOS型单片机，其电路如图2.15所示。对于CHMOS型单片机，XTAL1接片外振荡脉冲输入端，XTAL2悬空。

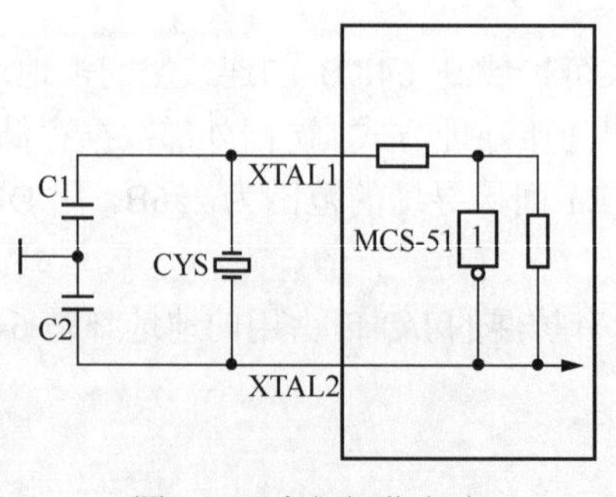

图2.14 内部振荡电路

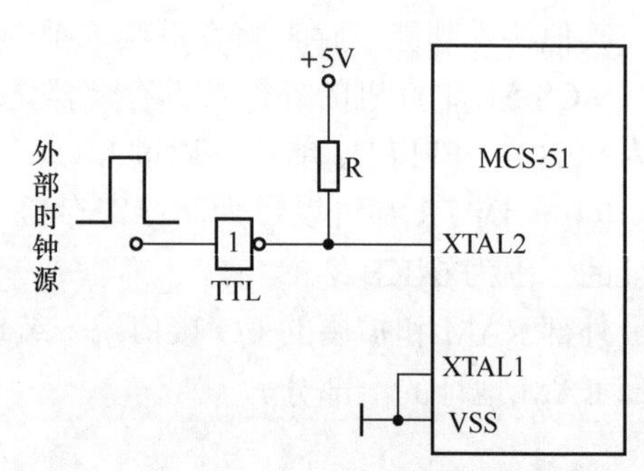

图2.15 外部振荡电路

2.6 指令时序

单片机执行指令是在时钟脉冲控制下一步一步进行的，由于不同指令的功能各不相同，指令执行所需的时间也不一样。描述 MCS-51 单片机执行指令快慢程度的时间单位有四个，从小到大依次是振荡周期、状态周期、机器周期和指令周期，如图 2.16 所示。

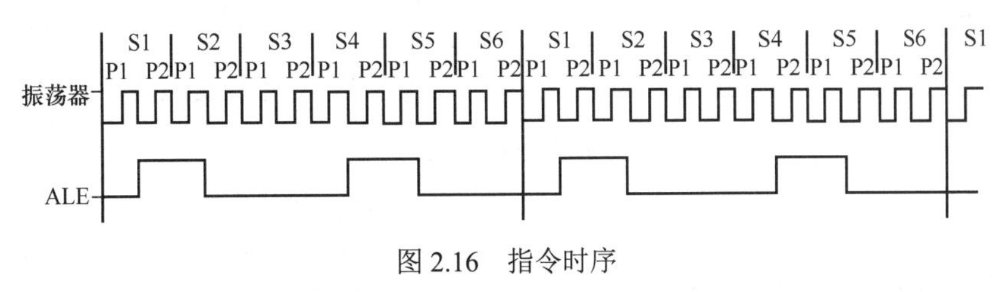

图 2.16 指令时序

振荡周期：晶体振荡器输出的振荡信号周期。

状态周期：振荡信号经二分频后形成的时钟脉冲信号周期，用 S 表示。一个状态周期包含两个振荡周期，分别称为节拍 P1 和节拍 P2。通常 CPU 在 P1 期间完成算术逻辑运算，在 P2 期间进行数据传输。

机器周期：MCS-51 单片机的一个机器周期包含六个状态周期，用 S1，S2，…，S6 表示；共 12 个振荡周期，或 12 个节拍，依次可表示为 S1P1，S1P2，S2P1，S2P2，…，S6P1，S6P2。单片机的一条指令包含若干个基本功能，一个机器周期完成指令的一个基本功能。

指令周期：执行一条指令所需要的时间为一个指令周期。显然，指令不同，对应的指令周期也不一样。一个指令周期通常含有 1～4 个机器周期。MCS-51 系列单片机除了乘法、除法指令是四个机器周期外，其余都是单周期指令或双周期指令。

另外，在每一个机器周期内，地址锁存信号 ALE 出现两次有效信号，即两次高电平信号。第一次出现在 S1P2 和 S2P1 期间，第二次出现在 S4P2 和 S5P1 期间。此信号既可用于锁存 P0 口提供的低 8 位地址，也可作为其他工作部件的时钟信号。

任何一条指令都是在时钟脉冲的控制下，从程序存储器中取出指令，在 CPU 中分析执行，一步一步完成指定功能的，有关时序的详细内容此处不再赘述，感兴趣的读者可以参阅相关资料。

2.7 复位电路

复位是单片机的初始化操作，它的主要功能是把单片机恢复到初始状态。表 2.6 给出了 MCS-51 单片机的复位状态。除单片机在开机时要复位外，在运行过程中，当由于程序出错或操作错误使系统死机时，也可以按复位键重新启动，使机器进入复位状态。

表 2.6 复位后特殊功能寄存器的状态

特殊功能寄存器	复位状态	特殊功能寄存器	复位状态
A	00H	TMOD	00H
B	00H	TCON	00H
PSW	00H	TH0	00H
SP	07H	TL0	00H
DPL	00H	TH1	00H
DPH	00H	TL1	00H
P0～P3	FFH	SBUF	××××××××B
IP	×××0000B	SCON	00H
IE	0××00000B	PCON	0×××××××B

要使MCS-51单片机有效复位，则需要在它的RST引脚上产生并保持24个振荡脉冲周期（两个机器周期）以上的高电平，即在RST引脚上输入脉宽超过两个机器周期的正脉冲复位信号。上电复位时，考虑到振荡器有一定的起振时间，RST引脚上高电平必须持续两个机器周期以上才能保证有效复位。产生复位信号的电路叫做复位电路。MCS-51单片机通常采用上电自动复位和按键手动复位两种方式，如图2.17所示。

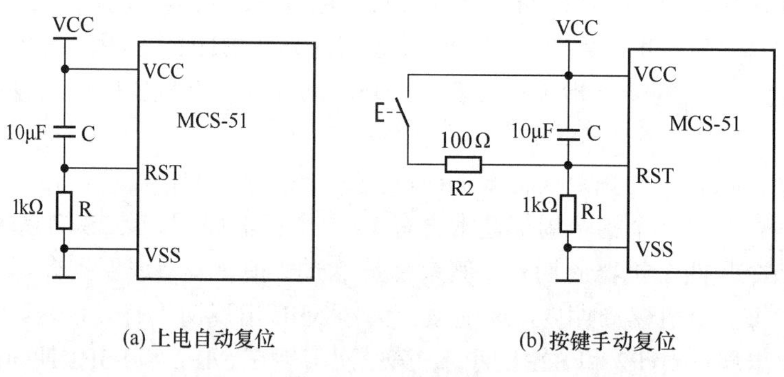

(a) 上电自动复位　　(b) 按键手动复位

图 2.17 复位电路

图2.17（a）所示是上电自动复位电路，利用电容器充电来实现复位。当加电时，电容上的电压不能突变，RST引脚为高电平，开始复位；电容C不断充电，电阻R上的压降逐步下降，当电容C充电到一定程度，电阻上的电位下降到相当于低电平时，复位结束。可见复位的时间与充电的时间常数有关，充电时间常数越大，复位时间越长。增大电容或电阻都可以增加复位时间。

图2.17（b）所示是按键手动复位电路。它的上电复位功能与图2.17（a）相同，但它还可以通过按键实现复位。当按下按键后，通过两个电阻分压，使RST端产生高电平，复位开始；按键放开，复位结束。按键按下的时间决定了复位的时间。

2.8 低功耗模式

MCS-51 单片机有两种低功耗模式：待机（休眠）模式和掉电保护模式，它们是由电源控制寄存器 PCON（97H）中的 PD、IDL 两位来控制的，如图 2.18 所示。

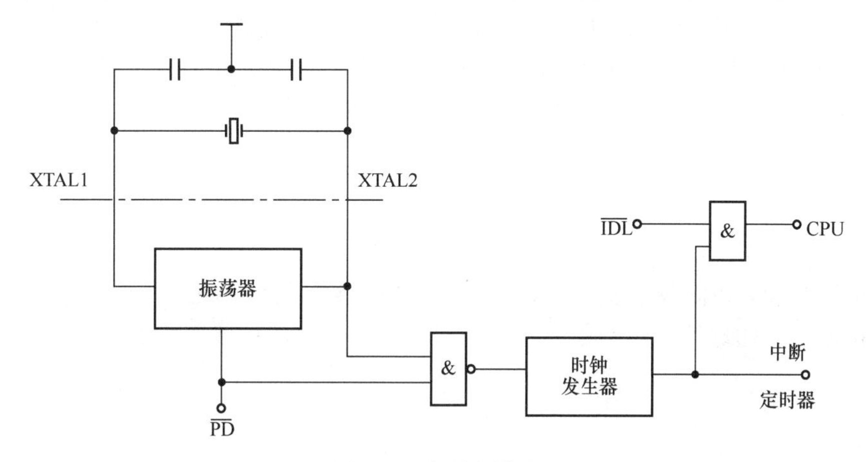

图 2.18 低功耗模式

PCON 控制寄存器的格式如下：

SMOD	—	—	—	GF0	GF1	PD	IDL

SMOD：波特率倍增位，在串行通信时使用。若使用定时器 T1 产生波特率且该位置为 1 时，则在串行口工作于方式 1、2、3 时波特率加倍。

GF1：通用标志位。

GF0：通用标志位。

PD： 掉电方式位。PD=1 时，进入掉电方式。

IDL：待机方式位。IDL=1 时，进入待机方式。

执行一条使 PCON.0（IDL）置位的指令便可使单片机进入待机工作状态，单片机进入待机模式后，CPU 时钟被切断，但中断系统、定时器和串行口的时钟信号继续保持，所有 SFR 保持进入待机工作方式前的状态。

退出待机模式有两种方法：第一种是中断退出。由于在待机方式下，中断系统还在工作，所以任何中断的响应都可以使 IDL 位由硬件清零，从而退出待机工作方式，进入中断服务程序。第二种是硬件复位退出。复位时，各个专用寄存器都恢复默认状态，电源控制寄存器 PCON 也不例外，复位使 IDL 位清零，退出待机工作方式。

执行一条使 PCON.1（PD）置位的指令便可使单片机进入掉电状态，此时时钟发生器停止工作，芯片的所有功能均停止，但片内 RAM 和 SFR 的内容保持不变。掉电电压可以降到 V_{CC}=2V。退出掉电状态的唯一方法是硬件复位。

思考题

1. MCS-51 单片机 DIP 封装有 40 条引脚，说明各引脚的功能。
2. MCS-51 单片机的位寻址区的字节地址范围是多少？位地址范围是多少？
3. MCS-51 单片机有几组工作寄存器？怎样设置当前工作寄存器组？
4. MCS-51 单片机的片内用户 RAM 区的字节地址范围是多少？主要用途是什么？
5. MCS-51 单片机 P0、P1、P2、P3 端口的字节地址是多少？

练习题

1. 阅读附录 C、附录 D 的内容，完成例 2.1～例 2.4 的 Proteus 仿真。
2. 按照自己的理解，对例 2.1～例 2.4 进行组合或功能扩展，并用 Proteus 仿真。

第3章 指 令 系 统

所谓指令，是指规定单片机完成一个特定功能的命令，每一条指令都明确规定了从哪里取操作数，进行什么操作，运算结果存放到哪里等操作。单片机可以执行的全部指令的集合叫做指令系统。指令系统是反映单片机性能的重要因素，它的格式与功能直接影响单片机应用程序的体系结构和单片机的适用范围。不同种类的单片机，指令的种类和数目也不相同。MCS-51 单片机指令系统有 111 条指令，按指令所占的字节数，可分为单字节指令（49 条）、双字节指令（46 条）和三字节指令（16 条）。按指令的执行时间，可分为单周期指令（65 条）、双周期指令（44 条）和四周期指令（2 条）。按指令的功能，可分为数据传送类指令（29 条）、算术运算类指令（24 条）、逻辑运算类指令（24 条）、控制转移类指令（17 条）和位操作类指令（17 条）。

3.1 指令格式

为了清楚地表达指令的含义和功能，所有单片机的指令都有固定的格式。MCS-51 单片机指令格式如下：

[标号:] 操作码助记符 [目的操作数][, 源操作数] [; 注释]

标号是一条指令的代号，是可选字段，与操作码之间用“:”隔开；设置标号的目的是为了方便调用或转移。标号的选择应遵从下列规定。

1）标号由 1～8 个字母或数字组成，也可以使用一个下画线符号“_”。

2）第一个字符必须是字母。

3）指令助记符或系统中保留使用的字符串不能作为标号。

4）标号后面需要有一个冒号。

5）一条语句可以有标号，也可以没有标号，取决于程序中其他语句是否需要访问这条语句。

操作码规定指令的功能，是一条指令的必备字段，如果没有操作码，就不能成为指令。操作码与操作数用“空格”隔开。

操作数是指令操作的对象。分为目的操作数和源操作数两类，它们之间用“,”分开。操作数是可选字段。一条指令可以有 0、1、2、3 个操作数。

注释是对指令功能的说明解释，以“;”开始。

为了清晰、准确地表述指令的格式及功能，下面对 MCS-51 单片机指令系统中常用的符号作一些规定。

1）A——累加器，用于存放被操作数、运算结果。作源操作数时，是指A中的内容；作目的操作数时，是指A寄存器，用于接收源操作数。Rn、B、C、DPH、DPL均同理。

2）B——专用寄存器，主要用于乘法和除法运算。

3）C——进位或借位标志，或布尔处理机中的累加位。

4）DPTR——数据指针，用于存储16位地址信息。

5）Rn（n=0～7）——当前寄存器组中的8个工作寄存器R0～R7中的一个。

6）Ri（i=0或1）——当前寄存器R0或R1，用于间接寻址。

7）#data——8位立即数，即出现在指令中、可以直接参与操作的数据。

8）#data16——16位立即数。

9）rel——以补码形式表示的8位相对偏移量，范围为-128～127，主要用在相对寻址指令中。

10）addr16和addr11——分别表示16位直接地址和11位直接地址，即存放操作数的存储器地址。

11）direct——单片机片内RAM地址或特殊功能寄存器SFR的地址。对SFR而言，既可使用它的物理地址，也可直接使用它的名称。

12）bit ——表示单片机片内RAM和SFR中的某些具有位寻址功能的位地址。

13）@ ——间接寻址中工作寄存器的前缀符号。

14）(direct) ——direct单元中的内容。

15）(Ri)——Ri中的内容为存储单元地址。

16）((Ri))——Ri中的内容为地址的存储单元的内容。

17）$——当前指令的首地址。

18）/ ——取反操作，但不影响该位的原值。

19）→ ——操作流程。

20）若用十六进制表示地址或数据，且第一个符号是字母时，则需在其前面加“0”，如“0B4H”。

3.2 寻址方式

所谓寻址方式，就是指寻找操作数的方法。寻址方式是否灵活方便是衡量指令系统好坏的重要指标。MCS-51 单片机共有立即寻址、寄存器寻址、寄存器间接寻址、直接寻址、变址寻址、相对寻址和位寻址等七种寻找方式。

1. 立即寻址

立即寻址方式是指操作数包括在指令中，紧跟在操作码的后面，作为指令的一部分与操作码一起存放在程序存储器中。在指令执行过程中，可以立即得到并执行，不需要经过别的途径去寻找，故称为立即寻址。在一个数的前面冠以“#”作为前缀，就表示该操作数为立即数。例如：

```
MOV  A, #52H                  ; A←52H
```

该指令的机器码为 74H 52H，功能是把数据 52H 送到 A 中。

```
MOV  DPTR, #5678H             ; DPTR←5678H
```

该指令的机器码为 90H 56H 78H，功能是把数据 5678H 送到 DPTR 中。

指令的机器码是指将这条指令翻译成机器语言代码的十六进制表达形式。

上述指令的执行过程如图 3.1 所示。

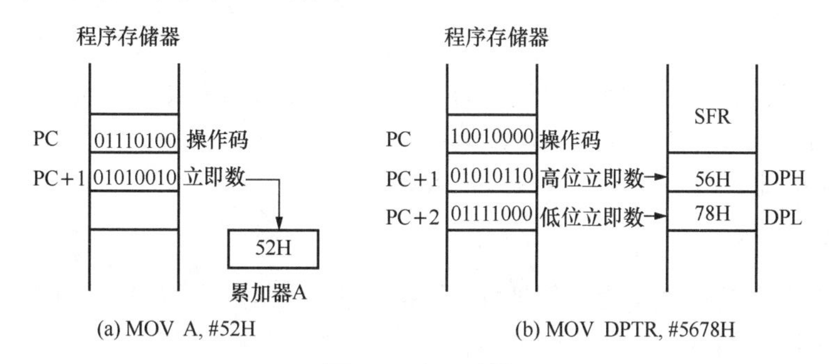

图 3.1 立即寻址

2. 寄存器寻址

指令指出寄存器的名字，寄存器的内容为源操作数，此即寄存器寻址。寄存器作为源操作数时，是指寄存器中的内容；寄存器作为目的操作数时，是指寄存器本身，它用来接收源操作数。

例如：

```
MOV  A, R0              ; A←R0
```

该指令的功能是把寄存器 R0 中的内容传送到累加器 A 中，如 R0 中的内容为 30H，则执行该指令后 A 的内容也为 30H，R0 中的内容不变。

可用于寄存器寻址的寄存器有如下几种。

1）四组工作寄存器 R0～R7 共 32 个。但每次只能使用当前寄存器组中的 8 个。

2）部分特殊功能寄存器：A、B、SP、DPTR 等。

3. 寄存器间接寻址

指令指定寄存器的名称，寄存器的内容为操作数的存储器地址，源操作数在存储器中，此即寄存器间接寻址。寄存器间接寻址作为源操作数时，是指寄存器的内容指示的存储器单元中的内容；作为目的操作数时，是指寄存器的内容指示的存储器单元，用于接收源操作数。寄存器间接寻址的标志为寄存器名字前有“@”符号。不同的存储空间要用不同的寄存器间接寻址，规定如下：

片内低 128B 范围内间接寻址用 Ri，即@R1，@R0。

片外 64KB 间接寻址用 DPTR，即@DPTR。

片外 256B 范围内可用@R1，@R0，但 P2 必须有固定的值。

例如：

```
MOV  DPTR，#3456H    ; DPTR ←3456H
MOVX  A，@DPTR       ; A ← ((DPTR))
```

把DPTR寄存器的内容作为地址，从这个地址指示的存储单元中取出内容传送给A，假设(3456H)=99H（3456H单元中的内容为99H），则指令运行后A的内容为99H。

注意：堆栈操作（PUSH，POP）为隐含的SP间接寻址。

4. 直接寻址

直接寻址是指指令直接给出操作数的存储器地址，源操作数在存储器中。直接地址作源操作数时，是指直接地址指示的存储器单元中的内容；作目的操作数时，是指直接地址指示的存储器单元，用于接收源操作数。例如：

```
MOV  A，52H           ; A←(52H)
```

指令中52H为操作数的存储器地址。该指令的功能是把片内RAM地址为52H的存储器单元的内容送到A中。该指令的机器码为E5H 52H。

直接寻址的指令执行过程如图3.2所示。

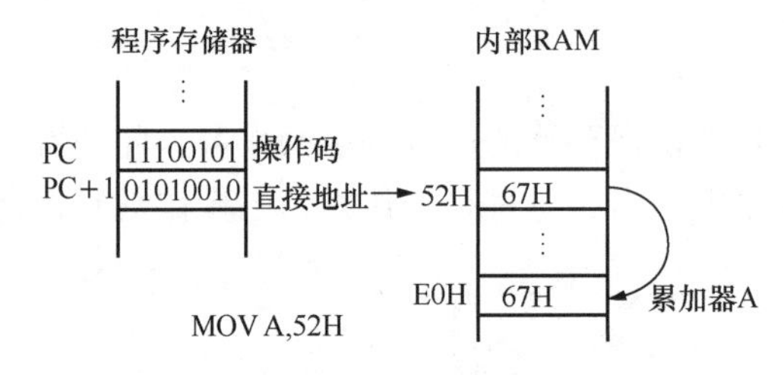

图3.2　直接寻址

直接寻址可访问片内RAM的低128个单元（00H～7FH)，同时也是访问特殊功能寄存器SFR的唯一方法。要访问SFR，可在指令中直接使用SFR的名字，或使用SFR寄存器的地址。如MOV A，80H与MOV A，P0是等效的，因为P0口的地址为80H。

5. 变址寻址

变址寻址是以数据指针DPTR或程序计数器PC作为基址寄存器，以累加器A作为变址寄存器，并以两者的内容相加形成的16位地址作为操作数的有效地址。变址寻址有以下三个特点。

1）指令指明基地址寄存器为数据指针DPTR或程序计数器PC，DPTR或PC中应预先存放有操作数的基地址。

2）指令指明累加器A为变址寄存器。累加器A中应预先存放有操作数存放地址相对于基地址的偏移量，该偏移量应是一个00H～0FFH范围内的无符号数。

3）在执行变址寻址指令时，单片机先把基地址和偏移地址相加，以形成操作数的有效地址。

MCS-51单片机共有三条变址指令：

```
MOVC  A，  @A+PC            ; A←((A+PC))
MOVC  A，  @A+DPTR          ; A←((A+DPTR))
JMP  @A+DPTR                ; PC←A+DPTR
```

前两条指令是在程序存储器中查表取操作数；第三条指令实现程序的转移。例如：

```
MOV  A, #22H                ; A←22H
MOV  DPTR, #63A0H           ; DPTR←63A0H
MOVC  A, @A+DPTR            ; A←((A+DPTR))
```

指令执行过程如图 3.3 所示。

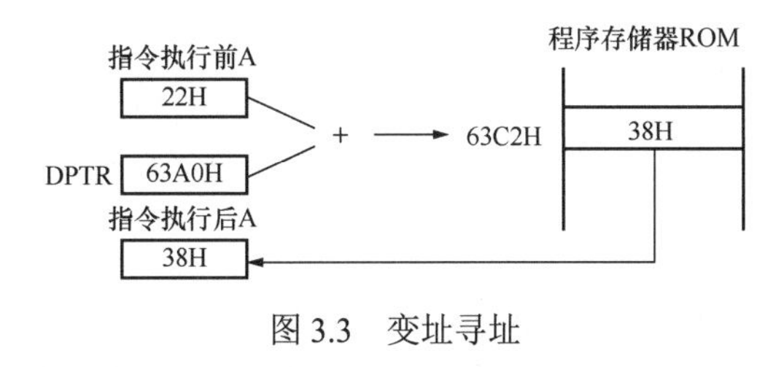

图 3.3 变址寻址

6. 相对寻址

相对寻址是以程序计数器 PC 的当前值作为基地址，与指令中给出的相对偏移量 rel 相加，把所得之和作为程序的转移地址。在使用相对寻址时要注意以下两点。

1）当前 PC 值是指相对转移指令的存储首地址加上该指令的字节数。如 JZ rel 是一条累加器 A 为零就转移的双字节指令。若该指令的存储器首地址为 2050H，则执行该指令时 PC 的当前值应为 2052H，即当前 PC 值是当前指令全部取出后的 PC 值。

2）偏移量 rel 是一个有符号的单字节数，以补码形式表示，其取值范围是-128～+127（00H～FFH）。负数表示从当前地址向地址小的方向转移；正数表示从当前地址向地址大的方向转移。所以，相对转移指令满足条件后，转移的目标地址为

目标地址=当前 PC 值+ rel=指令存储器首地址+指令字节数+rel

例如：

```
SJMP  08H          ;PC←PC+2+08H
```

这是一条相对转移指令，设指令 SJMP（操作码为 80H）的首地址=2000H，则 PC+2=2002H。因此程序转向 PC+2+rel=2000H+2+08H=200AH 单元。指令执行过程如图 3.4 所示。

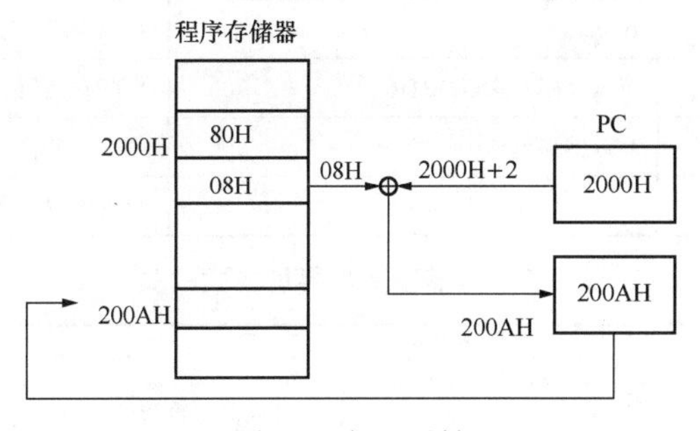

图 3.4 相对寻址

7. 位寻址

所谓位寻址是指指令中直接给出位操作数的位地址，源操作数在位寻址空间。可以对片内 RAM 中的（20H～2FH）128 位（位地址：00H～7FH）和特殊功能寄存器 SFR 中的一些寄存器（字节地址可以被 8 整除）中的位进行寻址。位操作数作为源操作数时，是指位地址中的内容；作为目的操作数时，是指位地址本身，用于接收源操作数。

位地址的表示方式有以下四种形式。

（1）直接位地址

例如：

```
MOV  C, 0D5H              ;将 PSW 的 D5 位(位地址为 0D5H)的状态送进位标志位
```

（2）字节地址加位序号

例如：

```
MOV  C, 0D0H.5            ;将 PSW（字节地址为 D0H）中的 D5 位的状态送进位标志位
```

（3）特殊功能寄存器符号加位序号

例如：

```
MOV  C, PSW.5             ;将 PSW 中的 D5 位的状态送进位标志位
```

（4）位名称

例如：

```
MOV  C, F0                ;将 PSW 中的 D5 位(位名称为 F0)的状态送进位标志位
```

为了方便比较和记忆，表 3.1 列出了寻址方式与存储空间的关系，表 3.2 列出了存储空间与寻址方式之间的关系。

表 3.1　寻址方式与存储空间

序号	寻址方式	利用的变量	存储空间
1	立即数	#data	程序存储器
2	寄存器	R0～R7、A、B、DPTR	工作寄存器和部分 SFR
3	寄存器间接	@R0、@R1、@SP	片内 RAM 低 128B
		@R0、@R1、@DPTR	片外 RAM 或 I/O 端口
4	直接	direct	片内 RAM 低 128B 和 SFR
5	变址	@A+PC、@A+DPTR	程序存储器
6	相对	PC+偏移量	程序存储器
7	位	bit	片内位寻址区和部分 SFR

表 3.2　存储空间与寻址方式的关系

存储空间	关系
内部 00H～1FH 工作寄存器	寄存器、直接、间接

续表

存储空间	关系
内部 20H～2FH 位空间	位、直接、间接
内部 30H～7FH 用户 RAM	直接、间接
内部 80H～FFH 特殊功能寄存器 SFR	直接、位（部分）
外部 RAM	间接
程序存储器	变址、相对

3.3 数据传送类指令

MCS-51 单片机数据传送类指令有 29 条，是指令系统中使用最频繁的一类指令，几乎所有的应用程序都要用到这类指令。数据传送类指令的主要功能是把源操作数传送到目的地址。指令执行后，源操作数保持不变，目的操作数被源操作数替代。交换指令实现源操作数和目的操作数的交换。

数据传送类指令用到的助记符有：MOV，MOVX，MOVC，XCH，XCHD，PUSH，POP，SWAP。

格式：MOV [目的操作数]，[源操作数]

功能：目的操作数地址←源操作数。

源操作数可以是：A、Rn、direct、@Ri、#data。

目的操作数可以是：A、Rn、direct、@Ri。

数据传送指令一般不影响标志，但堆栈操作可能会修改程序状态字 PSW。另外，如果目的操作数为 A，也将会影响奇偶标志 P。

1. 以累加器 A 为目的操作数的传送指令

以累加器 A 为目的操作数的传送指令有四条，见表 3.3。

表 3.3 以累加器 A 为目的操作数的传送指令（四条）

指令	功能	标志位				解释
		P	OV	AC	CY	
MOV A，direct	A←(direct)	√	×	×	×	直接地址单元中的内容送到累加器 A
MOV A，#data	A←#data	√	×	×	×	立即数送到累加器 A
MOV A，Rn	A←Rn	√	×	×	×	Rn 中的内容送到累加器 A
MOV A，@Ri	A←((Ri))	√	×	×	×	Ri 中的内容作为存储器地址，该地址单元中的内容送到累加器 A 中

例如，设外部 RAM(2023H)=0FH，执行以下程序段：

```
MOV  DPTR，#2023H    ; DPTR←2023H
MOVX  A，@DPTR       ; A←0FH
```

```
MOV  30H，A             ; 30H←0FH
MOV  A，#00H            ; A←00H
MOVX  @DPTR，A          ; 2023H←00H
```

程序段执行后，DPTR的内容为2023H，30H单元的内容为0FH，A中的内容为00H，2023H单元的内容为00H。

若采用R0和R1间接寻址，必须把高8位地址先送到P2口，上述程序段将改为：

```
MOV  P2，#20H           ; P2←20H
MOV  R0，#23H           ; R0←23H
MOVX  A，@R0            ; A←0FH
MOV  30H，A             ; 30H←0FH
MOV  A，#00H            ; A←00H
MOVX  @R0，A            ; 2023H←00H
```

2. 以寄存器Rn为目的操作数的传送指令

以寄存器Rn为目的操作数的传送指令有三条，见表3.4。

表3.4　以寄存器Rn为目的操作数的传送指令（三条）

指令	功能	标志位				解释
		P	OV	AC	CY	
MOV　Rn，direct	Rn←(direct)	×	×	×	×	直接地址单元中的内容送到寄存器Rn中
MOV　Rn，#data	Rn←#data	×	×	×	×	立即数送到寄存器Rn中
MOV　Rn，A	Rn←A	×	×	×	×	累加器A中的内容送到寄存器Rn中

注意：没有 MOV　Rn，Rn;　MOV　Rn，@Ri;　MOV　@Ri，Rn指令。

例如，设内部RAM(30H)=40H，(40H)=10H，(10H)=00H，P1=0CAH，分析以下程序段执行后，各单元、寄存器、P2口的内容。

```
MOV  R0，#30H           ; R0←30H
MOV  A，@R0             ; A←40H
MOV  R1，A              ; R1←40H
MOV  B，@R1             ; B←10H
MOV  @R1，P1            ; 40H←0CAH
MOV  P2，P1             ; P2←0CAH
MOV  10H，#20H          ; 10H←20H
```

执行上述指令后，R0=30H；R1=A=40H；B=10H；(40H)=P1=P2=0CAH；(10H)=20H。

3. 以直接地址为目的操作数的传送指令

以直接地址为目的操作数的传送指令有五条，见表3.5。

表3.5　以直接地址为目的操作数的传送指令（五条）

指令	功能	标志位				解释
		P	OV	AC	CY	
MOV　direct，direct	direct←(direct)	×	×	×	×	直接地址单元中的内容送到直接地址单元

续表

指令	功能	标志位				解释
		P	OV	AC	CY	
MOV direct，#data	direct←#data	×	×	×	×	立即数送到直接地址单元
MOV direct，A	direct←A	×	×	×	×	A 中的内容送到直接地址单元
MOV direct，Rn	direct←Rn	×	×	×	×	Rn 中的内容送到直接地址单元
MOV direct，@Ri	direct←((Ri))	×	×	×	×	Ri 中的内容为地址的存储单元中的数据送到直接地址单元

例如：

```
MOV  30H, A       ; 累加器 A 中的内容送到地址为 30H 的存储器单元中
MOV  50H, R0      ; R0 中的内容送到地址为 50H 的存储器单元中
```

4. 以间接地址为目的操作数的传送指令

以间接地址为目的操作数的传送指令有三条，见表 3.6。

表 3.6 以间接地址为目的操作数的传送指令（三条）

指令	功能	标志位				解释
		P	OV	AC	CY	
MOV @Ri，direct	(Ri)←(direct)	×	×	×	×	直接地址单元中的内容送到以 Ri 中的内容为地址的 RAM 单元中
MOV @Ri，#data	(Ri)←#data	×	×	×	×	立即数送到以 Ri 中的内容为地址的 RAM 单元
MOV @Ri，A	(Ri)←A	×	×	×	×	A 中的内容送到以 Ri 中的内容为地址的 RAM 单元

例如：

```
MOV  R0, #30H        ; R0←30H
MOV  @R0, A          ; A 中的内容送到以 R0 的内容为地址的存储器单元
MOV  @R0 , #66H      ; 立即数送到以 R0 的内容为地址的存储器单元
```

5. 查表指令

查表指令有两条，见表 3.7。

表 3.7 查表指令（两条）

指令	功能	标志位				解释
		P	OV	AC	CY	
MOVC A，@A+DPTR	A←((A+DPTR))	√	×	×	×	DPTR的内容加上A的内容作为存储器地址，该存储单元中的内容送到累加器A中
MOVC A，@A+PC	PC←PC+1 A←((A+PC))	√	×	×	×	PC的内容加1，再加上A的内容作为存储单元地址，该存储单元中的内容送到A中

这两条指令是对存放于程序存储器中的数据表格进行查表传送。

【例3.1】 将内部RAM40H单元内的数（0～9）的平方存入内部RAM50H单元。先作一个0～9的平方表，存入TAB中，然后用查表指令实现上述功能。

```
MOV  A，40H                   ；40H单元中的数送A
MOV  DPTR，#TAB               ；平方表首地址送DPTR
MOVC  A，  @A+DPTR            ；查表
MOV  50H，A                   ；查表得到的平方值存入50H
TAB：DB  0，1，4，9，…，81    ；定义字节数据表格
```

6. 累加器A与片外数据存储器的传送指令

累加器A与片外数据存储器的传送指令有四条，见表3.8。

表3.8 累加器A与片外数据存储器的传送指令（四条）

指令	功能	标志位				解释
		P	OV	AC	CY	
MOVX @DPTR，A	(DPTR)←A	√	×	×	×	A中的内容送到数据指针指向的片外RAM单元中
MOVX A，@DPTR	A←((DPTR))	√	×	×	×	数据指针指向的片外RAM单元中的内容送到A中
MOVX A，@Ri	A←((Ri))	√	×	×	×	Ri指向的片外RAM单元中的内容送到A中
MOVX @Ri，A	(Ri)←A	√	×	×	×	A中的内容送到Ri指向的片外RAM单元中

例如：

```
MOV  P2, #20H          ； P2←20H
MOV  R0, #30H          ； R0←30H
MOVX  @R0, A           ； A中的内容送到2030H存储器单元
MOV   DPTR, #3344H     ； DPTR←3344H
MOVX  @DPTR , A        ； A中的内容送到3344H存储器单元
```

7. 堆栈操作类指令

堆栈操作类指令有两条，见表3.9。

表3.9 堆栈操作类指令（两条）

指令	功能	标志位				解释
		P	OV	AC	CY	
PUSH direct	SP←SP+1，(SP)←(direct)	×	×	×	×	堆栈指针内容加1，直接地址单元中的数据送到堆栈指针SP间接寻址的单元中
POP direct	direct←(SP)，SP←SP−1	×	×	×	×	SP间接寻址单元的数据送到直接地址单元中，堆栈指针SP减1

堆栈操作有进栈和出栈，即压入和弹出，两种操作，常用于保存或恢复现场。进栈指令用于保存片内RAM单元或特殊功能寄存器SFR的内容；出栈指令用于恢复片内

RAM 单元或特殊功能寄存器 SFR 的内容。需要指出的是，单片机开机或复位后，SP 的默认值为 07H，但一般都需要重新赋值。另外，累加器与堆栈操作时，在堆栈指令中只能用 ACC，不能用 A，因为，这时属于直接寻址。

例如，在进入中断服务程序时，常把程序状态寄存器 PSW、累加器 A、数据指针 DPTR 进栈保护。设 SP 的初值为 5FH，则程序段如下：

```
MOV SP，#5FH          ; 设置堆栈指针初值
PUSH  PSW             ; 将程序状态寄存器内容压入堆栈
PUSH  ACC             ; 将累加器内容压入堆栈
PUSH  DPL             ; 将数据指针低字节内容压入堆栈
PUSH  DPH             ; 将数据指针高字节内容压入堆栈
```

执行后，SP 的内容修改为 63H，而 60H、61H、62H、63H 单元中依次存入 PSW、A、DPL、DPH 的内容。在中断服务程序结束之前，用下列程序段恢复数据：

```
POP    DPH            ; 栈顶内容弹出到数据指针高字节
POP    DPL            ; 栈顶内容弹出到数据指针低字节
POP    ACC            ; 栈顶内容弹出到累加器 A
POP    PSW            ; 栈顶内容弹出到程序状态寄存器
```

指令执行之后，SP 的内容修改为 5FH，而 63H、62H、61H、60H 单元的内容依次弹出到 DPH、DPL、A、PSW 中。堆栈操作时，进栈、出栈的次序一定要符合“先进后出”原则，且 SP 始终指向栈顶有效单元。

8. 交换指令

交换指令有五条，见表 3.10。

表 3.10 交换指令（五条）

指令	功能	标志位				解释
		P	OV	AC	CY	
XCH A，Rn	A←→Rn	√	×	×	×	A与Rn的内容互换
XCH A，@Ri	A←→((Ri))	√	×	×	×	A与Ri所指的存储单元中的内容互换
XCH A，direct	A←→(direct)	√	×	×	×	A与直接地址单元中的内容互换
XCHD A，@Ri	A3-0←→((Ri))3-0	√	×	×	×	A的低半字节与Ri间接寻址的存储单元的低半字节内容互换
SWAP A	A3-0←→A7-4	×				A中的高低半字节互换

例如，设 R0=30H，A=65H，(30H)=8FH，执行指令：

```
XCH  A，@R0           ; 指令执行后，R0=30H，A=8FH，(30H)=65H
```

9. 16 位数据传送指令

16 位数据传送指令有一条，见表 3.11。

表 3.11 16 位数据传送指令（一条）

指令	功能	标志位				解释
		P	OV	AC	CY	
MOV DPTR，#data16	DPH←#dataH，DPL←#dataL	×	×	×	×	16位数的高8位送到DPH，低8位送到DPL

这是唯一一条 16 位数据传送指令。

【例 3.2】 将片内 RAM30H 单元与 40H 单元中的内容互换。

方法 1（直接地址传送法）：

```
MOV  31H，30H        ； 30H 单元的内容送到 31H 单元中
MOV  30H，40H        ； 40H 单元的内容送到 30H 单元中
MOV  40H，31H        ； 31H 单元的内容送到 40H 单元中
```

方法 2（间接地址传送法）：

```
MOV  R0，#40H        ； 立即数 40H 送到 R0 中
MOV  R1，#30H        ； 立即数 30H 送到 R1 中
MOV  A，@R0          ； 以 R0 的内容为地址的存储单元的内容送到累加器 A
MOV  B，@R1          ； 以 R1 的内容为地址的存储单元的内容送到寄存器 B
MOV  @R1，A          ； 累加器 A 的内容送到以 R1 的内容为地址的存储单元
MOV  @R0，B          ； 寄存器 B 的内容送到以 R0 的内容为地址的存储单元
```

方法 3（字节交换传送法）：

```
MOV  A，30H          ； 30H 单元的内容送累加器 A
XCH  A，40H          ； 累加器 A 的内容和 40H 单元的内容交换
MOV  30H，A          ； 累加器 A 的内容送到 30H 单元
```

方法 4（堆栈传送法）：

```
PUSH  30H            ； 30H 单元的内容压入堆栈
PUSH  40H            ； 40H 单元的内容压入堆栈
POP  30H             ； 栈顶内容弹出到 30H 单元
POP  40H             ； 栈顶内容弹出到 40H 单元
```

3.4 算术运算类指令

MCS-51 单片机共有 24 条算术运算类指令，主要完成加、减、乘、除、加 1、减 1、BCD 调整等操作。虽然 MCS-51 单片机的算术逻辑单元（Arithmetic Logic Unit，ALU）仅能对 8 位无符号整数进行运算，但利用进位标志 C，就可进行多字节无符号整数的运算；利用溢出标志 OV，即可对带符号数进行补码运算。

1. 加法指令

加法指令有四条，见表 3.12。

表 3.12 加法指令（四条）

指令	功能	标志位				解释
		P	OV	AC	CY	
ADD A，#data	A←A+#data	√	√	√	√	A中的内容与立即数#data相加，结果存在A中
ADD A，direct	A←A+(direct)	√	√	√	√	A中的内容与直接地址单元中的内容相加，结果存在A中
ADD A，Rn	A←A+Rn	√	√	√	√	A中的内容与Rn中的内容相加，结果存在A中
ADD A，@Ri	A←A+((Ri))	√	√	√	√	A中的内容与以Ri的内容为地址的存储单元的内容相加，结果存在A中

在这类指令中，除加 1、减 1 指令外，一般都会对 PSW 有影响。各标志位的形成方法是：如果最高位 D7 有进位，则进位标志 CY=1，否则 CY=0；如果位 D3 有进位，则半进位标志 AC=1，否则 AC=0；如果位 D6 有进位（C6=1）而位 D7 没有进位（C7=0），或者位 D7 有进位（C7=1）而位 D6 没有进位（C6=0），则溢出标志 OV=1，否则 OV=0，即溢出标志 OV=C7⊕C6。若累加器 A 中 1 的个数为奇数，则 P=1，否则 P=0。

例如，设 A=85H，R1=30H，(30H)=0AFH，执行指令：

```
ADD  A, @R1
```

```
    1000 0101
+   1010 1111
-------------
1   0011 0100
```

结果：A=34H，CY=1，AC=1，OV=1，P=1

在进行带符号数的加法运算时，溢出标志 OV=1 表示有溢出发生，即和大于+127 或小于-128。在进行无符号数加法运算时，CY=1，表示有进位。

2. 带进位加法指令

带进位加法指令有四条，见表 3.13。

表 3.13 带进位加法指令（四条）

指令	功能	标志位				解释
		P	OV	AC	CY	
ADDC A，direct	A←A+(direct)+CY	√	√	√	√	A中的内容与直接地址单元的内容连同进位位相加，结果存在A中
ADDC A，#data	A←A+ #data +CY	√	√	√	√	A中的内容与立即数连同进位位相加，结果存在A中
ADDC A，Rn	A←A+Rn +CY	√	√	√	√	A中的内容与Rn中的内容连同进位位相加，结果存在A中
ADDC A，@Ri	A←A+((Ri))+CY	√	√	√	√	A中的内容与Ri的内容为地址的存储单元的内容连同进位位相加，结果存在A中

3. 带借位减法指令

带借位减法指令有四条，见表3.14。

表3.14 带借位减法指令（四条）

指令	功能	标志位				解释
		P	OV	AC	CY	
SUBB A，direct	A←A-(direct)-CY	√	√	√	√	A中的内容减去直接地址单元中的内容再减借位位，结果存在A中
SUBB A，#data	A←A- #data -CY	√	√	√	√	A中的内容减立即数，再减借位位，结果存在A中
SUBB A，Rn	A←A-Rn-CY	√	√	√	√	A中的内容减Rn中的内容，再减借位位，结果存在A中
SUBB A，@Ri	A←A-((Ri))-CY	√	√	√	√	A中的内容减Ri的内容为地址的存储单元的内容，再减借位位，结果存在A中

在进行减法运算时，CY=1表示有借位，CY=0，无借位。在带符号数相减时，OV=1表明从一个正数减去一个负数结果为负数，或者从一个负数中减去一个正数结果为正数的错误情况。如果是无符号数的运算，OV标志无意义。MCS-51单片机没有不带借位的减法指令，如果要进行不带借位的减法，只需把CY先清零即可。在加减操作时，进位只对无符号数有意义，溢出只对符号数有意义。

例如，设A=0C9H，R3=54H，CY=1，执行指令：

```
SUBB  A, R3
```

```
    1100 1001
-   0101 0100
-------------
    0111 0101
-   0000 0001
-------------
    0111 0100
```

结果：A=74H，CY=0，AC=0，OV=1，P=0

4. 乘法指令

乘法指令有一条，见表3.15。

表3.15 乘法指令（一条）

指令	功能	标志位				解释
		P	OV	AC	CY	
MUL AB	BA←A×B	√	√	×	√	A中的内容与B中的内容相乘，乘积低8位存在A中、高8位存在B中

在乘法运算时，如果OV=1，说明乘积大于0FFH，即B中内容不为0，否则OV=0，但进位标志位CY总是等于0。

例如，若 A=80H=128，B=02H，执行指令：

```
MUL  AB
```

结果：B=01H，A=00H，OV=1，CY=0

5. 除法指令

除法指令有一条，见表 3.16。

表 3.16 除法指令（一条）

指令	功能	标志位				解释
		P	OV	AC	CY	
DIV AB	A←A÷B 的商 B←A÷B 的余数	√	√	×	√	A中的内容除以B中的内容，商存A中，余数存B中

除法运算总是使进位标志位 CY 等于 0。如果 OV=1，表明寄存器 B 中的内容为 00H，那么执行结果为不确定值，表示除法有溢出。

例如，设 A=80H，B=02H，执行指令：

```
DIV  AB
```

结果：A=40H，B=00H，CY=0，OV=0

6. 加 1 指令

加 1 指令有五条，见表 3.17。

表 3.17 加 1 指令（五条）

指令	功能	标志位				解释
		P	OV	AC	CY	
INC A	A←A+1	×	×	×	×	A中的内容加1，结果存在A中
INC direct	direct ← (direct) +1	×	×	×	×	直接地址单元中的内容加1，结果送回原地址单元
INC @Ri	(Ri)←((Ri))+1	×	×	×	×	Ri的内容为地址的存储单元中的内容加1，结果送回原存储单元中
INC Rn	Rn←Rn+1	×	×	×	×	Rn的内容加1，结果送回Rn中
INC DPTR	DPTR←DPTR+1	×	×	×	×	DPTR的内容加1，结果送回DPTR中

在 INC direct 指令中，如果直接地址是 I/O 口，其功能是先读入 I/O 口锁存器的内容，然后在 CPU 内部进行加 1 操作，再将结果输出到 I/O 口中，这叫做“读—修改—写”操作。加 1 指令不影响标志。如果原寄存器的内容为 FFH，执行加 1 后，结果就会是 00H，但不会影响进位标志。

7. 减 1 指令

减 1 指令有四条，见表 3.18。

表 3.18 减 1 指令（四条）

指令	功能	标志位				解释
		P	OV	AC	CY	
DEC A	A←A−1	×	×	×	×	A中的内容减1，结果送回A中
DEC direct	direct←(direct)−1	×	×	×	×	直接地址单元中的内容减1，结果送回原地址单元中
DEC @Ri	(Ri)←((Ri))−1	×	×	×	×	Ri的内容为地址的存储单元中的内容减1，结果送回原存储单元中
DEC Rn	Rn←Rn−1	×	×	×	×	Rn中的内容减1，结果送回Rn中

减 1 操作也不影响标志。若原寄存器的内容为 00H，减 1 后为 FFH，运算结果不影响任何标志位。当直接地址是 I/O 口时，也实现“读—修改—写”操作。

8. 十进制调整指令

十进制调整指令有一条，见表 3.19。

表 3.19 十进制调整指令（一条）

指令	标志位				解释
	P	OV	AC	CY	
DA A	√	√	√	√	对累加器 A 中的 BCD 码运算结果进行调整

在进行 BCD 码运算时，这条指令总是跟在 ADD 或 ADDC 指令之后，其功能是对执行加法运算后存于累加器 A 中的 BCD 运算结果进行调整。这条指令只能用于加法运算调整。

执行该指令时，机器会进行判断，若 A 中的低 4 位大于 9 或辅助标志位 AC 为 1，则低 4 位做加 6 操作；同样，若 A 中的高 4 位大于 9 或进位标志 CY 为 1，则高 4 位加 6。

例如，设有两个 BCD 数 36 与 45 相加，结果应为 BCD 码 81，程序如下：

```
MOV  A，#36H     ；立即数 36H 送累加器
ADD  A，#45H     ；累加器的内容与立即数 45H 相加，和放在累加器中
DA A             ；对累加器中的内容进行十进制调整
```

```
   0011 0110
+  0100 0101
------------
   0111 1011
+  0000 0110
------------
   1000 0001
```

加法指令执行后得结果 7BH；第三条指令对累加器 A 中的内容进行十进制调整，低 4 位（为 0BH）大于 9，因此要加 6，最后得到调整的 BCD 码为 81。

3.5 逻辑运算类指令

MCS-51 单片机有 24 条逻辑运算指令，有与、或、异或、求反、左右移位、清 0 等逻辑操作，有直接、寄存器和寄存器间址等寻址方式。这类指令一般不影响程序状态字（PSW）标志。

1. 清零指令

清零指令有一条，见表 3.20。

表 3.20 清零指令（一条）

指令	功能	标志位				解释
		P	OV	AC	CY	
CLR A	A ←0	√	×	×	×	A 中的内容清 0

2. 求反指令

求反指令有一条，见表 3.21。

表 3.21 求反指令（一条）

指令	功能	标志位				解释
		P	OV	AC	CY	
CPL A	A← $\overline{A}$	×	×	×	×	A 中的内容按位取反后送回到 A

3. 循环移位指令

循环移位指令有四条，见表 3.22。

表 3.22 循环移位指令（四条）

指令	标志位				解释
	P	OV	AC	CY	
RL A	√	×	×	×	A 中的内容左循环一位
RR A	√	×	×	×	A 中的内容右循环一位
RLC A	√	×	×	√	A 中的内容连同进位位左循环一位
RRC A	√	×	×	√	A 中的内容连同进位位右循环一位

```
RL  A    ;累加器 A 中的内容循环左移一位，最高位循环到最低位
```

D7←D6←D5←D4←D3←D2←D1←D0

```
RR  A    ;累加器A中的内容循环右移一位，最低位循环到最高位
```

D7→D6→D5→D4→D3→D2→D1→D0

```
RLC  A   ;累加器A中的内容连同进位位CY循环左移一位
```

CY ← D7←D6←D5←D4←D3←D2←D1←D0

```
RRC  A   ;累加器A中的内容连同进位位CY循环右移一位
```

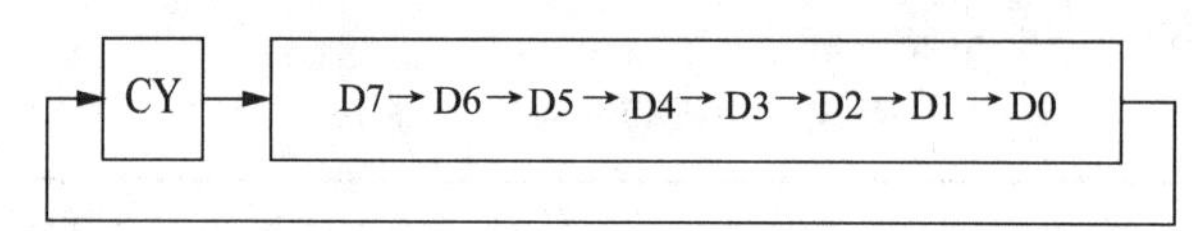

例如：

```
MOV  A, #04H        ; A=04
RL   A              ; A=08
RR   A              ; A=04
```

逻辑左移一位相当于乘2，逻辑右移一位相当于除2。

4. 逻辑与操作指令

逻辑与操作指令有六条，见表3.23。

表3.23 逻辑与操作指令（六条）

指令	功能	标志位				解释
		P	OV	AC	CY	
ANL A，direct	A←A∧(direct)	√	×	×	×	A中的内容和直接地址单元中的内容执行与逻辑操作，结果存在A中
ANL A，#data	A←A∧#data	√	×	×	×	A中的内容和立即数执行与操作，结果存在A中
ANL A，Rn	A←A∧Rn	√	×	×	×	A中的内容和Rn中的内容执行与逻辑操作，结果存在A中
ANL A，@Ri	A←A∧((Ri))	√	×	×	×	A中的内容和Ri中的内容为地址的存储单元的内容执行与操作，结果存在A中
ANL direct，A	direct←(direct)∧A	×	×	×	×	直接地址单元中的内容和A中的内容执行与逻辑操作，结果存在直接地址单元中
ANL direct，#data	direct←(direct)∧#data	×	×	×	×	直接地址单元中的内容和立即数执行与逻辑操作，结果存在直接地址单元中

5. 逻辑或操作指令

逻辑或操作指令有六条，见表3.24。

表3.24 逻辑或操作指令（六条）

指令	功能	标志位				解释
		P	OV	AC	CY	
ORL A，direct	A←A∨（direct）	√	×	×	×	A中的内容和直接地址单元中的内容执行逻辑或操作，结果存在A中
ORL A，#data	A←A∨#data	√	×	×	×	A中的内容和立即数执行逻辑或操作，结果存在A中
ORL A，Rn	A←A∨Rn	√	×	×	×	A中的内容和Rn中的内容执行逻辑或操作，结果存在A中
ORL A，@Ri	A←A∨((Ri))	√	×	×	×	A中的内容和Ri的内容为地址的存储单元中的内容执行逻辑或操作，结果存在A中
ORL direct，A	direct←（direct）∨A	×	×	×	×	直接地址单元中的内容和A中的内容执行逻辑或操作，结果存在直接地址单元中
ORL direct，#data	direct←（direct）∨#data	×	×	×	×	直接地址单元中的内容和立即数执行逻辑或操作，结果存在直接地址单元中

6. 逻辑异或操作指令

逻辑异或操作指令有六条，见表3.25。

表3.25 逻辑异或操作指令（六条）

指令	功能	标志位				解释
		P	OV	AC	CY	
XRL A，direct	A←A ⊕ (direct)	√	×	×	×	A中的内容和直接地址单元中的内容执行逻辑异或操作，结果存在A中
XRL A，@Ri	A←A ⊕ ((Ri))	√	×	×	×	A中的内容和Ri的内容为地址的存储单元中的内容执行逻辑异或操作，结果存在A中
XRL A，#data	A←A ⊕ #data	√	×	×	×	A中的内容和立即数执行逻辑异或操作，结果存在A中
XRL A，Rn	A←A ⊕ Rn	√	×	×	×	A中的内容和Rn中的内容执行逻辑异或操作，结果存在A中
XRL direct，A	direct←(direct) ⊕ A	×	×	×	×	直接地址单元中的内容和A中的内容执行逻辑异或操作，结果存在直接地址单元中
XRL direct，#data	direct←(direct) ⊕ #data	×	×	×	×	直接地址单元中的内容和立即数执行逻辑异或操作，结果存在直接地址单元中

【例 3.3】 设有图 3.5 所示的组合逻辑电路，试编写程序模拟其功能。设输入信号放在 X、Y、Z 单元中，输出信号放在 F 单元中。

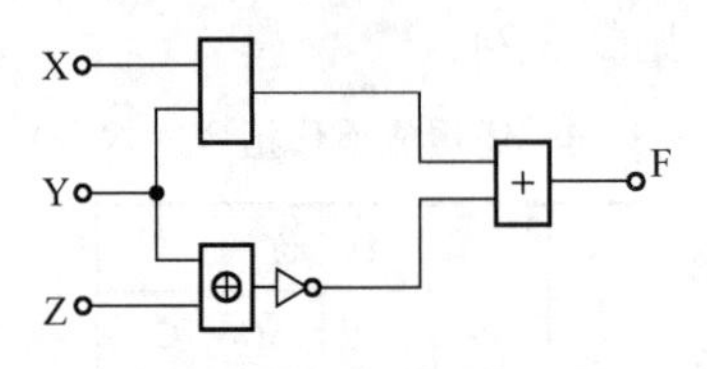

图 3.5 组合逻辑电路

参考程序段如下：

```
MOV  A，X          ; A←(X)
ANL  A，Y          ; A←(X)∧(Y)
MOV  R1，A         ; R1←A
MOV  A，Y          ; A←(Y)
XRL  A，Z          ; A←(Y)⊕(Z)
CPL  A             ; A←Ā
ORL  A，R1         ; A←A∨R1
MOV  F，A          ; F←A
```

3.6 控制转移类指令

MCS-51 单片机有 17 条控制转移指令，用于控制程序的走向。转移的范围有 64KB、2KB 和 256B 三个层次。

1. 无条件转移指令

无条件转移指令有四条，见表 3.26。

表 3.26 无条件转移指令（四条）

指令	功能	标志位				解释
		P	OV	AC	CY	
LJMP addr16 长转移	PC←PC+3 PC←addr16	×	×	×	×	给 PC 赋予 16 位转移地址
AJMP addr11 绝对转移	PC←PC+2， PC10-0←addr11	×	×	×	×	给 PC 赋予 11 位地址，PC15-11 不变
SJMP rel 短转移	PC←PC+2+rel	×	×	×	×	当前 PC 值加上偏移量赋予 PC
JMP @A+DPTR 间接转移	PC←A+DPTR	×	×	×	×	A 的值加上 DPTR 的值，赋予 PC

这组指令执行后，程序就会无条件转移到指令所指向的目标地址。长转移指令访问

的程序存储器空间为16位地址，可以实现64KB内的转移。绝对转移指令访问的程序存储器空间为11位地址，可以实现2KB范围内的转移。短转移指令以PC当前值为基点，加8位偏移量（+127～−128），转移范围为256B。

2. 条件转移指令

条件转移指令有八条，见表3.27。

表3.27 条件转移指令（八条）

指令	功能	标志位				解释
		P	OV	AC	CY	
JZ rel	若A=0， PC←PC+2+rel	×	×	×	×	若A中的内容为0，则转移到偏移量所指向的地址，否则程序顺序执行
JNZ rel	若A≠0， PC←PC+2+rel	×	×	×	×	若A中的内容不为0，则转移到偏移量所指向的地址，否则程序顺序执行
CJNE A，direct，rel	若A≠(direct)， PC←PC+3+rel	×	×	×	√	若A中的内容不等于直接地址单元的内容，则转移到偏移量所指向的地址，否则程序顺序执行
CJNE A，#data，rel	若A≠ #data， PC←PC+3+rel	×	×	×	√	若A中的内容不等于立即数，则转移到偏移量所指向的地址，否则程序顺序执行
CJNE Rn，#data，rel	若Rn≠#data， PC←PC+3+rel	×	×	×	√	若Rn中的内容不等于立即数，则转移到偏移量所指向的地址，否则程序顺序执行
CJNE @Ri，#data，rel	若((Ri))≠#data， PC←PC+3+rel	×	×	×	√	若Ri中的内容为地址的存储单元中的内容不等于立即数，则转移到偏移量所指向的地址，否则程序顺序执行
DJNZ Rn，rel	Rn←Rn−1，若Rn≠0， PC←PC+2+rel	×	×	×	×	若Rn的内容减1后不等于0，则转移到偏移量所指向的地址，否则程序顺序执行
DJNZ direct，rel	direct←(direct)−1， 若(direct)≠0， PC←PC+3+ rel	×	×	×	×	若直接地址单元中的内容减1后不等于0，则转移到偏移量所指向的地址，否则程序顺序执行

比较转移指令CJNE是MCS-51单片机指令系统中仅有的四条三个操作数的指令。在程序设计中非常有用。指令执行时，第一操作数与第二操作数进行比较，若两数相等，不转移，CY=0；若第一操作数大于第二操作数，转移，CY=0；若第一操作数小于第二操作数，转移，CY=1。因此，通过检查CY的状态，还可判断两数的大小。

【例3.4】 将外部数据存储器中首地址为DATA1的数据块传送到首地址为DATA2的内部数据存储器中，当遇到传送的数据为0时停止。

外部RAM向内部RAM的数据传送一定要借助于累加器A，利用累加器判零转移指令正好可以判别是否要继续传送或者终止。

参考程序段如下：

```
MOV  DPTR，#DATA1          ；外部数据块首地址送DPTR
MOV  R1，#DATA2            ；内部数据块首地址送R1
LOOP: MOVX  A，@DPTR       ；外部数据送给A
HERE: JZ  HERE             ；A中内容为0则终止
MOV  @R1，A                ；A中内容不为0，送到内部RAM
INC  DPTR                  ；修改外部地址指针
INC  R1                    ；修改内部地址指针
SJMP  LOOP                 ；继续循环
```

3. 子程序调用指令

子程序调用指令有四条，见表3.28。

表3.28　子程序调用指令（四条）

指令	功能	标志位				解释
		P	OV	AC	CY	
LCALL　addr16	PC←PC+3，SP←SP+1，(SP)←PC7-0，SP←SP+1，(SP)←PC15-8，PC←addr16	×	×	×	×	长调用指令，可在64KB空间调用子程序。先将PC当前值压入堆栈保护，然后将16位转移地址送PC
ACALL　addr11	PC←PC+2，SP←SP+1，(SP)←PC7-0，SP←SP+1，(SP)←PC15-8，PC10-0←addr11	×	×	×	×	绝对调用指令，可在2KB空间调用子程序。先将PC当前值压入堆栈保护，然后将11位转移地址送PC，PC中高5位不变
RET	PC15-8←((SP))，SP←SP-1，PC7-0←((SP))，SP←SP-1	×	×	×	×	子程序返回指令。从堆栈中弹出两个字节的内容送PC
RETI	PC15-8←((SP))，SP←SP-1，PC7-0←((SP))，SP←SP-1	×	×	×	×	中断返回指令，从堆栈中弹出两个字节的内容送PC，清除中断优先权标志

4. 空操作指令

指令格式：NOP

这条指令除了使PC加1，消耗一个机器周期的时间外，不执行任何操作。常用于短时间的延时，以匹配时序。

3.7　位操作类指令

MCS-51单片机有一个逻辑处理机，它以进位标志位作为累加器，以内部RAM位寻址区的 128 位及部分 SFR 为操作对象。MCS-51 单片机有 17 条位操作指令。

1. 位传送指令

位传送指令有两条，见表 3.29。

表 3.29 位传送指令（两条）

指令	功能	标志位				解释
		P	OV	AC	CY	
MOV C，bit	CY←(bit)	×	×	×	×	位操作数送 CY
MOV bit，C	bit←CY	×	×	×	×	CY 的内容送某位

2. 置位复位指令

置位复位指令有四条，见表 3.30。

表 3.30 置位复位指令（四条）

指令	功能	标志位				解释
		P	OV	AC	CY	
CLR C	CY←0	×	×	×	√	清 CY
CLR bit	bit←0	×	×	×	×	清位
SETB C	CY←1	×	×	×	√	置位 CY
SETB bit	bit←1	×	×	×	×	置位某位

3. 位运算指令

位运算指令有六条，见表 3.31。

表 3.31 位运算指令（六条）

指令	功能	标志位				解释
		P	OV	AC	CY	
ANL C，bit	CY←CY∧(bit)	×	×	×	√	CY 和指定位相与，结果存入 CY
ANL C，/bit	CY←CY∧ $(\overline{\text{bit}})$	×	×	×	√	指定位求反后和 CY 与，结果存入 CY
ORL C，bit	CY←CY∨(bit)	×	×	×	√	CY 和指定位相或，结果存入 CY
ORL C，/bit	CY←CY∨ $(\overline{\text{bit}})$	×	×	×	√	指定位求反后和 CY 或，结果存入 CY
CPL C	CY← $\overline{\text{CY}}$	×	×	×	√	CY 求反后结果送 CY
CPL bit	bit← $(\overline{\text{bit}})$	×	×	×	×	指定位求反后结果送指定位

4. 位控制转移指令

位控制转移指令有五条，见表 3.32。

表3.32 位控制转移指令（五条）

指令	标志位				解释
	P	OV	AC	CY	
JC rel	×	×	×	×	若CY=1，则转移，PC←PC+2+rel，否则程序顺序执行，PC←PC+2
JNC rel	×	×	×	×	若CY=0，则转移，PC←PC+2+rel，否则程序顺序执行，PC←PC+2
JB bit，rel	×	×	×	×	若（bit）=1则转移，PC←PC+3+rel，否则程序顺序执行，PC←PC+3
JNB bit，rel	×	×	×	×	若（bit）=0则转移，PC←PC+3+rel，否则程序顺序执行，PC←PC+3
JBC bit，rel	×	×	×	×	若（bit）=1则转移，PC←PC+3+rel，并清零该位，即bit=0；否则程序顺序执行，PC←PC+3

【例3.5】 编写程序完成Z=X⊕Y，其中，X、Y、Z表示位地址。

异或运算可表示为Z=X・/Y+/X・Y，参考程序段如下：

```
MOV  C，X       ；CY←(X)
ANL  C，/Y      ；CY←(X)∧(Y̅)
MOV  Z，C       ；Z←CY
MOV  C，Y       ；CY←(Y)
ANL  C，/X      ；CY←(Y)∧(X̅)
ORL  C，Z       ；CY←(Y)∧(X̅)+(X)∧(Y̅)
MOV  Z，C       ；Z←CY
```

思考题

1. MCS-51单片机指令一般由哪几个部分组成？各部分的功能是什么？
2. MCS-51单片机指令系统中有几条指令？按功能分为哪几类？
3. MCS-51单片机有哪些寻址方式？
4. MCS-51单片机指令中，Rn表示什么？Ri表示什么？
5. 指令JBC CY，LOOP的功能是什么？是几个字节、几个机器周期的指令？

练习题

1. 以下程序段执行后，A=________________，(30H)=________________。

```
MOV  30H，#0AH
MOV  A，#0D6H
MOV  R0，#30H
MOV  R2，#5EH
ANL  A，R2
ORL  A，@R0
SWAP  A
CPL  A
```

```
XRL  A， #0FEH
ORL  30H， A
```

2. 阅读下列指令序列，说明该指令序列完成什么功能。

```
MAIN: MOV  A，30H
      CJNE  A，40H，LOOP1
      SETB  7FH
      SJMP  LOOP3
LOOP1: JC  LOOP2
       MOV  20H，A
       MOV  21H，40H
       SJMP  LOOP3
LOOP2: MOV  20H，40H
       MOV  21H，A
```

3. 设字节变量X存在内部RAM的20H单元中，其取值范围为0～5，完成下列查表程序，求X的平方值，并将结果存放在内部RAM 21H单元。

```
START: MOV DPTR, #TABLE
       MOV  A, 20H

       MOV 21H, A
TABLE: DB 0, 1, 4, 9, 16, 25
```

第 4 章　汇编语言程序设计

程序是若干指令的有序集合，单片机的运行过程就是执行程序的过程。编写程序的过程称为程序设计，用于程序设计的计算机语言可分为低级语言和高级语言两类。低级语言包括机器语言和汇编语言，高级语言则更多，如 C、BASIC 等。

用二进制代码表示操作码和操作数的计算机语言叫做机器语言。它是 CPU 可以直接识别和执行的计算机语言，效率最高、程序最短，但它难读、难懂、难记、难写、易出错。

用英文助记符表示操作码和操作数的计算机语言叫做符号语言或汇编语言。它用英文字母、形象的符号帮助人们记忆、读写操作码、操作数，简化了程序设计的难度。汇编语言也是面向机器的语言，一条汇编语言指令和一条机器语言指令一一对应。用汇编语言编写的程序占用存储空间小，运行速度快，能直接管理和控制硬件资源，但汇编语言和机器语言都与机器的硬件结构密切相关，均是面向“机器”的语言，缺乏通用性。

用接近自然语言和数学语言表述操作码和操作数的计算机语言叫做高级语言。高级语言与计算机的硬件结构无关，它有更强的表达能力，可方便地表示数据的运算和程序的控制，能更好地描述各种算法，而且容易学习掌握。但用高级语言编写的程序编译后生成的程序代码一般比用汇编语言编写的程序代码要长，执行的速度也慢。所以汇编语言适合编写一些对速度和代码长度要求高的程序和直接控制硬件的程序，高级语言适合编写实现复杂算法的程序。

4.1　汇编语言程序设计方法

汇编语言程序设计与高级语言程序设计一样，是有章可循的，只要按照一定的方法和步骤去做，编写程序并不困难，设计的程序也会规范、清晰、易读、易懂。

1. 分析题意，明确要求

编程之前，首先要明确所要解决的问题是什么，要达到的目标是什么，已知条件是什么，要求的结果是什么。

2. 确定算法

根据实际问题的要求和已有的条件，找出问题的规律性，确定所要采用的计算公式和计算方法，这就是算法。算法是解决问题的方法步骤，是进行程序设计的依据，它决定着程序的结构和效率。

3. 画程序流程图

用图形、符号、文字等形式描述和说明算法。流程图是用预先约定的各种符号、流程线及必要的文字构成的、反映算法思想的框图，它用直观、清晰的方式表述了程序的设计思路。借助程序流程图，可以方便地检查程序的逻辑错误。

4. 分配内存工作单元

确定程序、表格放在哪里，要处理的数据、运算的结果放在哪里。

5. 编写源程序

根据程序流程图，用合适的指令序列实现流程图中规定的功能。或者说，编写程序就是用编程语言表述流程图。

6. 程序优化

修改完善程序，使其运算速度快，且占用存储空间少。恰当地使用循环程序、子程序、设置标志位等都是有效节省程序空间、提高程序执行效率的有效方法。

7. 上机调试

汇编语言程序调试分为建立源程序、汇编、连接、运行、修改完善等几个环节。一般都是在PC上的指定开发环境下进行。

建立源程序：建立源程序就是将编写好的源程序输入到计算机的过程。原则上可以使用任何文字处理软件，但绝大多数开发系统会提供方便的程序输入环境。源程序输入计算机后以文件形式保存，汇编语言源程序文件的扩展名为.asm。

汇编：汇编过程目前有两种方式，手工汇编和机器汇编。手工汇编是编程人员手工查阅指令表，将程序中的每一条汇编语句翻译成机器代码的过程，速度慢，且容易出错，已很少使用。机器汇编是用汇编程序对源程序进行语法检查、翻译的过程。速度快，效率高，是目前普遍使用的方法。

连接：连接是将汇编程序生成的浮动文件转换成可执行文件的过程。

运行：通过运行可以检查、验证程序的正确性。

修改：如果程序运行结果不正确或不能运行，应修改源程序中不正确的地方，并重新汇编、连接、运行程序，逐步完善程序的行为和功能。

在程序设计过程中，为了使程序结构清晰、易读、易懂，应采用结构化程序设计方法。根据结构化程序设计的观点，任何程序都可以用顺序结构、选择结构和循环结构组成；反过来，可以用顺序结构、选择结构和循环结构构成任何程序。采用结构化方式设计程序已成为软件工程的重要原则，已被程序设计者广泛使用。

4.2 常用伪指令

上一章介绍了MCS-51单片机的111条汇编语句，从中可以看到，每条语句都是用一些英文缩写符号表示，如用ADD表示加法运算、用A表示累加器等，这些英文缩写符号被称为助记符，因此，汇编语言也被称为助记符语言。显然，汇编语言不能被单片机直接执行，需要翻译成机器语言才能执行。通常将用汇编语句编写的程序叫做汇编语言源程序，将用机器语言表示的程序叫做目标程序，或目的程序。能够把汇编语言源程序翻译成机器语言目标程序的程序叫做汇编程序。源程序、目标程序和汇编程序的关系如图4.1所示。

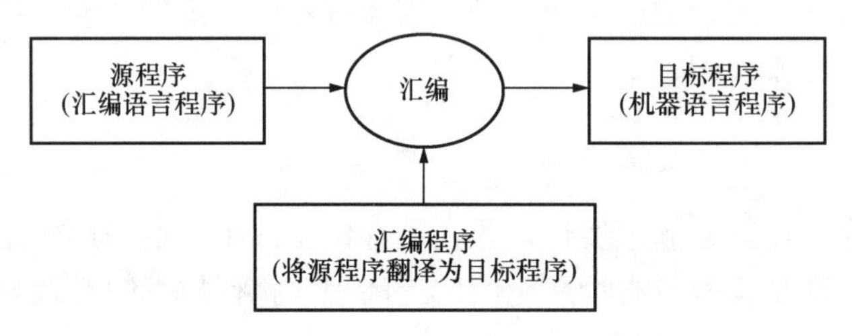

图4.1　源程序、目标程序和汇编程序的关系

为了便于汇编，汇编程序一般都提供一些说明、定义语句。但这些语句只是为汇编程序服务，没有机器代码，单片机不能执行，所以，称它们为伪指令。“伪”体现在汇编时不产生机器指令代码，不影响程序的执行，仅指明在汇编时对程序、数据的说明或定义。下面介绍几个常用的伪指令。

1. 起始地址说明

格式：　ORG　nn

功能：用于定义汇编语言源程序或数据块存储的起始地址。nn为16位地址。例如：

```
ORG  0030H
MAIN: MOV  DPTR, #2000H
```

ORG伪指令规定了程序段MAIN的起始地址为0030H。

2. 汇编结束说明

格式：　END

功能：用于汇编语言源程序末尾，指示源程序到此全部结束。在汇编时，对END后面的指令不予汇编。因此，END语句必须放在整个程序的末尾，并且只能有一个。

3. 赋值

格式：　字符名　EQU　数据或汇编符号

功能：将一个数（8位或16位）或汇编符号赋值给所定义的字符名。EQU伪指令中的字符名必须先赋值后使用，故该语句通常放在源程序的开头。例如：

```
CH1  EQU  50H                    ; 定义 CH1=50H
CH2  EQU  R4                     ; 定义 CH2=R4
…
MOV  A, CH1                      ; 相当于 MOV  A, 50H
MOV  A, CH2                      ; 相当于 MOV  A, R4
```

4. 定义字节

格式：　[标号:]　DB　n1，n2，…，nn

功能：用于定义8位数据的存放地址。表示把单字节数据依次存放到以标号为起始地址的连续存储单元中，通常用于定义数据表格。例如：

```
ORG  0000H                     ; 规定从 0000H 开始存放下一条指令
    JMP  MAIN                  ; 转移到主程序
ORG  0030H                     ; 规定主程序从 0030H 开始存放
MAIN: MOV  DPTR, #TAB          ; 取表头地址
    MOV  A, R2                 ; R2 中存放查表序号
    MOVC  A, @A+DPTR           ; 从表中取出数据送 A
    SJMP  $                    ; 循环等待
TAB: DB  7FH, 6FH, 77H, 7CH, 39H, 5EH, 79H, 61H  ; 定义字节数据表
END                            ; 汇编结束
```

5. 定义字

格式：　[标号:]　DW　N1，N2，…，Nn

功能：用于定义16位数据的存放地址。DW指令与DB指令相似，都是在内存的某个区域内定义数据，不同的是DW指令定义的是字（16位），而DB指令定义的是字节（8位）。DW指令表示把双字节数据依次存入指定的连续存储单元中，通常用于定义数据表格。

6. 位地址赋值

格式：　字符名称　BIT　位地址

功能：该指令把BIT右边的位地址赋给左边的字符名称。例如：

```
L0  BIT  P1.1                  ; 定义位变量 L0= P1.1
L1  BIT  20H                   ; 定义位变量 L1= 20H
```

经过定义，在程序中，L0和P1.1，L1和20H位就是等价的了。

7. 定义存储区

格式：　[标号:]　DS　X

功能：用于定义从标号开始预留一定数量的内存单元，以备源程序执行过程中使用。预留单元的数量由X决定。例如：

```
ORG  0030H                        ; 规定从0030H开始保留存储空间
CDS: DS  08H                      ; 保留08H个存储单元
MAIN: MOV  DPTR, #1000H           ; 该指令将从0038H单元开始存放
```

程序汇编到DS语句时，从0030H地址开始预留八个连续字节单元，MAIN: MOV DPTR, #1000H指令从0038H单元开始依次存放。

4.3 顺序程序设计

顺序结构程序的指令执行顺序与书写顺序一致，即写在前面的指令先执行，写在后面的指令后执行。顺序结构是所有程序中最基本、最重要的程序结构形式，在程序设计中使用得最多。在实际编程中，正确选择指令、寻址方式，合理使用工作寄存器、数据存储单元是顺序结构程序设计应注意的问题。在需要多次重复操作时，应该用循环结构，避免用顺序结构实现大量重复操作。一个好的顺序程序段，应该具有占用存储空间少，执行速度快等特点。

【例4.1】 程序初始化。初始化就是为变量、寄存器、存储单元赋初值。如将R0、R1、R2、R3、P1、30H、40H单元初始化为00H，把R4、R5初始化为0FFH。

汇编语言参考程序如下：

```
ORG  0000H              ; 上电后PC=0000H，故在0000H单元存放转移指令
   LJMP  START          ; 转移到主程序
ORG  0030H              ; 主程序起始地址为0030H
START: MOV  R0, #00H    ; 立即数00H送寄存器R0
   MOV  R1, #00H        ; 立即数00H送寄存器R1
   MOV  R2, #00H        ; 立即数00H送寄存器R2
   MOV  R3, #00H        ; 立即数00H送寄存器R3
   MOV  R4, #0FFH       ; 立即数0FFH送寄存器R4
   MOV  R5, #0FFH       ; 立即数0FFH送寄存器R5
   MOV  30H, #00H       ; 立即数00H送30H单元
   MOV  40H, #00H       ; 立即数00H送40H单元
   MOV  P1, #00H        ; 立即数00H送端口P1
HERE: SJMP  HERE        ; 循环等待，相当于程序结束
END                     ; 汇编结束
```

清零时，用立即数赋值比较直观，但不便于程序维护。如下一次初始化时，立即数不是0，而是1，则需要修改多条指令，既麻烦，又容易出错。因此，在初始化时，应尽量使用寄存器赋值。如用MOV A，#00H和MOV R0，A指令赋值，效果更好。

4.4 分支程序设计

分支程序的主要特点是程序中包含有判断环节，不同的条件对应不同的执行路径。编程的关键任务是合理选用具有逻辑判断功能的指令。由于分支程序的走向不再是单一

的，因此，在程序设计时，应该借助程序流程框图来明确程序的走向，避免犯逻辑错误。一般情况下，每个分支均需单独一段程序，并有特定的名字，以便当条件满足时实现转移。

1. 单分支选择结构

当程序的判断是二选一时，称为单分支选择结构。通常用条件转移指令实现判断及转移。单分支选择结构有三种典型表现形式，如图 4.2 所示。

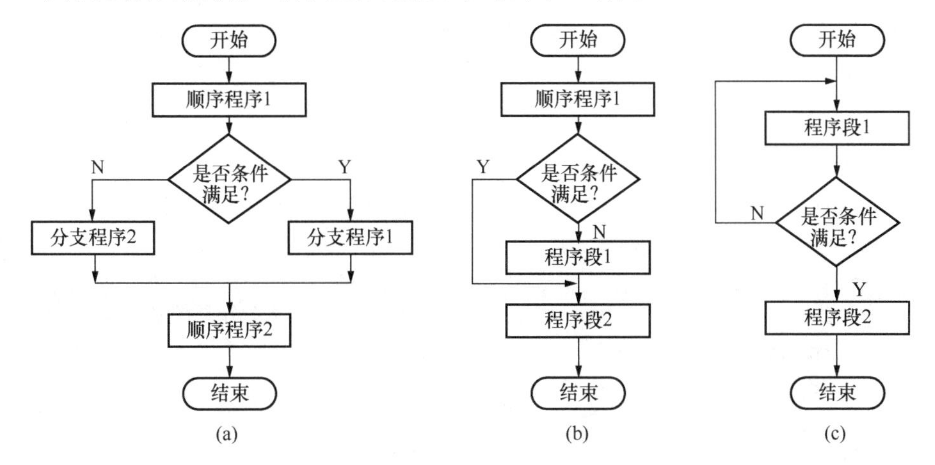

图 4.2　单分支选择结构

在图 4.2（a）中，当条件满足时，执行程序段 1，否则执行程序段 2。

在图 4.2（b）中，当条件满足时，跳过程序段 1，从程序段 2 顺序执行；否则，顺序执行程序段 1 和程序段 2。

在图 4.2（c）中，当条件满足时，程序顺序执行程序段 2；否则，重复执行程序段 1，直到条件满足为止。

由于条件转移指令均属相对寻址方式，其相对偏移量 rel 是个带符号的 8 位二进制数，可正可负。因此，程序可向高地址方向转移，也可向低地址方向转移。

图 4.2（c）所示的程序结构是一种特殊情况，既是分支结构，也是循环结构。

【例 4.2】　设变量 X 的值（|X|＜50）存放在累加器 A 中，变量 Y 的值（|Y|＜50）存放在寄存器 B 中，若 X≥0，则 Z=X−Y；若 X<0，则 Z=X+Y。编程实现该功能，并将结果以二进制数形式显示，如图 4.3 所示。

编程思路：这里的关键是判断 X 是正数，还是负数。先将 X 送入累加器 A 中，然后通过判断符号位 ACC.7 来确定正负。若 ACC.7=1，表示 X＜0，实现 Z=X+Y 操作；若 ACC.7=0，表示 X≥0，实现 Z=X−Y 操作。设 X=30，Y=10。

汇编语言参考程序如下：

```
ORG  0000H               ; 上电后 PC=0000H，故在 0000H 单元存放转移指令
    JMP  BR              ; 转移到主程序
ORG  0030H               ; 主程序从 0030H 开始存放
    Z  EQU  R0           ; 定义 Z=R0
BR: MOV  A, #30          ; 给 X 赋值并存入 A 中
```

```
    MOV  B, #10             ; 给Y赋值并存入B中
    JB  ACC.7, MINUS        ; 如果X<0，转到MINUS
    CLR  C                  ; 如果X>0，清零进位位
    SUBB  A, B              ; X-Y，结果送A
    SJMP  DONE              ; 转移到标号为DONE的指令
MINUS: ADD  A, B            ; X+Y，结果送A
DONE: MOV  Z, A             ; A的内容送给变量Z
    MOV  P2, A              ; 输出结果
    SJMP  $                 ; 循环等待
END                         ; 汇编结束
```

C语言程序如下：

```
#include <reg51.h>              //预处理命令，定义SFR头文件
void delay1ms(int x)            //延时1ms函数
{
    int i, j;                   //整型变量i、j，内外循环控制变量
    for(i=0; i<x; i++)          //外循环x次
    for(j=0; j<120; j++);       //内循环120次
}
void  main(void)                //主函数
{
    int x, y, z;                //声明整型变数x，y，z
    x=30; y=10;                 //给x和y赋值
    if(x<0)                     //如果x<0，z=x+y;
        z=x+y;
    else
        z=x-y;                  //如果x≥0，Z=x-y;
    P2=z;                       //输出结果
    delay1ms(5);                //调用延时
}
```

例4.2的Proteus仿真如图4.3所示。

2. 多分支选择结构

当程序的判断输出有两个以上的出口走向时，称为多分支选择结构。多分支结构程序还允许嵌套，即分支程序中又有另一个分支程序。汇编语言本身并不限制这种嵌套的层次数，但过多的嵌套层次将使程序的结构变得十分复杂和臃肿，以致造成逻辑上的混乱。所以，不建议嵌套层次过多。多分支选择结构通常有两种形式，如图4.4所示。图4.4（a）所示相当于C语言中的CASE语句，图4.4（b）所示相当于C语言中的IF嵌套语句。

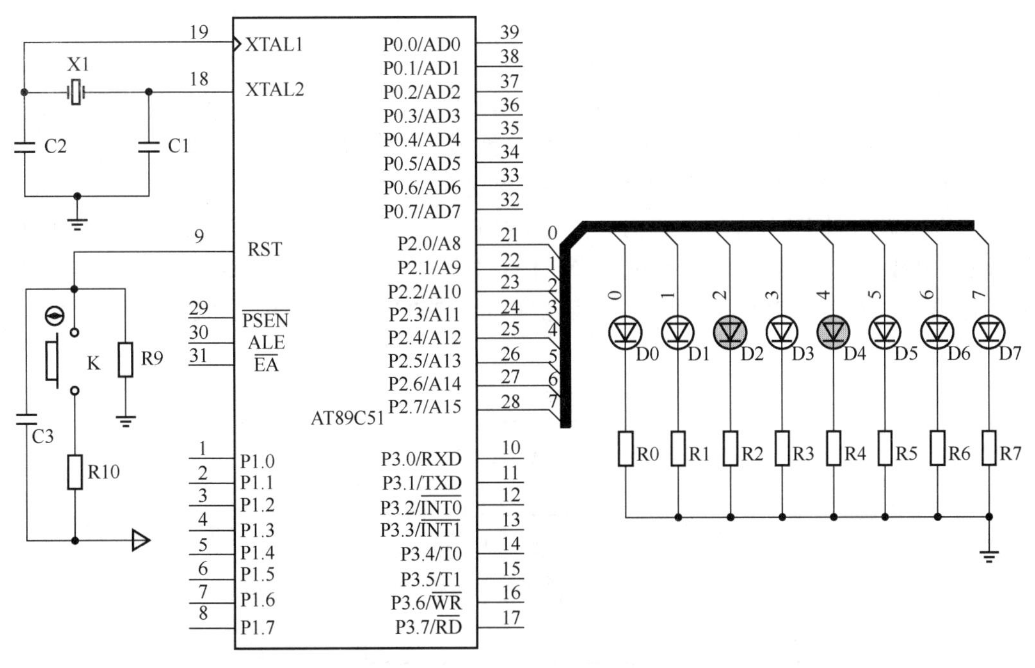

图 4.3　例 4.2 的 Proteus 仿真

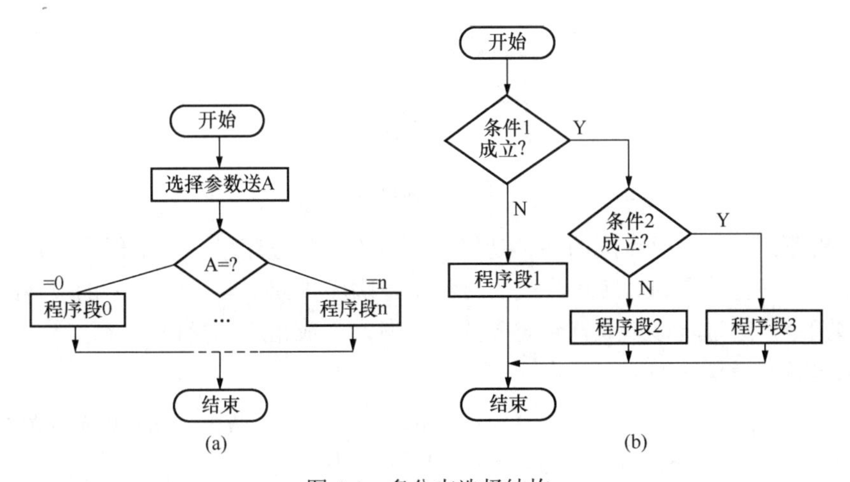

图 4.4　多分支选择结构

MCS-51 单片机指令中的散转指令和比较指令均可以实现多分支转移。

散转指令：

```
JMP   @A+DPTR
```

比较转移指令：

```
CJNE    A, direct, rel        ；A 中的内容与直接地址单元内容比较，不等则转移
CJNE    A, #data, rel         ；A 中的内容与立即数比较，不等则转移
CJNE    Rn, #data, rel        ；寄存器内容与立即数比较，不等则转移
CJNE    @Ri, #data, rel       ；间址寻址单元内容与立即数比较，不等则转移
```

比较操作的实质是做减法，但不保存结果。比较后，当两个数不相等时程序作相对转移，并可通过进位标志 CY 进一步判断两个数的大小。指令执行时，第一操作数与第二操作数进行比较，若两数相等，不转移，顺序执行，且 CY=0；若第一操作数大于第二操作数，转移，但 CY=0；若第一操作数小于第二操作数，转移，但 CY=1。

【例 4.3】 散转程序。编写程序，根据变量 X（X≤5）的值转入相应的分支，执行指定的操作。如图 4.5 所示，X=0 时，执行 F=R0+R1；X=1 时，执行 F=R0−R1；X=2 时，执行 F=R0×R1；X=3 时，执行 F=R0÷R1；X=4 时，执行 F=R0∧R1；X=5 时，执行 F=R0∨R1。将执行结果（设小于 255）存入指定存储器单元 RESULT，并显示在 LED 上，如图 4.6 所示。

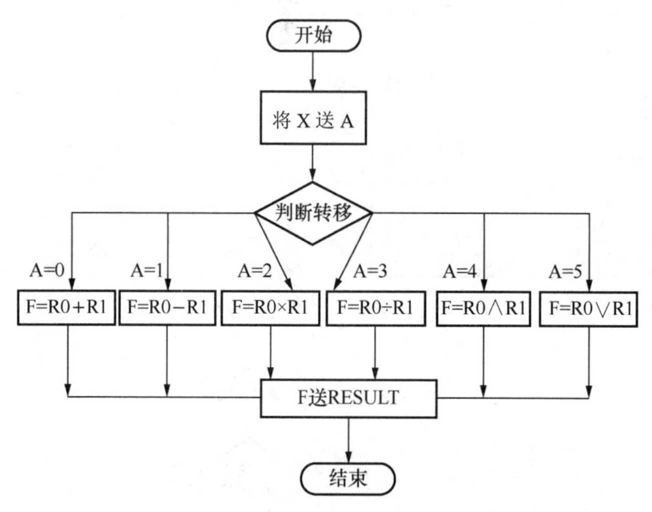

图 4.5 散转程序流程

编程思路：首先将要完成的各种功能编写成不同的程序段，每个程序段定义一个编号。再按照次序将转移到对应程序段的转移指令顺序排列，根据变量 X 的值，跳转到对应的转移指令，通过转移指令转到对应的程序段，完成相应的操作。

汇编语言参考程序如下：

```
ORG  0000H                    ; 上电时 PC=0000H，故在 0000H 单元存放转移指令
    LJMP  MEMS                ; 转移到主程序
    RESULT  EQU  50H          ; 定义 RESULT=50H，用于存放运算结果
    ORG  0100H                ; 主程序从 0100H 开始存放
MEMS: MOV  A, #2              ; A=2，设 X=2
    MOV  R0, #3               ; R0=3
    MOV  R1, #4               ; R1=4
    MOV  DPTR, #KKKK          ; 转移指令表首地址送 DPTR
    RL  A                     ; 每条转移指令均为 2 字节，分支号乘 2
    JMP  @A+DPTR              ; 散转转移
END1: MOV P2, RESULT          ; 输出显示运算结果
    SJMP  $                   ; 循环等待，相当于程序结束
KKKK: SJMP  MEMSP0            ; A=0 加法
    SJMP  MEMSP1              ; A=1 减法
```

```
    SJMP  MEMSP2            ; A=2 乘法
    AJMP  MEMSP3            ; A=3 除法
    AJMP  MEMSP4            ; A=4 逻辑与
    AJMP  MEMSP5            ; A=5 逻辑或
MEMSP0: MOV  A, R0          ; 加法分支程序，R0 的内容送 A
    ADD  A, R1              ; R0 的内容与 R1 的内容相加
    MOV  RESULT, A          ; 结果送 RESULT 保存
    LJMP  END1              ; 转移到程序结束
MEMSP1: MOV  A, R0          ; 减法分支程序，R0 的内容送 A
    CLR  C                  ; 清借位位
    SUBB  A, R1             ; R0 的内容减去 R1 的内容
    MOV  RESULT, A          ; 结果送 RESULT 保存
    LJMP   END1             ; 转移到程序结束
MEMSP2: MOV  A, R0          ; 乘法分支程序，R0 的内容送 A（被乘数）
    MOV  B, R1              ; R1 的内容送寄存器 B（乘数）
    MUL  AB                 ; R0 的内容与 R1 的内容相乘
    MOV  RESULT, A          ; 乘积的低字节送 RESULT 单元保存
    MOV  RESULT+1, B        ; 乘积的高字节送 RESULT+1 单元保存
    LJMP   END1             ; 转移到程序结束
MEMSP3: MOV  A, R0          ; 除法分支程序，R0 的内容送 A（被除数）
    MOV  B, R1              ; R1 的内容送寄存器 B（除数）
    DIV  AB                 ; R0 的内容除以 R1 的内容
    MOV  RESULT, A          ; 商送 RESULT 单元保存
    MOV  RESULT+1, B        ; 余数送 RESULT+1 单元保存
    LJMP  END1              ; 转移到程序结束
MEMSP4: MOV  A, R0          ; 逻辑与分支程序，R0 的内容送 A
    ANL  A, R1              ; R0 的内容和 R1 的内容逻辑与
    MOV  RESULT, A          ; 结果送 RESULT 单元保存
    LJMP   END1             ; 转移到程序结束
MEMSP5: MOV  A, R0          ; 逻辑或分支程序，R0 的内容送 A
    ORL  A, R1              ; R0 的内容和 R1 的内容逻辑或
    MOV  RESULT, A          ; 结果送 RESULT 单元保存
    LJMP  END1              ; 转移到程序结束
END                         ; 汇编结束
```

C 语言参考程序如下（IF 嵌套结构）：

```
#include<reg51.h>                  //预处理命令，定义 SFR 头文件
void delay(unsigned int x)         //延时函数
{
    unsigned char i;               //定义字符型变量 i，循环控制
    while(x--)
    {
        for(i=0; i<123; i++){;}    //延时循环
    }
}
void main(void)                    //主函数
{
    int r0, r1, x, RESULT;         //定义整型变量 r0，r1，x，RESULT
```

```
    r0=3; r1=4;
    x=2;                              //设变量 x=2
    while(1)                          //设置死循环
    {
       if(x==0)                       //当 x=0，进行加法运算
    RESULT=r0+r1;
       else if(x==1)                  //当 x=1，进行减法运算
    RESULT=r0-r1;
       else if(x==2)                  //当 x=2，进行乘法运算
    RESULT=r0*r1;
       else if(x==3)                  //当 x=3，进行除法运算
    RESULT=r0/r1;
       else if(x==4)                  //当 x=4，进行与运算
    RESULT=r0&r1;
       else if(x==5)                  //当 x=5，进行或运算
    RESULT=r0|r1;
       P2=RESULT;                     //将 RESULT 送 P2 口显示
       delay(500);                    //调用延时
    }
}
```

这个程序中，所有分支程序的运算结果都送到 RESULT 单元，保证了分支程序的“一进一出”结构特点，即分支程序只有一个入口、一个出口。这是对分支程序的基本要求。

例 4.3 的 Proteus 仿真如图 4.6 所示。

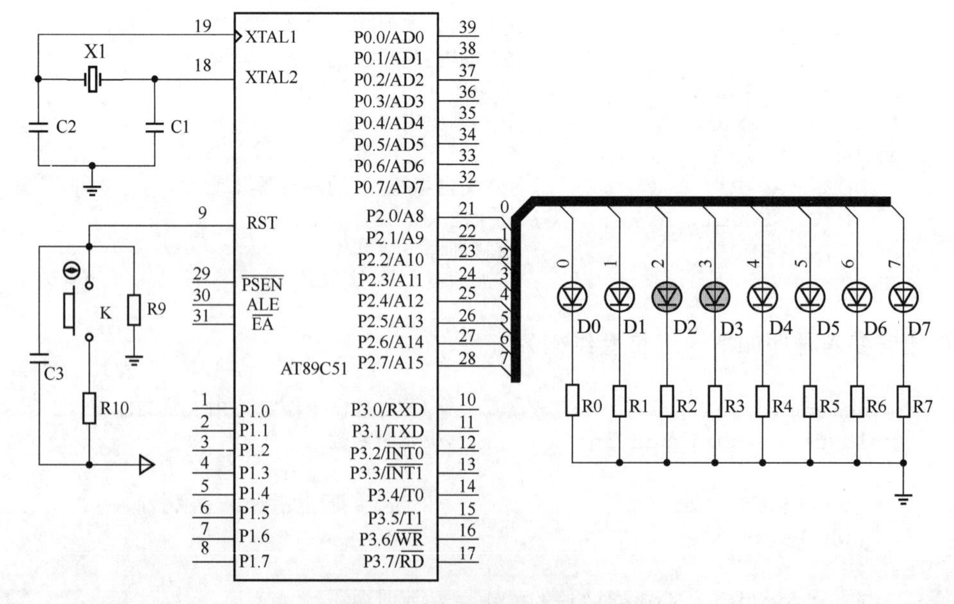

图 4.6　例 4.3 的 Proteus 仿真

4.5　循环程序设计

在实际应用中经常会遇到功能相同、需要多次重复执行的程序段，这时可把这段程序设计成循环结构，可有助于节省程序的存储空间，提高程序的质量。

循环程序一般由四部分组成。

1）初始化：设置循环过程中有关工作单元的初始值，如设置循环次数、地址指针及工作单元清零等。

2）循环体：循环处理部分，是需要重复执行的程序段。这部分程序应该优化，因为它要重复执行许多次，若能少写一条指令，实际上可以少执行若干次指令。

3）循环控制：每循环一次，就要修改循环次数、地址指针等循环控制变量。并根据循环结束条件，判断是否结束循环。

4）循环结束处理：对运算结果进行分析、处理、保存。

如果在循环程序中不再包含循环程序，称为单重循环程序；如果在循环程序中还包含有循环程序，则称为循环嵌套，嵌套即为多重循环。在多重循环程序中，只允许外重循环嵌套内重循环，不允许循环体互相交叉，也不允许从外循环跳入内循环。否则，容易形成死循环。

循环程序结构有两种，如图 4.7 所示。

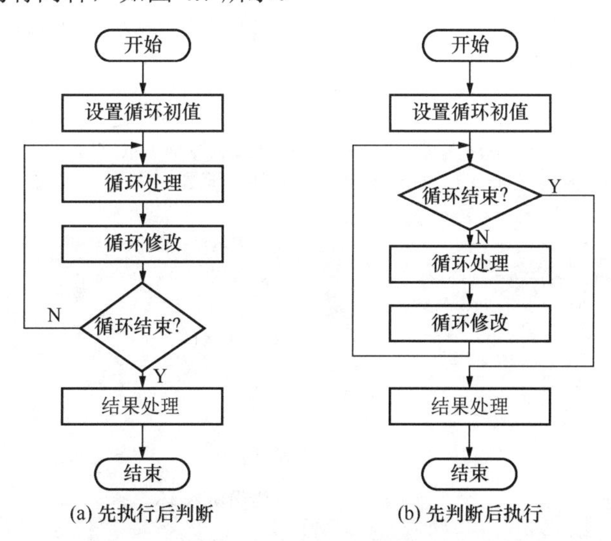

图 4.7　循环程序结构

图 4.7（a）所示是“先执行后判断”结构，适用于循环次数已知的情况。其特点是进入循环后，先执行循环处理部分，然后根据循环条件判断是否结束循环。

图 4.7（b）所示是“先判断后执行”结构，适用于循环次数未知的情况，其特点是将循环控制部分放在循环的入口处，先根据循环控制条件判断是否结束循环，若不结束，则执行循环操作；若结束，则退出循环。

【例 4.4】 设计一个 500 ms 软件延时程序，控制 LED 灯闪烁，如图 4.8 所示。

设计思路：软件延时的基本思想是让单片机执行一段循环程序。如用 DJNZ Rn，rel 指令构成循环时，每执行一条 DJNZ 指令，需要两个机器周期。若使用 12MHz 晶体振荡器，一个机器周期就是 1 μs 。执行一条 DJNZ 指令需要两个机器周期，即 2 μs 。内循环设置 200 次，可以延时 200×2 μs =400 μs =0.4ms，外循环设置 125 次，延时 0.4ms×125=50ms。再循环 10 次，可得 500ms。

汇编语言参考程序如下：

```
ORG  0000H                ; 上电后 PC=0000H，故在 0000H 单元存放转移指令
   LJMP  START            ; 转移到主程序
ORG  0100H                ; 主程序从 0100H 开始
START: CPL  P2.0          ; 控制 LED 灯闪烁
   LCALL  DELAY           ; 调用延时程序
   AJMP  START            ; 返回
DELAY:  MOV  R7, #10      ; 10 次循环
DEL0: MOV  R6, #125       ; 外循环变量
DEL1: MOV  R5, #200       ; 内循环变量
DEL2: DJNZ  R5, DEL2      ; 内循环体
   DJNZ  R6, DEL1         ; 外循环体
   DJNZ  R7, DEL0
   RET                    ; 返回
END                       ; 汇编结束
```

应该注意，用软件实现延时，不允许响应中断，否则将严重影响定时的准确性。

C 语言参考程序如下：

```
#include<reg51.h>                 //预处理命令，定义 SFR 头文件
sbit  led0 = P2^0;                //P2.0 控制 LED 灯，“^”表示第几位
void delay(unsigned int x)        //延时函数
{
   unsigned char i;               //字符型变量 i，控制循环
   while(x--)                     //x 自减 1
   {
      for(i=0; i<123; i++){;}     //延时循环
   }
}
void main()                       //主函数
{
   while(1)                       //设置死循环
   {
      led0=1;                     //LED 灯灭
      delay(500);                 //延时
      led0=0;                     //LED 灯亮
      delay(500);                 //延时
   }
}
```

例 4.4 的 Proteus 仿真如图 4.8 所示。

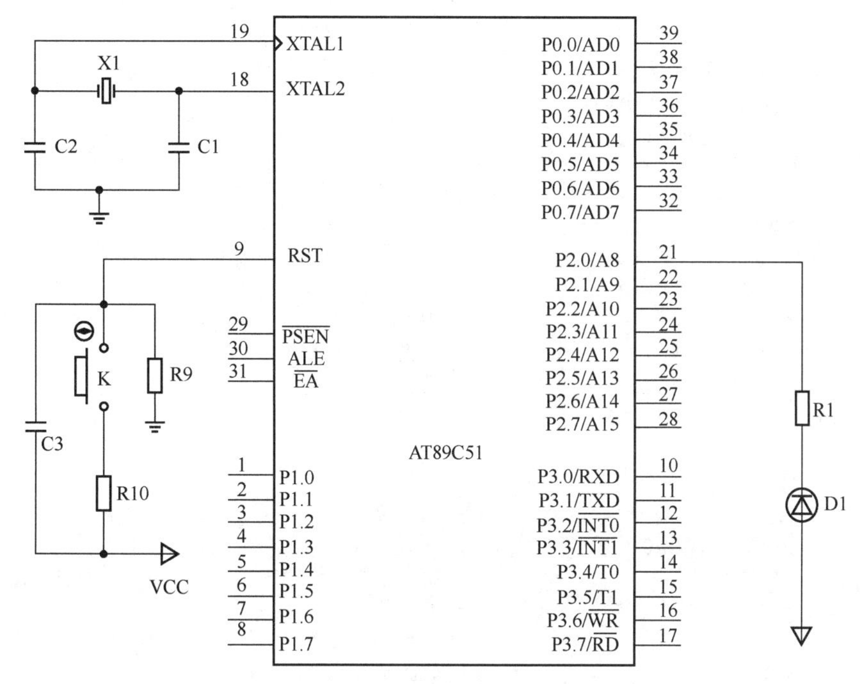

图4.8　例4.4的Proteus仿真

【例4.5】 排序程序。设有八个一位十进制数存放在TAB开始的ROM存储区中，编写程序将这八个数按由小到大次序排列，存放在RAM存储区内，并显示在数码管上，如图4.9所示。

设计思路：首先将ROM中的数据调入RAM中。数据排序的方法有很多种，常用的是“冒泡法”，基本思想是：将相邻两个数作比较，即第一个数和第二个数比较，第二个数和第三个数比较，依此类推。若参与比较的两个数符合从小到大的顺序，则不改变它们的次序；否则交换它们的位置。如此反复，第一遍循环，从头到尾比较一遍，可以得到一个最大数，把它放到参与比较的数据块的后面。第二遍循环，可以得到第二大数。循环多遍，直至完成排序。

按“冒泡法”对N个数排序时，最多需要N-1次循环。但在多数情况下，不用N-1次循环，数据就排好了。为了提高排序效率，程序中可设一交换标志位，每次循环中，若有交换则设置该标志，表明排序未完成；一次循环中若无交换，则清除该标志，表明排序已经完成。每次循环开始时，先检查交换标志位，判断排序是否结束。

汇编语言参考程序如下：

```
N  EQU  08H                       ; 有8个数据参与排序
LIST  EQU 50H                     ; 定义LIST（50H）为RAM区数据块首地址
ORG  0000H                        ; 上电后PC=0000H，故在0000H单元存放转移指令
LJMP  START                       ; 转向主程序
ORG  0100H                        ; 主程序从0100H开始
START: MOV R7, #N                 ; 将ROM区中的数据传送到RAM区
    MOV  R2, #0                   ; 偏移地址
    MOV  DPTR, #TAB               ; ROM区数据块首地址送DPTR
```

```
   MOV  R0, #LIST              ; 设置RAM区数据表首址
LOP2: MOV  A, R2               ; 将ROM中的数据存入RAM单元中
   MOVC  A, @A+DPTR
   MOV  @R0, A
   INC  R0
   INC  R2
   DJNZ  R7, LOP2
SORT: MOV  R2, #N-1            ; 外循环计数值，控制循环次数
LOOP1: MOV  A, R2
   MOV  R3, A                  ; 内循环计数值，控制比较次数
   MOV  R1, #01                ; 交换标志初值
   MOV  R0, #LIST              ; 数据块起始地址
LOOP2: MOV  A, @R0             ; 取数据
   MOV  B, A                   ; 暂存B
   INC  R0                     ; 数据地址加1
   CLR  C                      ; 清借位标志
   SUBB  A, @R0                ; 两数比较
   JC  LESS                    ; 第一个数小于第二个数，不交换，转LESS
   MOV  A, B                   ; 取大数
   XCH  A, @R0                 ; 两数交换位置
   DEC  R0                     ; 修改地址
   MOV  @R0, A                 ; 保存较小的数
   INC  R0                     ; 恢复数据指针
   MOV  R1, #02                ; 设置交换标志为2
LESS: DJNZ  R3, LOOP2          ; 内循环计数减1，判一遍比较是否完成
   DJNZ  R2 , LOOP3            ; 外循环计数减1，判排序是否结束
STOP: SJMP  START1
LOOP3: DJNZ  R1, LOOP1         ; 发生交换时，R1=2，减1后不为0，排序未完成
START1: MOV  R1, #LIST         ; 设置数据块首地址
LOOP4: MOV  A, @R1             ; 取数据
   MOV  DPTR, #TAB1            ; 设置共阳字段码表首址
   MOVC  A, @A+DPTR            ; 查段码表
   MOV  P2, A                  ; 送P2口显示
   LCALL  DELAY                ; 调用延时程序
   INC  R1                     ; 显示数据存放地址加1
   CJNE  R1, #LIST＋8, LOOP4     ; 判断循环是否结束
   AJMP  START1                ; 跳转到START1
DELAY: MOV  R7, #10            ; 延时程序
D1:MOV  R6, #100
D2:MOV  R5, #200
   DJNZ  R5, $
   DJNZ  R6, D2
   DJNZ  R7, D1
   RET
ORG 0050H                      ; 显示代码表
TAB1: DB 0C0H, 0F9H, 0A4H, 0B0H, 99H, 92H, 82H, 0F8H, 80H, 90H
TAB: DB 1, 8, 3, 7, 6, 5, 4, 2
END                            ; 汇编结束
```

C语言参考程序如下：

```
#include<reg51.h>                 //预处理命令，定义SFR头文件
#define uchar unsigned char       //定义缩写无符号字符变量uchar
#define uint unsigned int         //定义缩写无符号整型变量uint
uchar tab[] = {1, 2, 8, 7, 6, 5, 4, 3};      //定义要排序的数组
uchar tab1[]={0xC0, 0xF9, 0xA4, 0xB0, 0x99, 0x92, 0x82, 0xF8, 0x80, 0x90}
                                  //显示代码
void delay(unsigned int x)        //延时函数
{
   unsigned char i;               //字符型变量i，控制循环
   while(x--)                     //x自减1
   {
      for(i=0; i<123; i++){;}     //延时循环
   }
}
void sort()                       //排序程序
{
   uint i, j, tp, change;         //整型变量i，j，tp，change
   for(j=0; j<8; j++)             //外循环计数，控制循环次数
   {
      change=1;                   //交换标志初值
      for(i=0; i<8-j; i++)        //内循环计数值，控制比较次数
      if(tab[i]>tab[i+1])         //第一个数大于第二个数则两数交换
      {  tp=tab[i];               //数据中转
         tab[i]=tab[i+1];
         tab[i+1]=tp;
         change=2;                //设置交换标志为2
      }
      if(change==1)               //本次排序未发生交换，则跳出循环
      break;
   }
}
void display()                    //显示程序
{
   uchar i;                       //字符变量i控制显示循环
   for(i=0; i<8; i++)             //8位显示循环
   {
      P2=tab1[tab[i]];            //送显示字形到P2口
      delay(500);                 //延时
   }
}
void main()                       //主程序
{
   sort();                        //调用排序程序
   while(1)                       //死循环
   {
      display();                  //调用显示程序
   }
}
```

例 4.5 的 Proteus 仿真如图 4.9 所示。

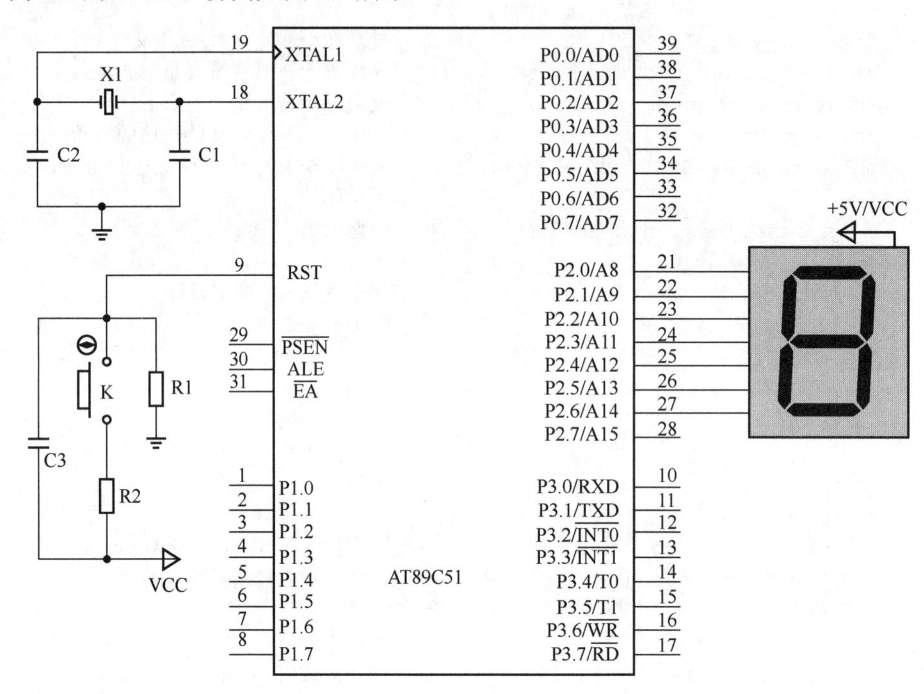

图 4.9　例 4.5 的 Proteus 仿真

4.6　子程序设计

在实际应用中，一些特定的运算或操作经常使用，例如，多字节的加、减、乘、除运算，代码转换等。如果每次遇到这些操作，都重复编写一次相应的程序段，不仅会使程序烦琐冗长，而且也会浪费编程者大量时间。因此经常把这些功能模块按一定结构编写成固定的程序段，存放在内存中，当需要时，调用这些程序段即可。此即子程序设计，如图 4.10 所示。

通常将这种能够完成一定功能、可以被其他程序调用的程序段称为子程序。调用子程序的程序称为主程序或调用程序。调用子程序，用“ACALL addr11”或“LCALL addr16”两条指令完成。子程序执行完成后要返回主程序，用“RET”指令。

主程序和子程序通常是分别编制的，所以它们所使用的寄存器往往会发生冲突。如果主程序中的某些寄存器内容是不允许子程序破坏的，而子程序恰恰也要使用这些寄存器，那么，在子程序运行过程中，这些寄存器的内容就会发生变化。当返回主程序后，这些寄存器的内容已经不是进入子程序之前的内容了，因而会造成程序运行错误，这是不允许的。为避免这种错误的发生，在进入子程序后，就应该把子程序使用的寄存器内容保存到堆栈中，此过程称为现场保护。在退出子程序前把寄存器内容恢复原状，此过程称为现场恢复。现场保护与现场恢复分别使用压栈和弹出指令实现。例如：

```
PUSH  ACC        ; 现场保护
PUSH  PSW
   <子程序体>
POP   PSW        ; 现场恢复
POP   ACC
RET
```

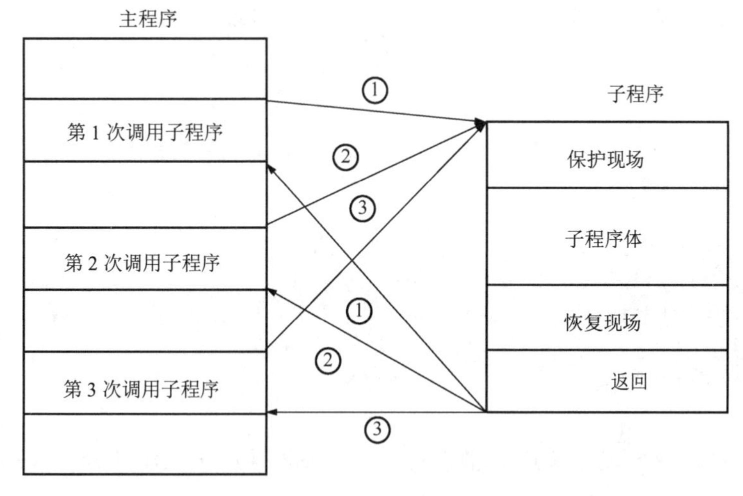

图 4.10 子程序调用

【例 4.6】 用子程序实现 $Z=X^2+Y^2$。设变量 X、Y 的值均小于 10，X 存在 31H 单元，Y 存在 32H 单元，把 Z 存入 33H 单元。结果在 LED 上显示，如图 4.11 所示。

编程思路：因本题两次用到求平方，所以在程序中采用把求平方设计为子程序的方法比较合适。求一个数的平方值，可以通过查表实现。先制作一个 0～9 的平方表，放在 TAB 开始的数据表中，用 X 作为偏移地址，查表可得 X 的平方值。

子程序名称：SQU。

功能：求 X^2，通过查表获得 X 的平方值。

入口参数：X 在 A 中。

出口参数：X 的平方在 A 中。

汇编语言参考程序如下：

```
ORG  0000H                ; 上电后 PC=0000H，故在 0000H 单元存放转移指令
   LJMP  MAIN             ; 转移到主程序
ORG  0030H                ; 主程序从 0030H 开始
MAIN: MOV  SP, #3FH       ; 设堆栈指针初值为 3FH
   MOV  31H, #2           ; 给地址 31H 赋值
   MOV  A, 31H            ; 取地址 31H 的值
   LCALL  SQU             ; 第一次调用求平方子程序
   MOV  R1, A             ; 平方值暂存 R1 中
   MOV 32H, #3            ; 给地址 32H 赋值
   MOV  A, 32H            ; 取地址 32H 的值
   LCALL  SQU             ; 第二次调用求平方子程序
```

```
    ADD  A, R1              ; 完成平方和
    MOV  P2, A              ; 将数据送 P2 口显示
    SJMP  $                 ; 循环等待，相当于程序结束
ORG  0200H                  ; 子程序从 0200H 开始
SQU: ADD  A, #01H           ; 查表位置调整，RET 为一字节指令
    MOVC  A, @A+PC          ; 查表取平方值
    RET                     ; 子程序返回
TAB: DB  0, 1, 4, 9, 16, 25, 36, 49, 64, 81  ; 定义平方表
END                         ; 汇编结束
```

C 语言参考程序如下：

```
#include <reg51.h>          //预处理命令，定义 SFR 头文件
void main()
{
    int x, y, z;            //整型变数 x，y，z
    x=2; y=3;               //给 x 和 y 赋值
    z=x*x+y*y;              //求 x 和 y 的平方和
    P2=z;                   //数据送 P2 口显示
    while(1);               //循环等待
}
```

注意：在 C51 中实现平方运算很容易，没有必要再用子程序结构。这也反映了 C 语言和汇编语言的区别。它们各有特点，应灵活使用。

例 4.6 的 Proteus 仿真如图 4.11 所示。

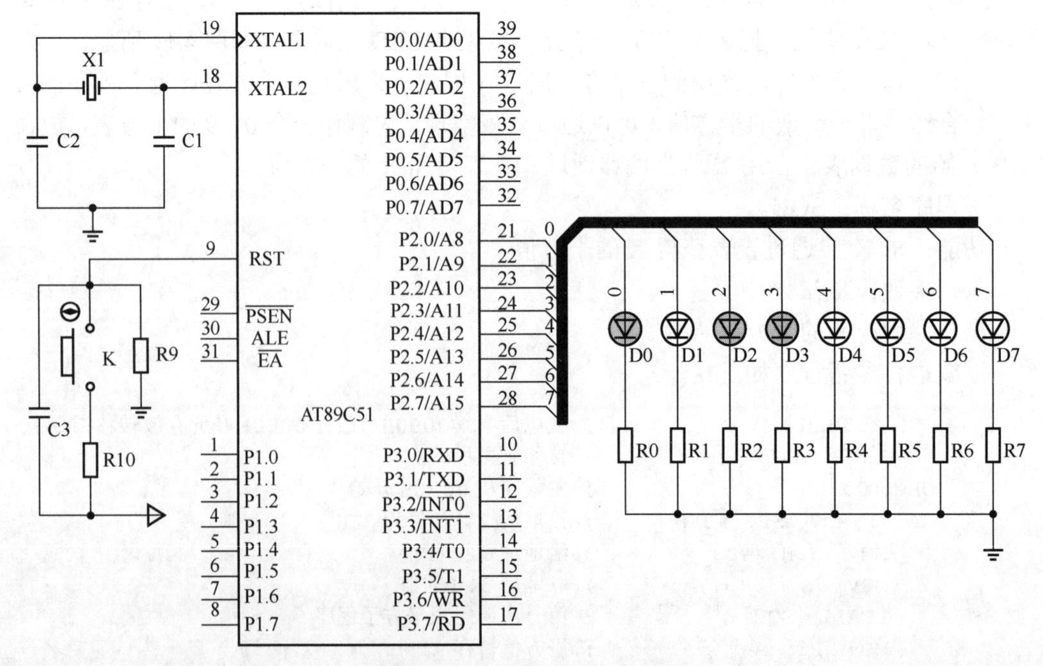

图 4.11　例 4.6 的 Proteus 仿真

思考题

1. 伪指令 ORG 和 END 的功能是什么？
2. 调用子程序时，将 PC 当前值保存到哪里？为什么要保存？
3. 设计程序时，为什么要画程序流程图？
4. 多分支程序中，为什么要求“一进一出”？
5. 子程序中，为什么要保护现场，恢复现场？

练习题

1. 编写程序将内部 RAM 中起始地址为 30H 的字节数据串送到外部 RAM 中起始地址为 60H 的存储区域中，直到发现$字符为止。用 Proteus 仿真，并显示传送到外部 RAM 的数据串。

2. 将一个字节的二进制数转换成三位非压缩型 BCD 码。设该二进制数在内部 RAM 40H 单元，转换结果放入内部 RAM50H、51H、52H 单元中（百位在 50H，十位在 51H，个位在 52H）。用 Proteus 仿真，并显示转换结果。

第5章　中　　断

所谓中断，就是当单片机正在处理某项事务时，系统发生了紧急事件，需要处理，单片机暂停当前正在处理的工作，转去处理这个紧急事件；待紧急事件处理完成后，再回到原来中断的地方，继续处理原来被中断的事务，这个过程叫做中断，如图 5.1 所示。

从中断的定义可以看到，中断过程包括中断请求、中断响应、中断处理、中断返回四个部分。中断源发出中断请求，单片机对中断请求进行判断、响应和处理，当中断处理完成后，返回到被中断的地方继续执行原来的程序。

生活中，中断的例子比比皆是。例如，学生在看书时接听电话的过程就是一个中断实例，如图 5.2 所示。

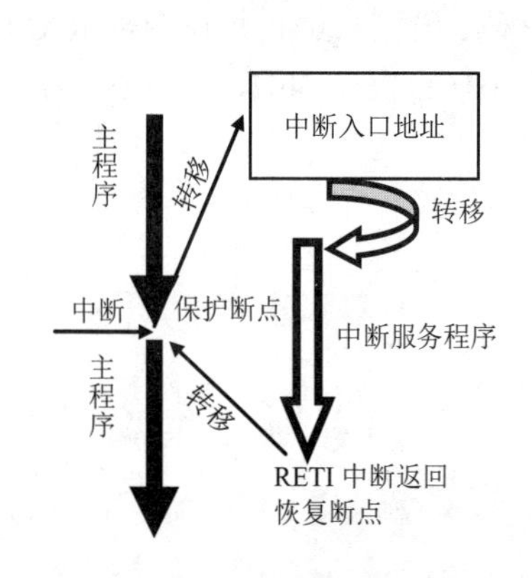

图 5.1　中断处理过程

学生行为	相当于单片机的行为	对应的中断过程
学生看书	执行主程序	
电话铃响	接到中断请求	中断请求
暂停看书	暂停执行主程序	中断响应
书中做记号	当前PC压入堆栈	保护断点
电话交流	执行中断程序	中断服务
找到记号	栈顶内容弹出到PC	恢复断点
继续读书	继续执行主程序	检测中断

图 5.2　中断实例

中断系统大大提高了单片机对随机事件的实时处理能力，并且提高了单片机的工作效率。第一，通过中断，单片机可以同时控制多个外部设备并行操作。第二，通过中断，单片机可以方便地实现实时处理，及时处理随机事件。第三，通过中断，单片机可以及时处理系统故障，如掉电、运算溢出等。

5.1　中断源

能够向 CPU 提出中断请求的事件叫做中断源。MCS-51 单片机设有五个中断源。

1. 外部中断源

MCS-51 单片机的 $\overline{\text{INT0}}$（P3.2）和 $\overline{\text{INT1}}$（P3.3）为片外中断申请引脚，片外事件通

过它们向单片机申请中断，可用于输入/输出请求、实时事件处理、掉电、设备故障等事件的处理。

2. 内部中断源

定时器/计数器 T0、T1 溢出中断、串行口的发送/接收中断是三个内部中断源。定时器/计数器 T0、T1 在定时器/计数器溢出时将 TF0、TF1 置 1，以表示向 CPU 申请中断。串行接收或发送完一帧数据时将 RI 或 TI 置 1，以表示向 CPU 申请中断。串行接收和串行发送属于一个中断源，共用一个中断入口地址。MCS-51 单片机各中断源提出的中断请求，若能够得到单片机的中断响应，就会自动转入各自固定的中断入口地址（即中断矢量），如表 5.1 所示。通常是在中断入口地址处，安排转移指令，转移到中断服务应用程序。

表 5.1　中断矢量表

中断源	中断标志	中断矢量	优先次序
$\overline{\text{INT0}}$ 外部中断 0	IE0	0003H	高 ↓ 低
定时器/计数器 0 中断	TF0	000BH	
$\overline{\text{INT1}}$ 外部中断 1	IE1	0013H	
定时器/计数器 1 中断	TF1	001BH	
串行中断	TI/RI	0023H	

5.2　中断控制

为了正确实现中断功能，MCS-51 单片机设有四个特殊功能寄存器：定时控制寄存器 TCON、串行控制寄存器 SCON、中断屏蔽寄存器 IE 和中断优先级寄存器 IP。用户可通过对这四个特殊功能寄存器的编程设置，灵活控制每个中断源的中断过程。

1. 定时控制寄存器 TCON

MCS-51 单片机的中断请求标志位分别设在定时控制寄存器 TCON 和串行控制寄存器 SCON 中。TCON 的字节地址为 88H，位地址为 88H～8FH，各位定义如表 5.2 所示。

表 5.2　定时控制寄存器 TCON

TCON	D7	D6	D5	D4	D3	D2	D1	D0
位名称	TF1	TR1	TF0	TR0	IE1	IT1	IE0	IT0
位地址	8FH	8EH	8DH	8CH	8BH	8AH	89H	88H
功能	T1 中断标志	T1 启动控制	T0 中断标志	T0 启动控制	$\overline{\text{INT1}}$ 中断标志	$\overline{\text{INT1}}$ 触发方式	$\overline{\text{INT0}}$ 中断标志	$\overline{\text{INT0}}$ 触发方式

IT0/IT1：外部中断 0/1 中断请求触发方式控制位。1 为边沿触发，下降沿有效，即在单片机的 $\overline{\text{INT0}}$（P3.2）和 $\overline{\text{INT1}}$（P3.3）引脚出现下降沿时，表示向单片机提出中断请

求。0 为电平触发，低电平有效，即在单片机的 $\overline{\text{INT0}}$（P3.2）和 $\overline{\text{INT1}}$（P3.3）引脚出现指定低电平时，表示向单片机提出中断请求。

IE0/IE1：外部中断 $\overline{\text{INT0}}$ / $\overline{\text{INT1}}$ 中断请求标志位。当 CPU 采样到 $\overline{\text{INT0}}$（$\overline{\text{INT1}}$）端出现有效中断请求时，将 IE0（IE1）位置“1”。当中断响应，转向中断服务程序后，由 CPU 自动把 IE0（或 IE1）清零。

TR0/TR1：定时器/计数器运行控制位。当 TR0/TR1=1 时，启动定时器/计数器 T0/T1 开始计数；当 TR0/TR1=0 时，停止定时器/计数器 T0/T1 计数。

TF0/TF1：定时器/计数器溢出标志位。当定时器/计数器 T0/T1 计数溢出时，TF0/TF1=1；否则，TF0/TF1=0。

2. 串行控制寄存器 SCON

串行控制寄存器 SCON 的字节地址为 98H，位地址为 98H～9FH。SCON 的结构、位名称、位地址和功能定义如表 5.3 所示。

表 5.3　串行控制寄存器 SCON

TCON	D7	D6	D5	D4	D3	D2	D1	D0
位名称	SM0	SM1	SM2	REN	TB8	RB8	TI	RI
位地址	9FH	9EH	9DH	9CH	9BH	9AH	99H	98H
功能	方式选择	方式选择	多机通信控制	接收允许	发送第 9 位	接收第 9 位	串行发送中断	串行接收中断

TI：串行口发送中断请求标志位。当发送完一帧串行数据后，由硬件置“1”；在中断响应，转向中断服务程序后，接口硬件不能自动将 TI 清零，需用户用软件清零来撤销中断请求。中断撤销必须在下一个中断请求到来之前完成。

RI：串行口接收中断请求标志位。当接收完成一帧串行数据后，由硬件置“1”；在中断响应，转向中断服务程序后，需用软件清“0”。

串行中断请求由 TI 和 RI 的逻辑或得到。

SCON 中的其余各位用于串行通信控制，将在后续章节讲解。

3. 中断屏蔽寄存器 IE

MCS-51 单片机的中断屏蔽寄存器 IE 用于控制各中断源的中断允许或禁止。字节地址为 0A8H，位地址为 0A8H～0AFH。IE 的结构、位名称和位地址定义如表 5.4 所示。

表 5.4　中断屏蔽寄存器 IE

IE	D7	D6	D5	D4	D3	D2	D1	D0
位名称	EA			ES	ET1	EX1	ET0	EX0
位地址	AFH			ACH	ABH	AAH	A9H	A8H
中断源	CPU			串口	T1	$\overline{\text{INT1}}$	T0	$\overline{\text{INT0}}$

EA：中断允许总控位。当 EA=0 时，CPU 屏蔽所有的中断请求；当 EA=1 时，CPU

开放所有中断请求。EA的作用是使中断允许形成两级控制，即各中断源首先受EA位的控制，其次还要受各中断源自己的中断允许控制。

ES：串行口中断允许位。当ES=0时，禁止串行口中断；当ES=1时，允许串行口中断。

ET1：定时器/计数器T1的溢出中断允许位。当ET1=0时，禁止T1中断；当ET1=1时，允许T1中断。

EX1：外部中断1（$\overline{\text{INT1}}$）的中断允许位。当EX1=0时，禁止外部中断1中断；当EX1=1时，允许外部中断1中断。

ET0：定时器/计数器T0的溢出中断允许位。当ET0=0时，禁止T0中断；当ET0=1时，允许T0中断。

EX0：外部中断0（$\overline{\text{INT0}}$）的中断允许位。当EX0=0时，禁止外部中断0中断；当EX0=1时，允许外部中断0中断。

4. 中断优先级寄存器IP

MCS-51单片机设有五个中断源，它们之间有固定的优先级，如表5.1所示。除此之外，用户还可以通过设置中断优先级寄存器IP将五个中断源分为高优先级和低优先级两组，从而实现两级中断嵌套。IP的字节地址为0B8H，位地址为0BFH～0B8H。IP的结构、位名称和位地址定义如表5.5所示。

表5.5　中断优先级控制寄存器IP结构及功能

IP	D7	D6	D5	D4	D3	D2	D1	D0
位名称				PS	PT1	PX1	PT0	PX0
位地址				BCH	BBH	BAH	B9H	B8H
中断源				串口	T1	$\overline{\text{INT1}}$	T0	$\overline{\text{INT0}}$

PS：串行口中断优先级控制位。“0”为低优先级，“1”为高优先级。

PT1：定时器/计数器1（T1）的中断优先级控制位。“0”为低优先级，“1”为高优先级。

PX1：外部中断1（$\overline{\text{INT1}}$）的中断优先级控制位。“0”为低优先级，“1”为高优先级。

PT0：定时器/计数器0（T0）的中断优先级控制位。“0”为低优先级，“1”为高优先级。

PX0：外部中断0（$\overline{\text{INT0}}$）的中断优先级控制位。“0”为低优先级，“1”为高优先级。

同一级别中，优先权次序遵从自然优先级，从高到低依次为$\overline{\text{INT0}}$、T0、$\overline{\text{INT1}}$、T1、RI/TI。

中断优先级判断遵循下列原则。

1）正在进行中断服务的中断过程不能被新的同级或更低优先级的中断请求所中断，一直到该中断服务程序结束，返回主程序且执行了主程序中的一条指令后，CPU才可能响应新的同级或低级中断请求。

2）正在进行的低优先级中断服务程序能被高优先级中断请求所中断，实现两级中断嵌套。高级中断服务结束后，返回低级中断服务。

3）CPU 同时接收到几个中断请求时，首先响应高优先级的中断请求，同一优先级内部，按照自然优先级响应。

将上述四个控制寄存器综合起来，可得 MCS-51 单片机中断控制系统如图 5.3 所示。

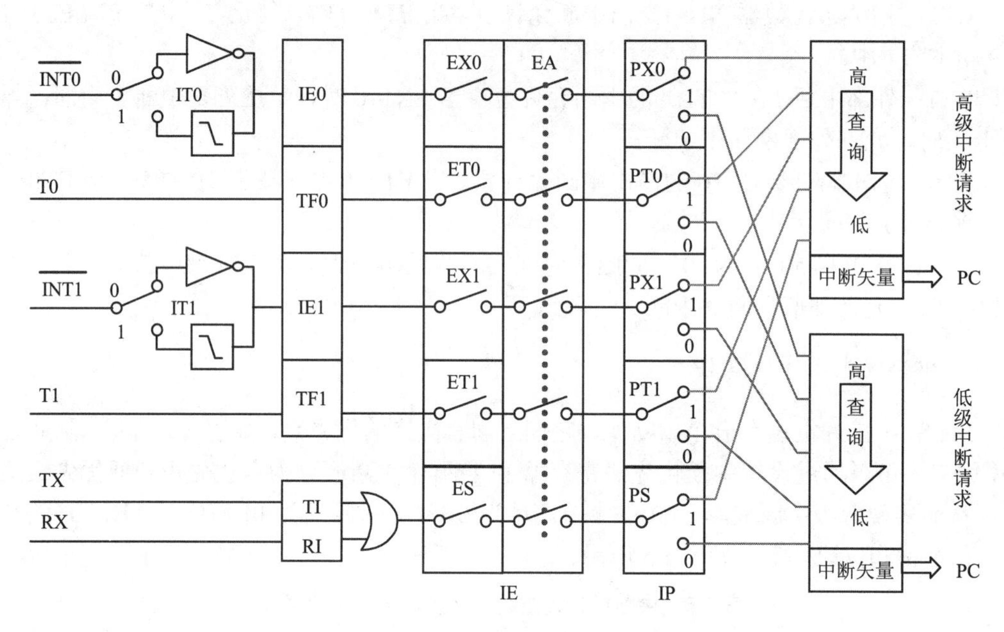

图 5.3 中断控制系统

5.3 中断过程

MCS-51 单片机虽然有五个不同的中断源，但中断过程基本相同，中断源发出中断请求，单片机对中断请求进行判断、响应和处理，当中断处理完成后，返回到被中断的地方继续执行原来的程序。

5.3.1 中断请求

中断请求就是中断源向 CPU 申请中断的过程，即建立中断请求标志位 IE0、IE1、TF0、TF1、TI/RI 的过程。

1. 外部中断请求

外部中断源经由引脚 $\overline{\text{INT0}}$（P3.2）和 $\overline{\text{INT1}}$（P3.3）向 CPU 申请中断。外部中断请求有两种触发方式：低电平触发和下降沿触发。通过设置触发方式控制位 IT0、IT1 进行选择。IT0 为外部中断 0（$\overline{\text{INT0}}$）的中断触发方式控制位，可由软件置位或复位。IT0=0，表示 $\overline{\text{INT0}}$ 为低电平触发方式；IT0=1，表示 $\overline{\text{INT0}}$ 为下降沿触发方式。IT1 为外部中断 1（$\overline{\text{INT1}}$）的中断触发方式控制位，可由软件置位或复位。IT1=0，表示 $\overline{\text{INT1}}$ 为低电平触发方式；IT1=1，表示$\overline{\text{INT1}}$为下降沿触发方式。

外部中断请求标志存放在IE0/IE1中。IE0为$\overline{\text{INT0}}$的中断请求标志位。当$\overline{\text{INT0}}$有中断请求时，IE0置1。在CPU响应中断后，由硬件将IE0清0。IE1为$\overline{\text{INT1}}$中断请求标志位。当$\overline{\text{INT1}}$有中断请求时，IE1置1。在CPU响应中断后，由硬件将IE1清0。

（1）电平触发

单片机在每个机器周期的S5P2检查中断源口线一次。检测到低电平时，即置位中断请求标志，向CPU请求中断。电平触发时，中断标志寄存器不锁存电平触发中断请求信号。单片机把在每个机器周期的S5P2采样到的外部中断请求信号赋值到中断标志寄存器。但当中断请求被阻塞而没有得到及时响应时，将被丢失。换句话说，要使电平触发的中断被CPU响应并执行，必须保证外部中断源的低电平请求信号维持到中断被执行为止。因此在CPU正在执行同级中断或更高级中断期间，产生的外部中断请求如果在该中断响应之前撤销（变为高电平）了，那么将得不到响应，就如同没发生一样。同样，当CPU在执行不可被中断的指令（如RETI）时，产生的电平触发中断请求如果时间太短，也得不到响应。当然，电平触发中断请求若不能及时撤销，也将引起重复中断。

（2）边沿触发

当单片机在一个机器周期中检测到中断请求为高电平，下一个机器周期检测到低电平时，即置位中断标志，请求中断。中断标志寄存器锁存边沿中断请求，即中断请求有一个从高到低的跳变时，它将被记录在标志寄存器中，直到CPU响应并转向该中断服务程序时，由硬件自动清除中断请求标志。因此当CPU正在执行同级或高级中断时，产生的外部中断（负跳变）同样将被记录在中断标志寄存器中。在同级或高级中断完成后，该中断将被响应执行。

2. 内部中断请求

当T0计数产生溢出时，由单片机置位TF0；当CPU响应中断后，再由单片机将TF0清0。当T1计数产生溢出时，由单片机置位TF1；当CPU响应中断后，再由单片机将TF1清0。

当串行口发送结束时，使TI=1；当串行口接收完成时，使RI=1。CPU响应中断后，由用户用软件将TI/RI位清0。

5.3.2　中断响应

CPU对中断请求进行判断，形成中断矢量，转入相应的中断服务程序的过程叫做中断响应。只有满足规定要求的中断请求才能被CPU响应。

1. CPU响应中断的基本条件

1）有中断源提出中断请求。

2）中断总允许位EA=1，即CPU中断开放。

3）申请中断的中断源的中断允许位为1，即中断源开放。

4）CPU没有响应同级或更高优先级的中断。

5）当前指令执行结束。

6）如果正在执行的指令是 RETI 或是访问 IE、IP 指令。CPU 在执行 RETI 或访问 IE、IP 指令后，至少还需要再执行一条其他指令后才会响应中断请求。

2. 中断响应过程

单片机在每个机器周期的 S5P2 期间，顺序采样每个中断源，建立中断请求标志。在下一个机器周期按优先级查询中断标志，如查询到有中断标志为 1，则按优先级进行中断响应。

中断响应时，由硬件将程序计数器 PC 的当前内容压入堆栈保护，然后将对应的中断入口地址，即中断矢量（如表 5.1 所示）装入程序计数器 PC，使程序转向相应的中断入口。这相当于执行一条长调用指令。由于中断入口是固定的，两个中断入口地址之间只有 8 字节的存储空间，因此，通常在中断入口处存放转移指令，由转移指令控制跳转到实际的中断服务程序。

5.3.3 中断处理

当中断源提出中断请求后，CPU 会根据具体情况决定是否响应该中断请求。当 CPU 响应中断后，根据不同的中断源，形成不同的中断入口地址，转入对应的中断服务程序，执行相应的中断服务应用程序。CPU 执行中断服务应用程序的过程，就是中断处理过程。中断处理一般包括保护现场、中断服务和恢复现场三部分，如图 5.4 所示。

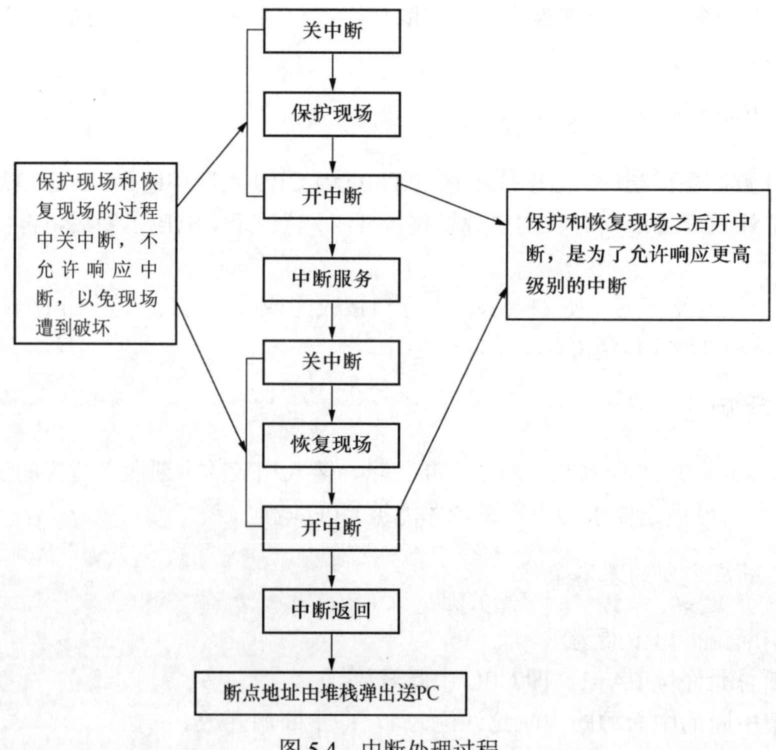

图 5.4　中断处理过程

中断服务程序类似于子程序，因此，首先应该是将该子程序用到的相关寄存器压入堆栈保护，以便中断返回时，主程序的现场能够恢复，一般用 PUSH 指令实现。中断服务是该中断过程要实现的操作或处理，是中断服务程序的主体。不同的中断源，有不同的中断需求，中断服务也就不一样。恢复现场程序段将先前压入堆栈的相关寄存器内容弹出，恢复主程序被中断时的现场，以保证主程序的正常运行，一般用 POP 指令实现。在保护现场和恢复现场过程中，一般不允许被其他中断源中断，因此要关中断；否则，容易引起中断的混乱。

5.3.4 中断返回

1. 中断返回的过程

在中断服务程序的最后，必须安排一条中断返回指令 RETI，当 CPU 执行 RETI 指令时，自动完成下列操作。

1）恢复断点地址，即从堆栈中弹出栈顶的两个字节到 PC，从而返回到断点处。

2）将相应的优先级状态触发器清零。开放同级及低级中断，以便同级及低级中断源的中断请求能够得到响应。

2. 中断请求的撤销

在中断返回（执行 RETI）前，必须撤销中断请求，即将中断标志位清除，否则当 CPU 返回到主程序后会错误地再一次引起中断响应。

对于定时器/计数器 T0、T1 的中断请求和边沿触发方式的外部中断 $\overline{INT0}$ 、$\overline{INT1}$ 的中断请求，CPU 在响应中断后会自动清除相应的中断请求标志 TF0、TF1、IE0、IE1，即单片机会自动撤销中断请求。

对电平触发的外部中断，中断标志 IE0 和 IE1 是随外部引脚 $\overline{INT0}$ 、$\overline{INT1}$ 的电平变化而变化的，CPU 无法直接控制，因此，需要用硬件电路撤销中断请求，如图 5.5 所示。

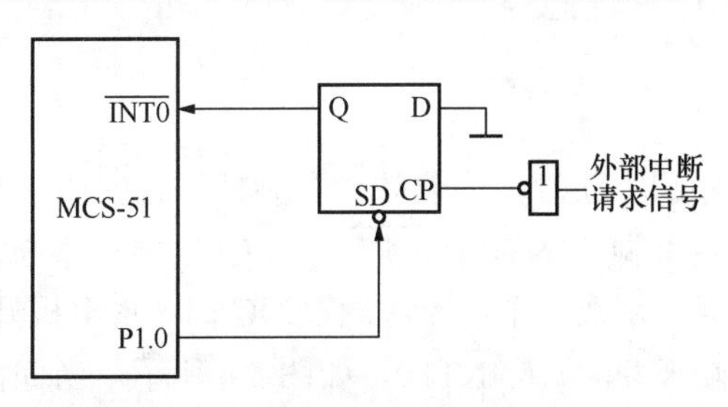

图 5.5 电平触发的中断请求撤销

在中断响应后，通过 P1.0 端输出一个负脉冲，使 D 触发器置“1”，从而撤销低电平的中断请求信号。所需指令如下：

```
ORL  P1, #01H        ;P1.0为"1"
ANL  P1, #0FEH       ;P1.0为"0"
```

对于串行口中断，CPU 响应中断后不能用硬件清除中断标志位，必须由用户在中断服务程序中用指令来清除相应的中断标志。如用指令“CLR TI”清除串行口发送的中断请求。用指令“CLR RI”清除串行口的接收中断请求。

3. 中断响应时间

中断响应时间是指从 CPU 检测到中断请求信号到跳转到中断入口地址所需要的时间。MCS-51 单片机响应中断的最短时间为三个机器周期，最长为八个机器周期。

若 CPU 检测到中断请求信号时正好是一条指令的最后一个机器周期，且不是 RETI 或访问 IE、IP 指令，则不需等待就可以立即响应。即执行一条长调用指令，跳转到中断入口。该指令需要两个机器周期，加上检测需要一个机器周期，一共需要三个机器周期就转移到中断入口。

若在执行 RETI 或访问 IE、IP 指令的第一个机器周期检测到中断请求，由于这三条指令均是双周期指令，需要两个机器周期执行完成；若紧接着要执行的指令恰好是乘、除法指令，其执行时间均为四个机器周期；再用两个机器周期执行一条长调用指令才能转入中断入口地址。这样，总共需要八个机器周期。其他情况的中断响应时间都在三至八个机器周期之间。

5.4 外部中断源扩展

MCS-51 单片机只提供了两个外部中断请求输入端，在实际应用中，如果需要使用多于两个的外部中断源，就必须进行外部中断源的扩展。常用的外部中断源扩展方法有如下几种。

1）查询方式扩展。

2）利用空闲的定时器/计数器输入引脚 T0（P3.4）、T1（P3.5）扩展。

3）外接中断控制芯片（如 8259）扩展。

1. 采用查询方式扩展外部中断源

采用查询方式扩展外部中断源，需要软件和硬件结合完成。其基本思想是：多个中断源通过一个外部中断源引脚（$\overline{\text{INT0}}$ 或 $\overline{\text{INT1}}$）向 CPU 申请中断，然后由程序检查是哪个中断源提出的请求。例如，把多个中断源通过 OC 门（集电极开路门）逻辑与（线与）后连接到外部中断输入端（$\overline{\text{INT0}}$ 或 $\overline{\text{INT1}}$），如图 5.6 所示。当任何一个中断源有中断请求时，其对应的 OC 门（集电极开路门）输出为低电平，从而使 $\overline{\text{INT0}}$ 低电平有效，向 CPU 申请中断。CPU 响应中断后，在中断服务程序中用软件依次查询 P1 口的 P1.0、P1.1，…，P1.7 的引脚状态，便可以确定是哪一个中断源在申请中断。查询的次序也决定了中断源的优先级次序。

查询中断程序段如下：

```
    ORG 0003H                           ;外部中断 0 中断入口
```

```
    LJMP INTERT0                    ;跳转进入中断服务程序
  ORG 0100H                         ;查询程序起始地址
  INTERT0: JNB  P1.0，SUB0PRO       ;判断 0 号中断请求，转入 0 号中断服务
    JNB  P1.1， SUB1PRO             ;判断 1 号中断请求，转入 1 号中断服务
    …
    JNB  P1.7， SUB7PRO             ;判断 7 号中断请求，转入 7 号中断服务
```

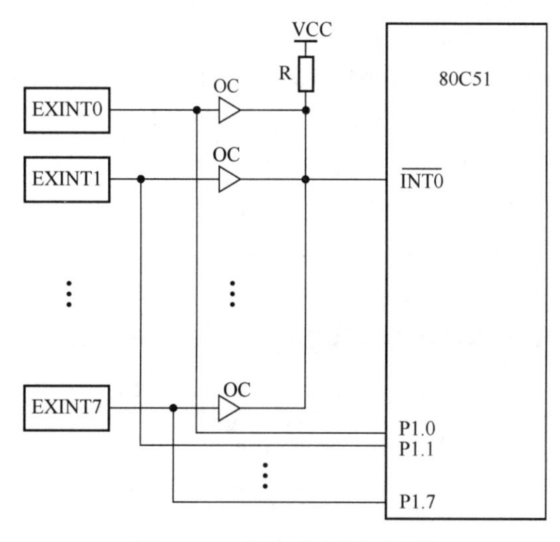

图 5.6 查询方式中断源扩展

采用查询法扩展外部中断源比较简单，但是扩展外部中断源个数较多时，查询时间较长，电路也比较复杂。

2. 利用空闲定时器/计数器扩展外部中断源

MCS-51 单片机有两个定时器/计数器 T0 和 T1，它们作为计数器使用时，计数输入端 T0（T1）发生负跳变时将使计数器加 1。当定时器/计数器没有被系统使用时，若设置计数器初值为 0FFH，当计数输入端 T0（T1）发生负跳变时将使计数器加 1，从而产生计数器溢出中断。此时，计数器输入端 T0（T1）就相当于外部中断源输入端。

3. 采用外接中断控制芯片（如 8259）扩展中断源

当需要扩展的外部中断源比较多时，可以使用专用中断控制器（如 8259）实现。一个 8259 可以直接扩展八个中断源，经级联后，最多可以扩展 64 个中断源。限于篇幅，此处不再讲解 8259 的应用方法，读者可参考相关资料。

综上所述，在使用 MCS-51 单片机中断时，应该注意下面八个问题。

1）堆栈设置：给 SP 赋初值。

2）触发方式设置：设置 IT0/IT1，以确定下降沿触发（IT0/IT1=1），还是低电平触发（IT0/IT1=0）。

3）中断开放：CPU 中断开放（EA=1），相应的中断源中断开放。

4）优先级设置：IP 设置。

5）在指定的中断入口处放转移指令，以便在响应中断后，转移到中断服务程序。

6）保护/恢复现场：进入中断服务程序后，将中断服务程序中使用的寄存器内容压入堆栈，中断返回前，恢复保存在堆栈中的寄存器内容。

7）开/关中断：在保护/恢复现场过程中，及时开/关中断。

8）中断标志撤销：在中断返回（执行RETI）前，必须撤销中断请求，即将中断标志位清除，否则会引起一次请求，多次响应的错误。

【例5.1】 电路如图5.7所示。编写程序，使用低电平中断触发方式控制LED闪烁。按一次按键，LED状态变化一次。

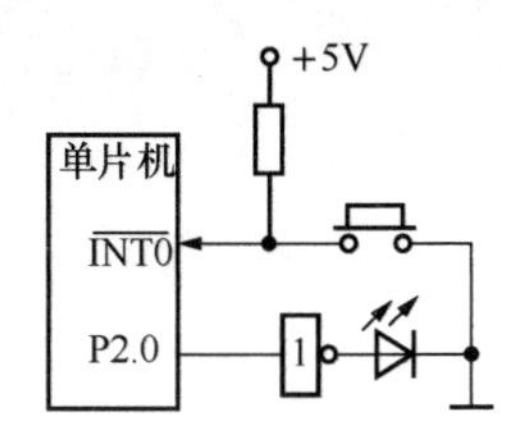

图5.7 中断方式电路

编程思路：下降沿触发的中断，CPU响应中断后会自动清除中断标志，故只需在每次中断时将P2.0求反一次，即可完成LED的闪烁。但低电平触发时，CPU不能自动清除中断请求标志，故需要用软件等待按键释放，以撤销中断请求。

低电平中断触发方式控制LED闪烁的汇编语言参考程序如下：

```
ORG  0000H                    ; 上电后PC=0000H，故在0000H单元存放转移指令
   AJMP MAIN                  ; 转移到主程序
   ORG 0003H                  ; 外部中断0入口地址
   AJMP PINT0                 ; 转入外部中断0服务程序
   ORG 0100H                  ; 主程序从0100H开始存放
MAIN : MOV SP, #3FH           ; 设置堆栈指针
   SETB EA                    ; CPU开中断
   SETB EX0                   ; 外部中断0开中断
   CLR IT0                    ; 外部中断0低电平触发
H : SJMP  H                   ; 等待中断
   ORG 0200H                  ; 中断服务程序从0200H开始存放
PINT0:CPL P2.0                ; P2.0求反，实现LED闪烁
WAIT: JNB P3.2, WAIT          ; 等待按键释放，以撤销中断请求
   RETI                       ; 中断返回
END                           ; 汇编结束
```

低电平中断触发方式控制LED闪烁的C语言参考程序如下：

```
# include  <reg51.h>         //定义SFR头文件
sbit  P2_0=P2^0;             //定义P2.0驱动LED
sbit  P3_2=P3^2;             //定义P3.2外部中断0
void intt0() interrupt 0     //中断程序
{
   P2_0=! P2_0;              //P2.0求反
   while(P3_2==0);           //等待中断撤销
}
void  main()                 //主函数
{
   IE=0x81;                  //开中断
   IT0=0;                    //低电平触发
   while(1);                 //等待中断
}
```

下降沿中断触发方式控制 LED 闪烁的汇编语言参考程序如下：

```
ORG  0000H               ; 上电后 PC=0000H，故在 0000H 单元存放转移指令
   AJMP MAIN             ; 转移到主程序
   ORG 0003H             ; 外部中断 0 入口地址
   AJMP PINT0            ; 转入外部中断 0 服务程序
   ORG 0100H             ; 主程序从 0100H 开始存放
MAIN: MOV SP, #3FH       ; 设置堆栈指针
   SETB EA               ; CPU 开中断
   SETB EX0              ; 外部中断 0 开中断
   SETB IT0              ; 外部中断 0 下降沿触发
H: SJMP  H               ; 等待中断
   ORG 0200H             ; 中断服务程序从 0200H 开始存放
PINT0: CPL P2.0          ; P2.0 求反，实现 LED 闪烁
   RETI                  ; 中断返回
END                      ; 汇编结束
```

下降沿中断触发方式控制 LED 闪烁的 C 语言参考程序如下：

```
#include  <reg51.h>        //定义特殊功能寄存器库
sbit  P2_0=P2^0;           //定义 P2.0
void intt0()interrupt 0    //中断程序
{
   P2_0=~P2_0;             //P2.0 求反，实现 LED 闪烁
}
void  main()               //主函数
{
   IE=0x81;                //开中断
   IT0=1;                  //外部中断 0 下降沿触发
   while(1);               //等待中断
}
```

例 5.1 的 Proteus 仿真结果如图 5.8 所示。

【例 5.2】 两级中断控制电路如图 5.9 所示。编写程序，用两级中断实现如下功能。电路正常工作时，两个 LED 同时点亮；若先按下按键 K0，则 LED1 熄灭，LED0 闪烁 10 次；若在 LED0 闪烁期间按下按键 K1，则 LED0 熄灭，LED1 闪烁，LED1 闪烁 10 次后，LED1 熄灭，LED0 继续闪烁。若先按下按键 K1，则 LED1 闪烁，闪烁 10 次后，LED1 熄灭。若在 LED1 闪烁其间，按下 K0，不能中断 LED1 的闪烁；等到 LED1 闪烁结束后，LED0 闪烁 10 次。闪烁结束后，恢复正常工作。

编程思路：设置 K1 为高级中断，K0 为低级中断，即可实现指定功能。按照 MCS-51 单片机中断优先级规定，高优先级中断请求可以中断低级中断源的中断服务，低优先级中断请求不可以中断高级中断源的中断服务。

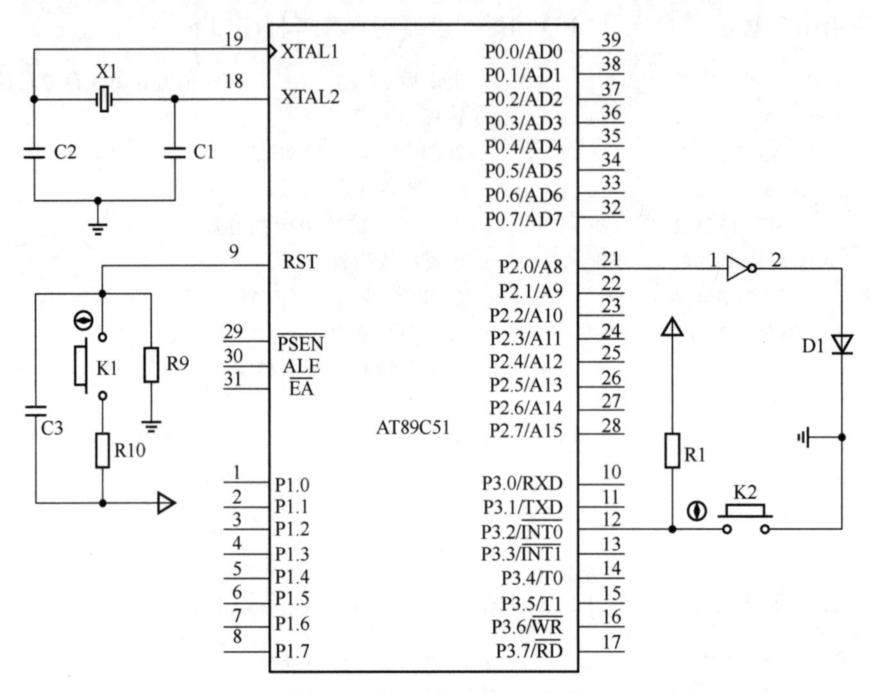

图5.8　例5.1的Proteus仿真

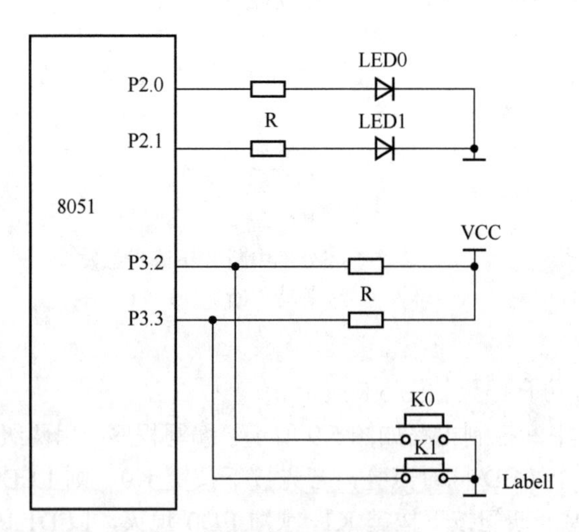

图5.9　两级中断控制电路

汇编语言参考程序如下：

```
ORG  0000H                      ; 在0000H单元存放转移指令
    LJMP  START                 ; 转移到主程序
    ORG  0003H                  ; 外部中断0入口
    LJMP  EXT0                  ; 转移到外部中断0的中断服务程序
    ORG  0013H                  ; 外部中断1入口
    LJMP  EXT1                  ; 转移到外部中断1的中断服务程序
    ORG  0030H                  ; 主程序从0030H开始存放
```

```
START: MOV IE, #10000101B     ; CPU、INT0、INT1中断开放
    MOV IP, #00000100B        ; INT1高优先级中断
    MOV TCON, #00000101B      ; INT0、INT1为下降沿触发
    MOV SP, #3FH              ; 重置堆栈
LOOP: MOV P2, #03H            ; 点亮2只LED
    AJMP LOOP                 ; 等待中断
EXT0: PUSH ACC                ; 保护现场
    PUSH PSW
    MOV R2, #0AH              ; 闪烁10次
LOOP1: MOV P2, #00H           ; 使LED0、LED1灯灭
    LCALL DELAY
    MOV P2, #01H              ; 使LED0亮
    LCALL DELAY
    DJNZ R2, LOOP1            ; 循环10次
    POP PSW
    POP ACC
    RETI
EXT1: PUSH  ACC               ; 保护现场
    PUSH  PSW
    MOV R3, #0AH              ; 闪烁10次
LOOP2: MOV P2, #00H           ; 使LED0、LED1灯灭
    LCALL  DELAY
    MOV P2, #02H              ; 使LED1亮
    LCALL  DELAY
    DJNZ  R3, LOOP2           ; 循环10次
    POP PSW
    POP ACC
    RETI                      ; 中断返回
DELAY: MOV R5, #20            ; 延时程序
DLY1: MOV R6, #200
DLY2: MOV R7, #200
    DJNZ R7, $
    DJNZ R6, DLY2
    DJNZ R5, DLY1
    RET                       ; 中断返回
END                           ; 汇编结束
```

C语言参考程序如下：

```
#include<reg51.h>               //预处理命令，定义SFR头文件
#define uint unsigned int       //定义缩写字符uint
#define uchar unsigned char     //定义缩写字符uchar
sbit LED0 = P2^0;               //LED0接P2.0引脚
sbit LED1 = P2^1;               //LED1接P2.1引脚
void flashled0();               //LED0闪烁
void flashled1();               //LED1闪烁
void delayms(uint i);           //延时函数
void main()                     //主程序
{
    PX1=1;                      //INT1高优先级中断
```

```
        IT0=1; IT1=1;                   //INT0、INT1为下降沿触发
        EX0=1; EX1=1; EA=1;             //CPU、INT0、INT1中断开放
        while(1)                        //无限循环
        {
            LED0=1;                     //LED0灯亮
            LED1=1;                     //LED1灯亮
        }
    }
    void serint0() interrupt 0          //INT0中断服务程序
    {
        uchar i;                        //定义循环变量
        LED1 = 0;                       //LED1灯灭
        for(i=0; i<10; i++)             //循环闪烁10次
        flashled0();                    //调用灯闪烁程序
    }
    void serint1() interrupt 2          //INT1中断服务程序
    {
        uchar i;                        //定义循环变量
        LED0 = 0;                       //LED0灯灭
        for(i=0; i<10; i++)             //循环闪烁10次
        flashled1();                    //调用灯闪烁程序
    }
    void flashled0()                    //LED0灯闪烁程序
    {
        LED0 = 1;                       //LED0灯亮
        delayms(250);                   //延时
        LED0 = 0;                       //LED0灯灭
        delayms(250);                   //延时
    }
    void flashled1()                    //LED1灯闪烁程序
    {
        LED1 = 1;                       //LED1灯亮
        delayms(250);                   //延时
        LED1 = 0;                       //LED1灯灭
        delayms(250);                   //延时
    }
    void delayms(uint i)                //延时程序
    {
        uint j;
        while(i--)
        for(j=0; j<125; j++);
    }
```

例 5.2 的 Proteus 仿真如图 5.10 所示。

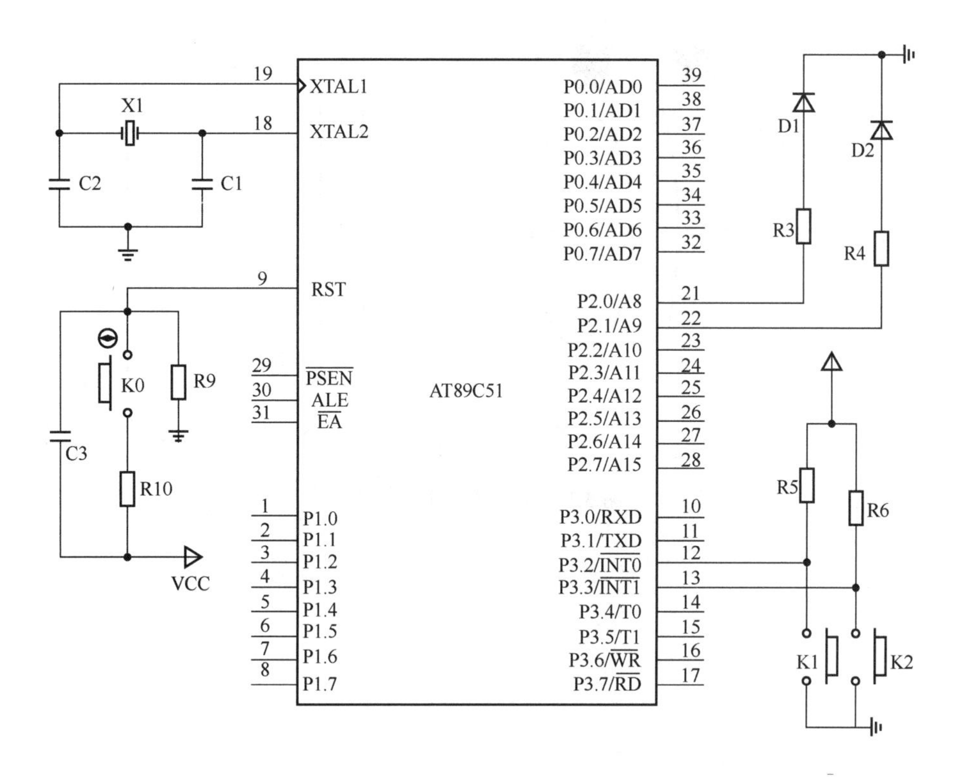

图 5.10　例 5.2 的 Proteus 仿真

思考题

1. MCS-51 单片机有哪几个中断源？中断源的自然优先级次序是什么？
2. MCS-51 单片机五个中断源的中断入口地址是什么？
3. MCS-51 单片机各中断源的中断标志如何产生？如何撤销？
4. 简述 MCS-51 单片机的中断过程。
5. MCS-51 单片机响应中断时，如何保护断点？如何转移到中断服务程序？

练习题

1. 利用 MCS-51 单片机的中断功能设计一个抢答器，并用 Proteus 仿真实现。

2. 利用 MCS-51 单片机的中断功能设计一个出租车计价器。设出租车车轮每运转一圈霍尔传感器产生一个负脉冲，从外中断 $\overline{\text{INT0}}$（P3.2）引脚输入，如图 5.11 所示。车轮运转一圈的距离是 2m，行驶里程为 2m×运转圈数。编写程序，用中断方式计算出租车行驶里程（单位为 m），数据存放在 32H、31H、30H 单元，30H 为低位，并用 Proteus 仿真实现。

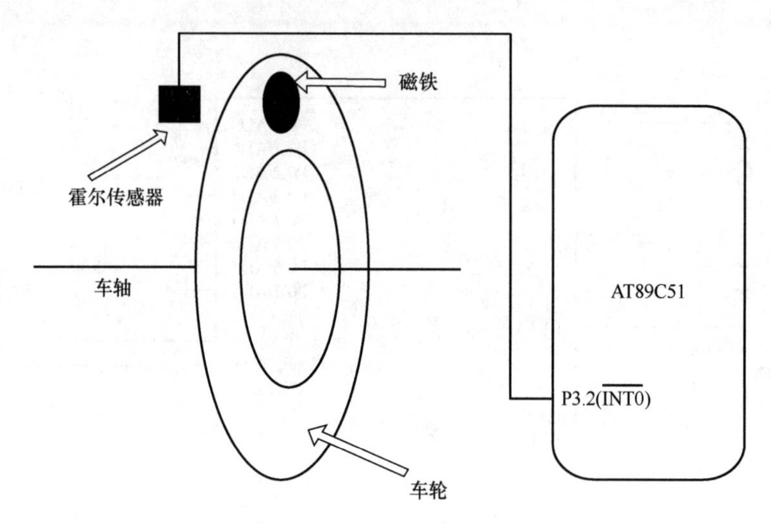

图 5.11　出租车运行示意图

第 6 章　定时与计数

在单片机应用系统中，经常会遇到需要定时或需要计数的情况，为此，MCS-51 单片机内部设置了两个 16 位加 1 定时器/计数器 T0 和 T1，它们有四种工作方式，可以独立编程、独立工作。用户可以通过对工作方式寄存器 TMOD、控制寄存器 TCON 和初值寄存器 TLX、THX 的设置实现对定时器/计数器的控制管理，从而实现定时或计数功能。

6.1 定时器/计数器结构

MCS-51 单片机定时器/计数器的逻辑结构如图 6.1 所示，主要由工作方式寄存器 TMOD、控制寄存器 TCON 和初值寄存器 TLX、THX 等工作部件组成。

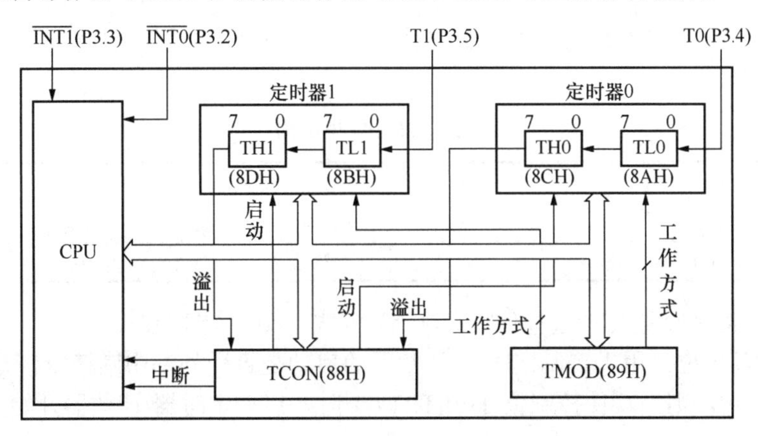

图 6.1　定时器/计数器的逻辑结构

1. 定时与计数

当定时器/计数器作为定时器时，它是对机器周期计数，即对片内振荡器输出的时钟信号经 12 分频后的脉冲计数，即一个机器周期计数器的数值加 1。显然，定时器的定时时间与系统的振荡频率有关。假设单片机采用 12MHz 晶体振荡器，一个机器周期就等于 1μs，如果计数器计 10 个数，就相当于定时 10μs。

当定时器/计数器作为计数器时，它是对引脚 T0（P3.4）和 T1（P3.5）上的外部脉冲信号计数。当外部输入脉冲信号产生由高电平至低电平的下降沿时，计数器的值加 1。在每个机器周期的 S5P2 期间采样检测引脚输入电平，若前一个机器周期采样值为高电平“1”，后一个机器周期采样值为低电平“0”，则计数器加 1。在检测到引脚输入电平发生由“1”到“0”负跳变后，在下一个机器周期的 S3P1 期间使计数器加 1。由于 CPU 需要两个机器周期识别一个由“1”到“0”的计数脉冲，所以最高计数频率为振荡周期的 1/24，机器周期的 1/2。为了确保外部信号能够被采样，要求外部计数脉冲的高电平与低电平保持时间至少为一个完整的机器周期。

不管是定时还是计数，定时器/计数器在对内部时钟或对外部事件计数时都不占用 CPU 时间，只有定时器/计数器产生溢出时，才会向 CPU 申请中断。因此，定时器/计数器和 CPU 是并行工作的。

2. 初值寄存器

每个定时器/计数器都是由两个 8 位加 1 计数器构成的 16 位加 1 计数器，TH0、TL0 构成定时器/计数器 T0，TH1、TL1 构成定时器/计数器 T1。TH0、TL0、TH1、TL1 均可独立工作。计数器满量程溢出时申请中断。因为是加 1 计数器，在给计数器赋初值时，需要进行计算。例如，设计数器的计数溢出值为 M，要计数的值为 N，计数器的初值为 X，则 X=M−N。16 位计数器的计数溢出值 M=65536，要计 10 个数，即 N=10，则计数初值 X=65536−10=65526。就是说，计数器从 65526 开始，计 10 个数后，产生溢出。

3. 工作方式寄存器 TMOD

工作方式寄存器 TMOD 用于控制定时器/计数器的工作方式。字节地址为 89H，位结构如表 6.1 所示。

表 6.1 TMOD 位结构

D7	D6	D5	D4	D3	D2	D1	D0
GATE	$C/\overline{T}$	M1	M0	GATA	$C/\overline{T}$	M1	M0
←T1 方式字段→				←T0 方式字段→			

$C/\overline{T}$：定时或计数功能选择位。1 为计数方式， 0 为定时方式。

GATE：门控位，用于控制定时器/计数器的启动是否受外部中断请求信号的影响。

若 GATE=0，则当软件控制位 TR0(TR1)=1 时，启动定时器/计数器开始计数，常称内部启动。

若 GATE=1，则当软件控制位 TR0(TR1)=1，并且 $\overline{INT0}$（$\overline{INT1}$）引脚为高电平时，启动定时器/计数器开始计数，常称外部启动。

M1、M0：定时器/计数器工作方式选择位，定义如表 6.2 所示。

表 6.2 M1、M0 的工作方式

M1	M0	工作方式	方式说明
0	0	方式 0	13 位定时器/计数器，也可看作是一个带有 32 分频的 8 位计数器，此模式与 Intel 8048 单片机兼容
0	1	方式 1	THX 和 TLX 组成 16 位定时器/计数器
1	0	方式 2	TLX 是具有自动重装初值的 8 位定时器/计数器，THX 为初值寄存器
1	1	方式 3	TL0 为 8 位定时器/计数器，TH0 为 8 位定时器，T1 为波特率发生器

TMOD 不能位寻址，只能字节操作。设置 TMOD 时，要用传送指令。例如，要设定 T1 为定时器，方式 2；T0 为计数器，方式 1，均为内启动，则 TMOD=25H，可用下列命令赋值。

```
MOV  TMOD, #25H
```

4. 控制寄存器 TCON

控制寄存器 TCON 的字节地址为 88H，位地址为 88H～8FH，位结构如表 6.3 所示。

表 6.3 控制寄存器 TCON 的结构

位	D7	D6	D5	D4	D3	D2	D1	D0
位地址	8FH	8EH	8DH	8CH	8BH	8AH	89H	88H
位名称	TF1	TR1	TF0	TR0	IE1	IT1	IE0	IT0

（1）TF0（TF1）

定时器/计数器 T0（T1）溢出中断标志位。当 T0（T1）计数溢出时，由硬件置位 TF0（TF1），并向 CPU 发出中断请求信号，CPU 响应中断后转向中断服务程序时，由硬件自动清零 TF0（TF1）位。在查询方式下，TF0（TF1）位可作为查询标志，且由软件清零。

（2）TR0（TR1）

T0（T1）运行控制位。当 GATE=0，TR0（TR1）=1 时，启动 T0（T1）计数；当 GATE=1 时，$\overline{\text{INT0}}$（$\overline{\text{INT1}}$）为高电平，并且 TR0（TR1）=1 时，启动 T0（T1）计数。当 TR0（TR1）=0 时，关闭 T0（T1）的运行。该位由软件进行置位/清零。

（3）IE0（IE1）

外部中断$\overline{\text{INT0}}$（$\overline{\text{INT1}}$）的中断请求标志位，1 表示有中断请求，0 表示没有中断请求。

（4）IT0（IT1）

外部中断$\overline{\text{INT0}}$（$\overline{\text{INT1}}$）的中断触发方式位，1 表示下降沿触发，0 表示低电平触发。

TCON 可以位寻址，因此，可以使用位操作指令进行设置。例如，用 CLR TF0 清 T0 溢出位，用 SETB TR1 启动 T1 开始计数等。

6.2 定时器/计数器工作方式及应用

6.2.1 工作方式 0

当 M1=0，M0=0 时，定时器/计数器工作于方式 0，是 13 位定时器/计数器。由 TLX 的低 5 位（TLX 的高 3 位未用）和 THX 中的 8 位组成，其等效电路如图 6.2 所示。

1. 定时器

当$\text{C}/\overline{\text{T}}$=0 时，多路开关接通振荡脉冲的 12 分频输出，13 位计数器对其进行计数，

即对机器周期脉冲 T_{cy} 计数，每个机器周期加 1。定时时间由下式确定：

$$T=N\cdot T_{cy}=(8192-X)\times T_{cy}$$

式中，T_{cy} 为单片机的机器周期，N 为计数值，X 为计数器初值。如果振荡频率 f_{osc}=12MHz，则 T_{cy}=1 μs，工作方式 0 的定时范围为 1～8192μs。

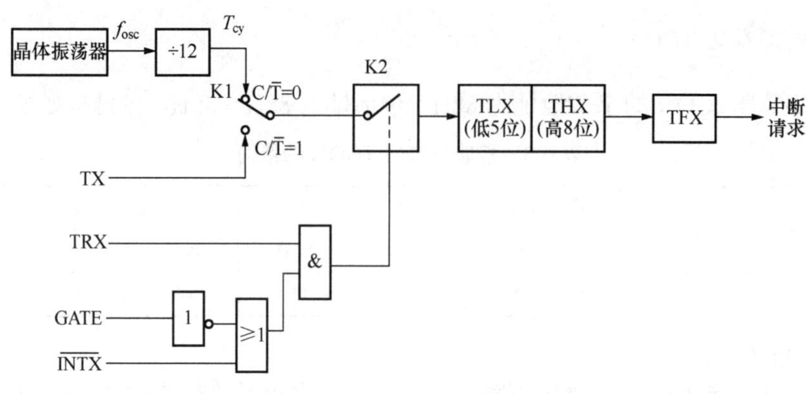

图 6.2　工作方式 0 等效电路

2. 计数器

当 $C/\overline{T}$=1 时，多路开关接通计数引脚 TX（T0=P3.4，T1=P3.5），外部计数脉冲由引脚 TX 输入。当计数脉冲发生负跳变时，计数器加 1。工作在计数状态时，加 1 计数器对 TX 引脚上的外部脉冲计数。计数值由下式确定：

$$N=2^{13}-X=8192-X$$

式中，N 为计数值；X 是计数器的初值。当 X=8191 时，计 1 个数就会有溢出；X=0 时，计 8192 个数有溢出。可见，方式 0 的计数范围为 1～8192。

无论定时，还是计数，当 TLX 的低 5 位溢出时，都会向 THX 进位，而全部 13 位计数器溢出时，则使计数器溢出标志位 TFX 置位，从而向 CPU 申请中断。当 CPU 响应中断，转入中断服务程序时，由硬件将 TFX 清零。

门控位 GATE 的状态决定着计数器运行启动控制方式。如图 6.2 所示，当 GATE=1 时，只有当 $\overline{INTX}$=1，TRX=1 时，才接通模拟开关 K2，启动计数；否则，则断开模拟开关 K2，停止计数。通常称这种方式为外部启动。

当 GATE=0 时，只要 TRX=1，就启动定时器/计数器计数。通常称这种方式为内部启动。

方式 0 时，计数器 THX 溢出后，必须用程序重新对 THX、TLX 设置初值，否则下一次 THX、TLX 将从 0 开始计数。

在方式 0 时，若把 TLX 看作 1/32 分频器，则 THX 就是一个 32 分频后的定时器/计数器，设置此模式，是为了与 Intel 8048 单片机兼容。

【例 6.1】 LED 指示、提示灯。在大多数单片机应用系统中，都需要用 LED 点亮或熄灭作为状态指示，用 LED 闪烁作为状态提示，如图 6.3 所示。LED 的点亮时间、熄灭时间都可以用定时器控制。编写程序控制 P1.7 引脚上的 LED 闪烁，闪烁周期为 600 μs 。

编程思路：设单片机晶振频率f_{osc}=6MHz，一个机器周期为 2μs。使用定时器 1 方式 0 产生周期为 600 μs 的等宽方波脉冲，并从 P1.7 输出即可，以查询方式完成。

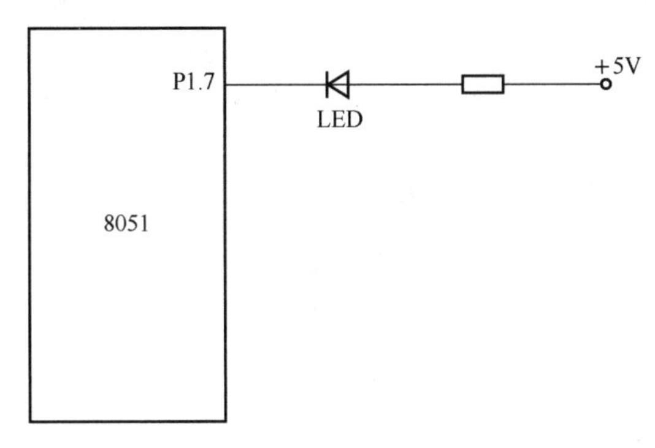

图 6.3　LED 驱动电路

（1）计算计数初值

欲产生周期为 600μs 的等宽方波脉冲，只需在 P1.7 端交替输出 300 μs 的高低电平即可，因此定时时间应为 300μs。设计数初值为 X，则有

$$(2^{13}-X)\times 2\times 10^{-6}=300\times 10^{-6}$$

$$X=8042=1F6AH=1111101101010B$$

将 X 的低 5 位 01010B 写入 TL1 的低 5 位，因 TL1 有 8 位，其高 3 位填 0，即 TL1=00001010B=0AH。将 X 的高 8 位 11111011B=FBH 写入 TH1。

（2）TMOD 初始化

题目要求定时器/计数器 1 为工作方式 0，所以 M1M0=00；为实现定时功能，应使 $C/\overline{T}$=0；为实现定时器内启动，应使 GATE=0。此题目不涉及定时器/计数器 0，为方便起见，设其各控制位均为 0，则工作方式控制寄存器 TMOD=00H。

（3）启动和停止控制

因为定时器/计数器 1 为内启动，故当 TR1=1 时，启动计数；当 TR1=0 时，停止计数。

（4）中断的开放/禁止

题目中要求用查询方式检查 T1 的计数溢出状态，故设置 IE=00H，以关中断。

汇编语言参考程序如下：

```
ORG  0000H                          ；在 0000H 单元存放转移指令
   LJMP  START                      ；转移到主程序
   ORG  0100H                       ；主程序从 0100H 开始
START:  MOV  TCON, #00H             ；清 TCON，定时器中断标志清零，停止计数
   MOV  TMOD, #00H                  ；工作方式设定
   MOV  TH1, #0FBH                  ；计数初值设定
   MOV  TL1, #0AH
   MOV  IE, #00H                    ；关中断
   SETB TR1                         ；启动计数器 1
LOOP0: JBC  TF1, LOOP1              ；查询是否溢出
   SJMP LOOP0                       ；无溢出，查询等待
```

```
LOOP1: MOV  TH1, #0FBH               ; 重设初值
    MOV  TL1, #0AH
    CPL  P1.7                        ; 输出取反，实现闪烁
    SJMP LOOP0                       ; 返回状态查询
END                                  ; 汇编结束
```

C 语言参考程序如下：

```
# include  <reg51.h>               //定义 SFR 头文件
sbit  P1_7=P1^7;                    //定义 P1.7
void  main()                        //主函数
{
    TCON=OX00;                      //清 TF1 标志位
    IE=0x00;                        //关中断
    TMOD=0x00;                      //工作方式 0 设定
    TH1=0xFB; TL1=0x0A;             //计数初值设定
    TR1=1;                          //启动定时器 1
    for(; ;)                        //无限循环体
    {
        while (TF1)                 //查询 TF1 状态
        {
            P1_7=! P1_7; TF1=0;     //P1.7 取反，中断标志 TF1 清 0
            TH1=0xFB; TL1=0x0A;     //重新设定计数初值
        }
    }
}
```

例 6.1 的 Proteus 仿真如图 6.4 所示。

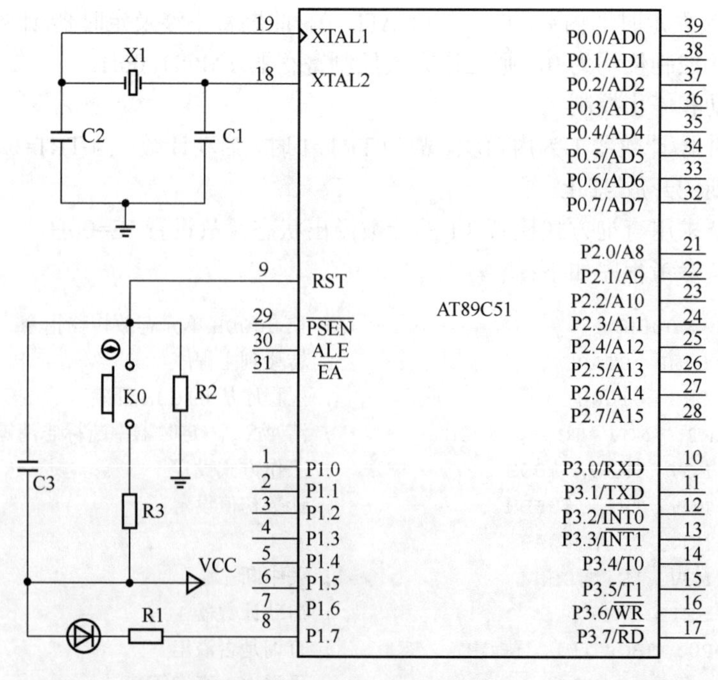

图 6.4　例 6.1 的 Proteus 仿真

6.2.2　工作方式 1

当 M1=0，M0=1 时，定时器/计数器处于工作方式 1，此时 TLX 和 THX 组成 16 位定时器/计数器。方式 0 和方式 1 的区别仅在于计数器的位数不同，方式 0 为 13 位定时器/计数器，而方式 1 则为 16 位定时器/计数器。其他控制（GATE、$C/\overline{T}$、TFX、TRX）均相同，如图 6.5 所示。

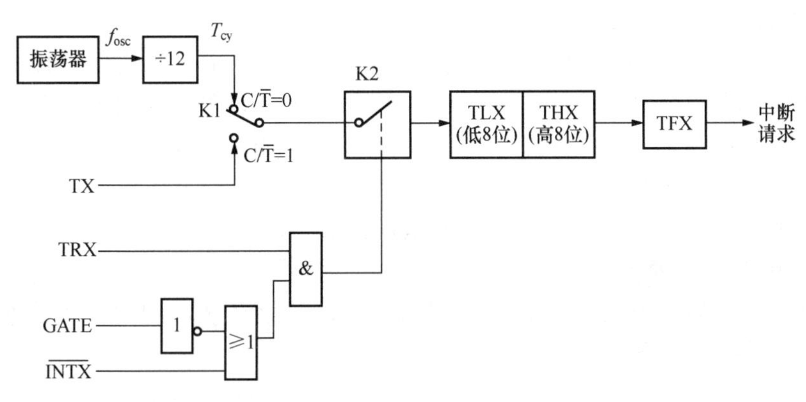

图 6.5　工作方式 1 等效电路

在方式 1 时，计数器的计数值 N 由下式确定（X 为计数器初值）：

$$N=2^{16}-X=65536-X$$

计数范围为 1～65536。

定时器的定时时间由下式确定：

$$T=N \cdot T_{cy}=(65536-X)\times T_{cy}$$

如果 f_{osc}=12MHz，则 T_{cy}=1μs，定时范围为 1～65536μs。

【例 6.2】 声音报警。在单片机应用系统中，经常需要通过扬声器报警提示，如图 6.6 所示。编写程序，使扬声器报警。

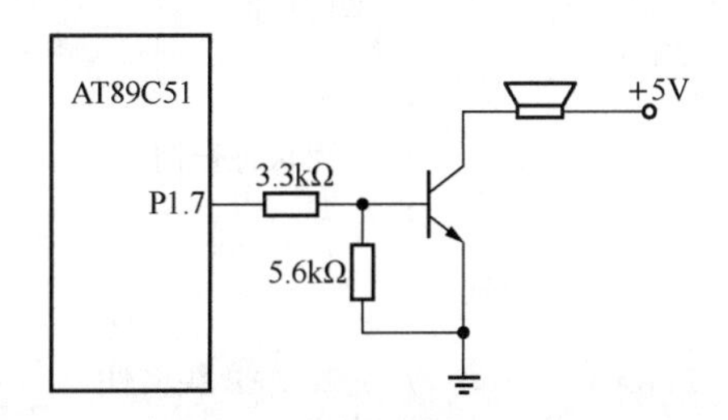

图 6.6　扬声器报警电路

编程思路：要让扬声器发声报警，只需要为扬声器提供一个音频驱动信号（如 1000Hz）即可，即编写程序在 P1.7 引脚上输出音频信号即可。1000Hz 的音频信号周期为 1ms=1000μs。使用定时器 1 以方式 1 产生周期为 1000μs 的等宽方波脉冲，并从 P1.7 输出即可，以查询方式完成。

（1）计算计数初值

欲产生周期为 1000μs 的等宽方波脉冲，只需在 P1.7 端交替输出 500μs 的高低电平即可，因此定时时间应为 500μs。设计数初值为 X，设晶振频率为 6MHz，则有

$$(2^{16}-X)\times 2\times 10^{-6}=500\times 10^{-6}$$

$$X=65536-500=65036=FE0CH$$

将 X 的低 8 位 0CH 写入 TL1，将 X 的高 8 位 FEH 写入 TH1。

（2）TMOD 初始化

题目要求定时器/计数器为工作方式 1，所以 M1M0=01；为实现定时功能，应使 $C/\overline{T}=0$；为实现定时器内启动，应使 GATE=0。此题目不涉及定时器/计数器 0，为方便起见，设其各控制位均为 0，则工作方式控制寄存器 TMOD=10H。

（3）启动和停止控制

因为定时器/计数器 1 为内启动，故当 TR1=1 时，启动计数；当 TR1=0 时，停止计数。

（4）中断的开放/禁止

题目中要求用查询方式检查 T1 的计数溢出状态，故设置 IE=00H，以关中断。

汇编语言参考程序如下：

```
ORG  0000H                    ; 在 0000H 单元存放转移指令
    LJMP  START               ; 转移到主程序
    ORG  0100H                ; 主程序从 0100H 开始
START: MOV  TCON, #00H        ; 清 TCON，定时器中断标志清零，停止计数
    MOV  TMOD, #10H           ; 工作方式 1 设定
    MOV  TH1, #0FEH           ; 计数器 1 初值设定
    MOV  TL1, #0CH
    MOV  IE, #00H             ; 关中断
    SETB  TR1                 ; 启动计数器 1
LOOP0: JBC  TF1, LOOP1        ; 查询是否溢出
    SJMP  LOOP0               ; 无溢出，查询等待
LOOP1:
    MOV  TH1, #0FEH           ; 重设初值
    MOV  TL1, #0CH
    CPL  P1.7                 ; 输出取反
    SJMP  LOOP0               ; 返回状态查询
END                           ; 汇编结束
```

C 语言参考程序如下：

```
#include  <reg51.h>           //定义 SFR 头文件
sbit  P1_7=P1^7;              //定义 P1.7
void  main()                  //主函数
{
    TCON=OX00;                //清溢出标志
    IE=0x00                   //关中断
    TMOD=0x10;                //工作方式 1 设定
    TH1=0xFE; TL1=0x0C;       //计数初值设定
    TR1=1;                    //定时启动
    for(; ;)                  //无限循环体
```

```
        {
            while (TF1==1)          //查询 TF1 状态
            {
                P1_7=! P1_7; TF1=0; //输出取反，产生声音
                TH1=0xFE;           //重新设定计数初值
                TL1=0x0C;
            }
        }
    }
```

例 6.2 的 Proteus 仿真如图 6.7 所示。

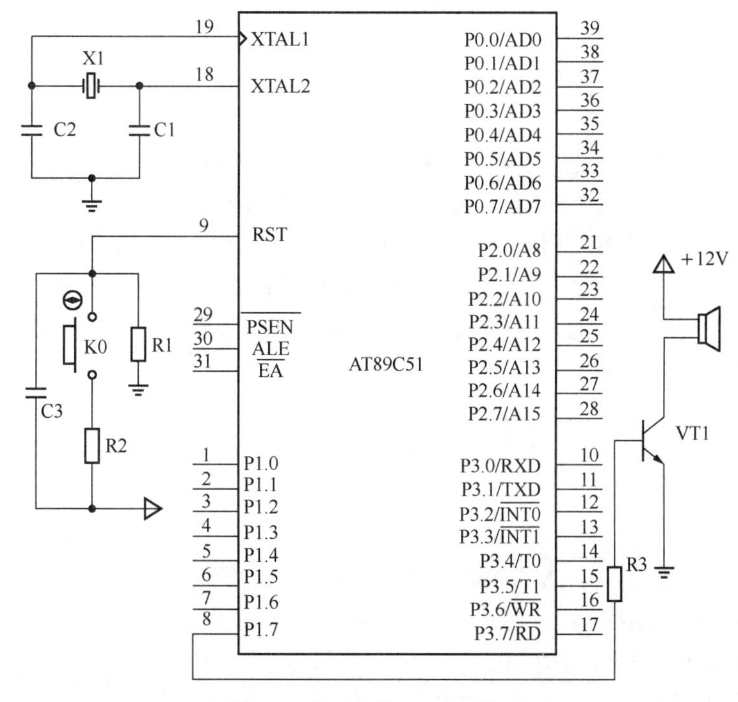

图 6.7　例 6.2 的 Proteus 仿真

6.2.3　工作方式 2

当 M1=1，M0=0 时，定时器/计数器处于工作方式 2。方式 2 为自动重装初值的 8 位定时器/计数器。工作方式 2 的等效电路如图 6.8 所示。

在方式 2 中，TLX 作为 8 位计数器使用，THX 作为初值寄存器使用。TLX 溢出后，不仅置位 TFX，而且发出重装载初值信号，使三态门打开，将 THX 中的初值自动送入 TLX，并从初值开始重新计数。重装初值后 THX 的内容不变。

在工作方式 2 时，计数器的计数值由下式确定：

$$N=2^8-X=256-X$$

计数范围为 1～256。

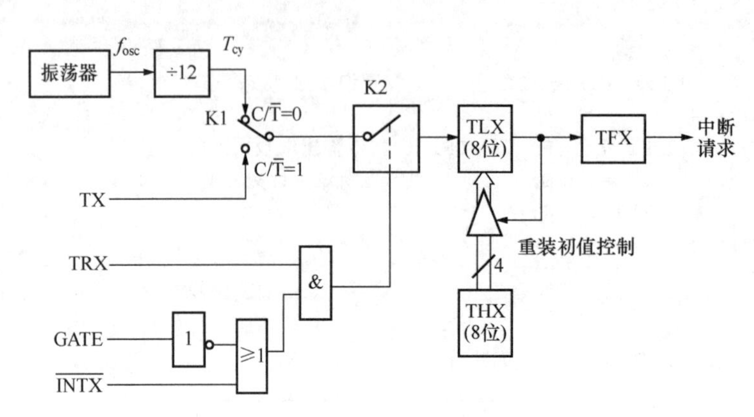

图 6.8 工作方式 2 等效电路

定时器的定时值由下式确定：

$$T=N\cdot T_{cy}=(256-X)\times T_{cy}$$

如果 f_{osc}=12MHz，则 T_{cy}=1μs，定时范围为 1～256μs。

【例 6.3】 数字秒表。利用单片机定时 0～9s，一位数码管显示。

编程思路：设单片机的晶振频率 f_{osc}=12MHz，则一个机器周期为 1μs。使用定时器 T0 以方式 2 产生 250μs 定时，循环 4000 次，即为 1s；再循环 10 次，即为 10s。

（1）计算计数初值 X

$$(2^8-X)\times1\times10^{-6}=250\times10^{-6}$$

$$X=6=06H$$

（2）TMOD 初始化

工作方式 2 时，M1M0=10，实现定时功能 $C/\overline{T}$=0，内启动，GATE=0。定时器 1 不用，无关位设定为 0，可得 TMOD=02H。

（3）启动和停止定时器

启动：TR0=1；停止：TR0=0。

（4）中断的开放/禁止

设置 EA=1，ETO=1，以开放 T0 中断，IE=82H。

汇编语言参考程序如下：

```
ORG 0000H                              ; 在 0000H 单元存放转移指令
    LJMP START                         ; 转移到主程序
    ORG  000BH                         ; 定时器/计数器 T0 中断入口地址
    LJMP TIMER0                        ; 转移到中断服务程序
    ORG  0030H                         ; 主程序从 0030H 开始
START: MOV  SP, #5FH                   ; 重置堆栈
    MOV  TCON, #00H                    ; 清 T0 溢出标志，停止计数
    MOV  TMOD, #02H                    ; T0 定时方式 2
    MOV  TH0, #06H                     ; T0 计数初值
    MOV  TL0, #06H
    MOV  IE, #82H                      ; CPU、T0 中断开放
    MOV  R4, #200                      ; 200 次循环
```

```
MOV  R1, #20                      ; 延时 1s
    MOV  R0, #00                  ; 数码管显示的初值
    SETB TR0                      ; 启动 T0 定时
MAIN: LCALL DISDP                 ; 调用显示程序
    SJMP MAIN
DISDP: MOV A, R0                  ; R0 的值存放在 A 中
    MOV  DPTR, #TAB               ; 置共阳字段码表首址
    MOVC A, @A+DPTR               ; 查段码表
    MOV P2, A                     ; 在 P2 口输出显示
    RET                           ; 子程序返回
    ORG 0110H                     ; 中断服务程序从 0110H 开始
TIMER0: PUSH ACC                  ; 保护现场
    PUSH PSW
    DJNZ R4, EXIT                 ; 判断是否循环 200 次
    MOV  R4, #200                 ; 重新赋值初值
    DJNZ  R1 EXIT
    MOV  R1, #20                  ; 判断 1s 是否到
    INC  R0                       ; 秒显示加 1
    CJNE R0, #0AH, EXIT           ; 判断是否到了第 9s
    MOV R0, #00H                  ; 重新开始计时显示
EXIT: POP PSW                     ; 恢复现场
    POP ACC
    RETI                          ; 中断程序返回
TAB: DB 0C0H, 0F9H, 0A4H, 0B0H, 99H, 92H, 82H, 0F8H  ; 段码表
    ;     0     1     2     3    4    5    6    8     对应数字
    DB 80H, 90H, 88H, 83H, 0C6H, 0A1H, 86H, 8EH
    ;   8    9    A    B     C     D    E    F
END                               ; 汇编结束
```

C 语言参考程序如下：

```
#include <reg51.h>                     //定义 SFR 头文件
unsigned char code dispcode[]={0xC0, 0xF9, 0xA4, 0xB0, 0x99, 0x92,
0x82, 0xf8, 0x80, 0x90, 0x88, 0x83, 0xC6, 0xA1, 0x86, 0x8e};
                                       //显示段码表
Unsigned int second=0, count=0;        //秒单元、计数单元初值
void timer0(void) interrupt 1          //定时器 0 中断
{
    count++;                           //250μs 中断 1 次
    if(count==4000)                    //250μs×4000=1s
    {
        count=0;                       //重新赋值
        second++;                      //秒加 1
        if(second==10)                 //判断是否到达 10s
        second=0;                      //重新赋值
    }
}
void main()                            //主函数
{
    TCON=0x00;                         //清 TCON
```

```
    TMOD=0X02;                              //定时器方式 2
    IE=0x82;                                //CPU、T0 中断开放
    TH0=0X06;                               //计数初值
    TL0=0X06;
    TR0=1;                                  //启动定时
    while(1)                                //无限循环
    {
       P2=dispcode[second];                 //输出数码管显示代码
    }
}
```

例 6.3 的 Proteus 仿真如图 6.9 所示。

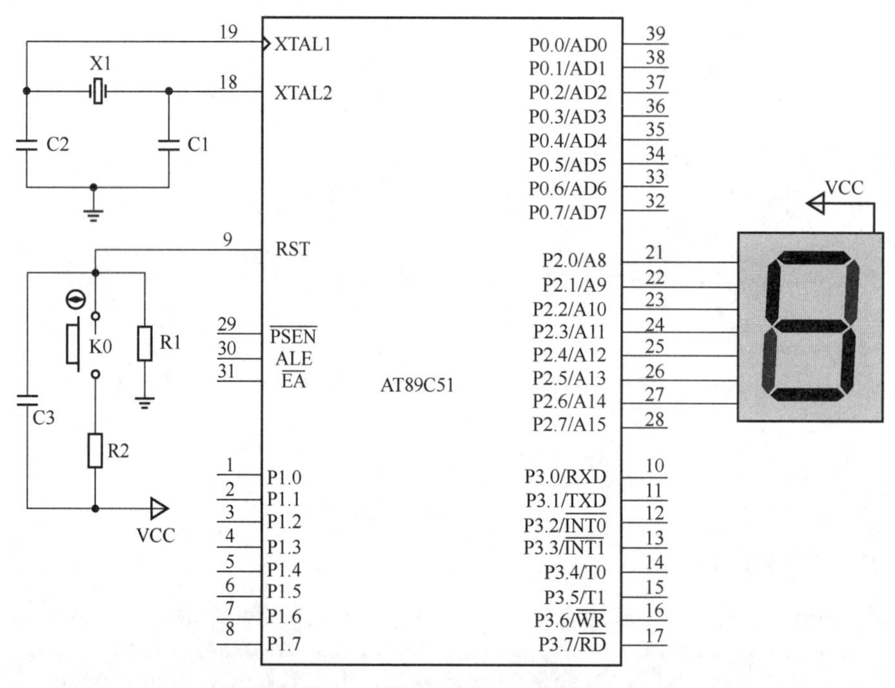

图 6.9 例 6.3 的 Proteus 仿真

6.2.4 工作方式 3

当 M1=1，M0=1 时，定时器/计数器处于工作方式 3，方式 3 的等效电路如图 6.10 所示。

工作方式 3 只适用于定时器/计数器 0。当 T0 工作在方式 3 时，TH0 和 TL0 被分为两个独立的 8 位定时器/计数器。TL0 可作为定时器或计数器使用，占用 T0 本身的控制信号 TF0 和 TR0。TH0 只能作为定时器使用，并且占用定时器/计数器 T1 的两个控制信号 TR1 和 TF1。

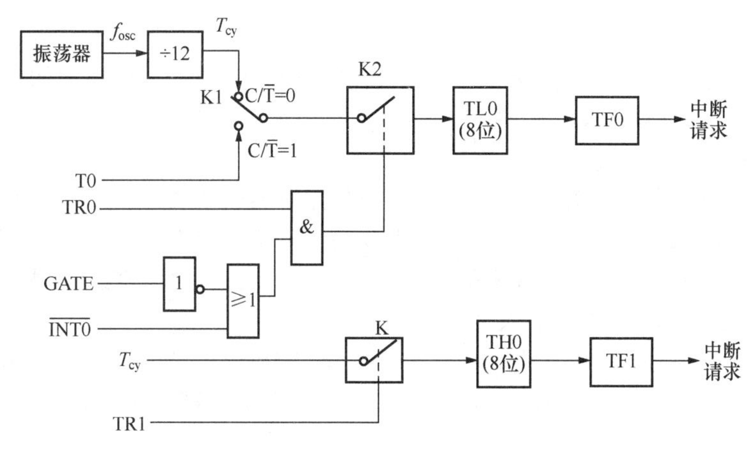

图 6.10　T0 工作方式 3 的等效电路

T0 工作于方式 3 时，T1 只能工作在方式 0、方式 1 或方式 2，并且由于已经没有计数溢出标志位 TF1 可供使用，只能把计数溢出直接送给串行口，作为串行口的波特率发生器使用。其等效电路如图 6.11 所示。

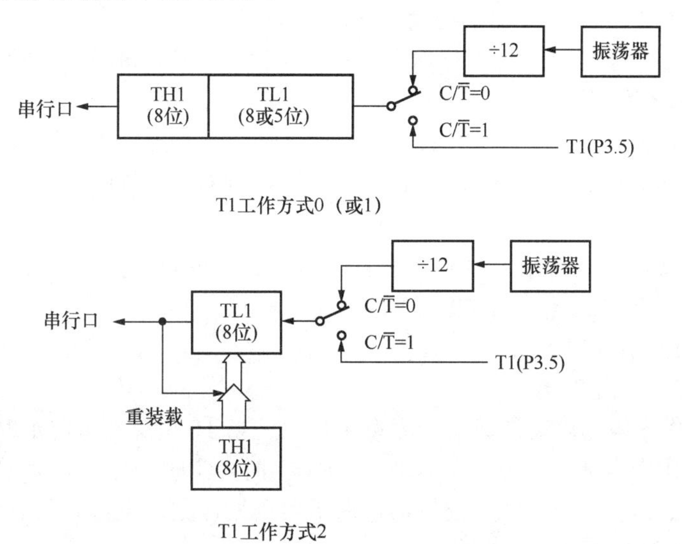

图 6.11　T0 方式 3 下的 T1 等效电路

当 T1 作为波特率发生器使用时，只需设置好工作方式，即可自动运行。如要停止它的工作，只需送入一个把它设置为方式 3 的方式控制字即可。这是因为定时器/计数器 T1 本身不能工作在方式 3，如强制把它设置为方式 3，自然会停止工作。

当单片机内部定时器/计数器不够用时，可以扩展外部定时器/计数器，如 Intel 8253 等。

MCS-51 单片机有两个定时器/计数器，当它们工作于计数工作方式时，T0（P3.4）或 T1（P3.5）引脚上的负跳变将使定时器/计数器加 1。若把定时器/计数器设置成计数工作方式，计数初值设定为 0FFH，一旦从外部引脚输入一个负跳变信号，计数器加 1，产生溢出中断。因此，可把外部计数输入端 T0（P3.4）或 T1（P3.5）扩展为外部中断源。

【例6.4】 假设有一个用户系统，已经使用了两个外部中断源，并置定时器T1于方式2，作为串行口波特率发生器用（计数初值为0FDH）。现要求再增加一个外部中断源，中断一次，计数器加1，数码管显示；并由P0.4口输出一个5kHz的方波，设晶振频率为6MHz。

编程思路：在不增加其他硬件开销时，可把定时器/计数器T0置于工作方式3。

TL0设置为计数方式，内部启动，利用外部引脚T0端作为扩展的外部中断输入端，把TL0预置为0FFH，这样在T0引脚出现由1至0的负跳变时，TL0的内容加1，出现溢出，申请中断，相当于边沿触发的外部中断源。

TH0作为8位定时器用，用来控制从P0.4输出5kHz方波。送示波器观察。

定时器/计数器T1工作于定时方式2，作为串行口波特率发生器。

（1）计算计数初值

由P0.4输出5kHz的方波（周期为200μs），即每隔100μs使P0.4的电平发生一次变化。设TH0的初始值为X，则有

$$(2^8-X)\times 2\times 10^{-6}=100\times 10^{-6}$$

$$X=256-100/2=206$$

引脚T0端作为扩展的外部中断输入端，故TL0=0FFH。

T1工作于定时方式2，作为串行口波特率发生器，初值为0FDH，故TL1=TH1=0FDH。

（2）TMOD初始化

定时器/计数器1工作于定时方式2，M1M0=10，作为波特率发生器，启动后自动运行。但TH0作为定时器，$C/\overline{T}$=0，TH0内启动，GATE=0，TH0的启动、停止由TR1控制。

定时器/计数器0工作于方式3，M1M0=11，TL0计数方式，$C/\overline{T}$=1，内部启动，GATE=0，TL0的启动、停止由TR0控制。

综上可得TMOD=27H。

（3）启动和停止定时器

因为TL0作为内部启动计数器，故设TR0=1，当T0引脚有下降沿时，计数器加1。

因为TH0作为内部启动定时器，故当TR1=1时，定时开始。

定时器/计数器1作为波特率发生器，对机器周期计数，机器启动后就开始工作。

综上可得TCON=50H。

（4）中断的开放/禁止

设置IE=9FH，开放所有中断。TL0中断一次，计数器加1，并通过P2口驱动数码管显示计数值，如图6.12所示。

汇编语言参考程序如下：

```
ORG 0000H                  ; 在0000H单元存放转移指令
   LJMP START              ; 转移到主程序
ORG  000BH                 ; T0的中断入口地址
   LJMP TL0INT             ; 转到中断服务程序TL0INT
ORG  001BH                 ; T1的中断入口地址
   LJMP TH0INT             ; 转到中断服务程序TH0INT
ORG  0100H                 ; 主程序从0100H开始
```

```
START: MOV  R0, #00H            ; 计数初值
   MOV  TL0, #0FFH              ; T0（P3.4）作为扩展中断源
   MOV  TH0, #206               ; 送定时 100μs 的初值
   MOV  TL1, #0FDH              ; 波特率常数设置
   MOV  TH1, #0FDH
   MOV  TMOD, #27H              ; 置 T0 方式 3，TL0 为计数器；TH0 为定时器
   MOV  TCON, #50H              ; 启动定时器 T0、T1
   MOV  IE, #9FH                ; 开放全部中断
LOOP1: LCALL  DISPLAY           ; 调用显示程序
   LJMP  LOOP1
ORG 0200H                       ; TL0 中断服务程序
TL0INT: MOV  TL0, #0FFH         ; 中断响应后重新设置初值
   INC  R0                      ; 计数值加 1
   RETI                         ; 中断返回
ORG 0300H                       ; TH0 中断服务程序，产生 5kHz 方波
TH0INT: MOV TH0, #206           ; 中断响应后重新设置初值
   CPL P0.4                     ; P0.4 口取反
   RETI                         ; 中断返回
DISPALY: MOV DPTR, #TAB         ; 设置共阳显示代码表首址
   MOV  A, R0                   ; R0 中的值为要显示的数
   MOVC A, @A+DPTR              ; 查段码表
   MOV P2, A                    ; 在 P2 口输出显示
   LCALL DELAY                  ; 调用延时程序
   RET
DELAY: MOV R5, #10              ; 延时程序
DELAY1: MOV R6, #1
DELAY2: MOV R7, #20
   DJNZ R7, $
   DJNZ R6, DELAY2
   DJNZ R5, DELAY1
   RET
TAB: DB 0C0H, 0F9H, 0A4H, 0B0H, 99H, 92H, 82H, 0F8H  ; 段码表
   ;     0     1     2     3     4    5    6    8    对应内容
   DB 80H, 90H, 88H, 83H, 0C6H, 0A1H, 86H, 8EH
   ;   8    9    A    B    C     D     E    F
END                            ; 汇编结束
```

C 语言参考程序如下：

```
#include  <reg51.h>                      //定义 SFR 头文件
sbit  P0_4=P0^4;                         //定义 P0.4
unsigned char code dispcode[]={0xC0, 0xF9, 0xA4, 0xB0, 0x99, 0x92,
   0x82, 0xf8, 0x80, 0x90, 0x88, 0x83, 0xC6, 0xA1, 0x86, 0x8e};
                                         //显示代码表
unsigned int count=0;                    //设置整型变量 count 初值
void  main()                             //主函数
{
   TMOD=0x27;                //置 T0 工作方式 3，TL0 为计数器；TH0 为定时器
   TL0=0xFF;                             //引脚 T0（P3.4）作为扩展的外部中断源
   TH0=206;                              //定时 100μs 的初值
   TL1=0xFD;                             //波特率常数
```

```
    TH1=0xFD;
    TCON=0x50;                              //启动定时器T0、T1
    IE=0x9F;                                //开放全部中断
    while(1)                                //无限循环
    {
        P2=dispcode[count];                 //数码管显示计数值
    }
}
void TL0INT(void)  interrupt 1              //扩展外部中断源
{
    TL0=0xFF;                               //中断响应后重新设置初值
    count++;                                //中断一次计数值加1
}
void  TH0INT(void)  interrupt 3             //5kHz方波中断
{
    TH0=206;                                //中断响应后重送初值
    P0_4=!P0_4;                             //P0.4取反
}
```

例6.4的Proteus仿真如图6.12所示。

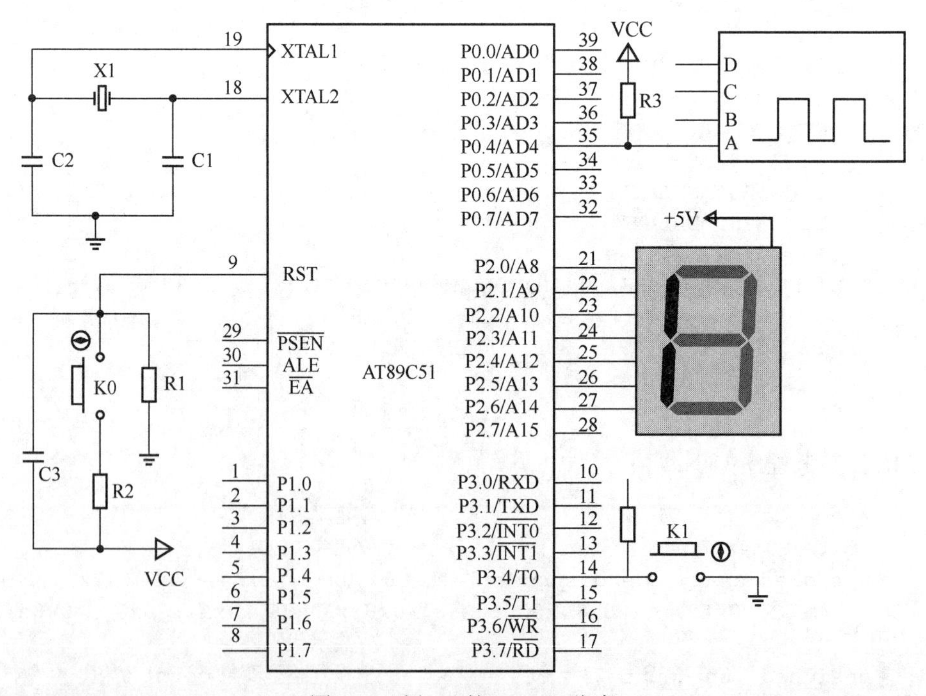

图6.12 例6.4的Proteus仿真

思考题

1. MCS-51 单片机中有几个几位的定时器/计数器？是加 1 计数，还是减 1 计数？

2. MCS-51 单片机定时器/计数器 T0 和 T1 各有几种工作方式？每种工作方式有何特点？如何控制定时器/计数器的工作方式？

3. 设 MCS-51 单片机的晶振频率为 12MHz，则定时器/计数器 T0 工作于定时方式 1 时最多可以定时多少微秒？若 T0 工作于定时方式 2，最多可以定时多少微秒？

4. MCS-51 单片机工作于定时状态时，计数脉冲来自哪里？工作于计数状态时，计数脉冲来自哪里？

5. 当 GATE=0 时，如何启动 T0 开始工作？当 GATE=1 时，如何启动 T0 开始工作？

练习题

1. 利用 MCS-51 单片机的定时器/计数器设计一个“叮咚”音乐门铃，按一次按键，响一次“叮咚”声。设时钟频率为 12MHz，用 Proteus 仿真实现。

2. 利用 MCS-51 单片机定时器/计数器设计一个数字秒表。定时范围：00～99s；两位 LED 数码管显示。设时钟频率为 6MHz（提示：利用定时器方式 2 产生 0.5ms 时间基准，循环 2000 次，定时 1s），用 Proteus 仿真实现。

第7章 串行通信

随着单片机应用系统的不断复杂化，系统包含的功能模块越来越多，但由于单片机的并行端口资源是有限度的，经常会出现不够用的情况，这时就需要充分利用单片机串行口的资源。串行通信具有所需数据线条数少，适用长距离传送等特点，在单片机应用系统中得到广泛应用。MCS-51 单片机内部有一个通用全双工串行口，可以四种工作模式和不同的波特率工作，以满足不同应用的不同需求。

7.1 串行通信基础

单片机与外部设备的通信有并行和串行两种方式。并行通信是多位数据同时传送，速度快，效率高，但需要的数据线条数也比较多，只适合短距离通信。串行通信是按先后次序一位一位传送数据，所需的数据线条数少，适用长距离传送。串行通信又可以分为异步通信和同步通信两种形式。

7.1.1 异步通信

异步通信是指发送方和接收方采用独立的时钟，即双方不是以一个相同的时钟作为基准。异步通信中数据一般以一个字符为单位进行传送。用一帧信息来表示一个字符，一帧信息由起始位（为 0 信号，占 1 位）、数据位（传输时低位在先，高位在后）、奇偶校验位（可要可不要）和停止位（为 1 信号，可 1 位、1 位半或 2 位）组成，如图 7.1 所示。

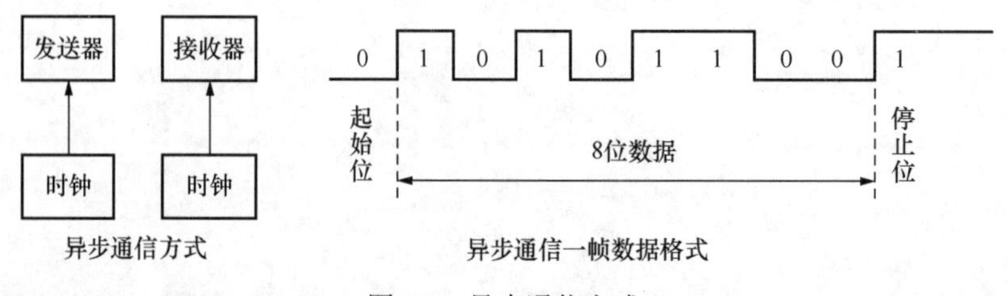

图 7.1 异步通信方式

在串行异步传送中，通信双方事先应该做好以下约定。

1）字符格式。双方要事先约定字符的编码形式、奇偶校验形式及起始位和停止位的规定。例如，用 ASCII 码通信，有效数据为 7 位，加一个奇校验位、一个起始位和一个停止位共 10 位。

2）波特率（Baud Rate）。波特率就是数据的传送速率，即每秒钟传送的二进制数位数，单位为位/s，即 1 波特=1b/s（位/秒）。

在异步通信中，发送端与接收端的波特率必须一致。

7.1.2 同步通信

在同步通信中，一般一次传送一个数据块。每个数据块的开头以同步字符 SYN 加以指示，使发送与接收双方取得同步。数据块的各字符之间没有起始位和停止位，提高了通信的速度。但为了能保持同步传送，在同步通信中发送方和接收方须用一个时钟来协调收发器的工作，这就增加了设备的复杂性，如图 7.2 所示。

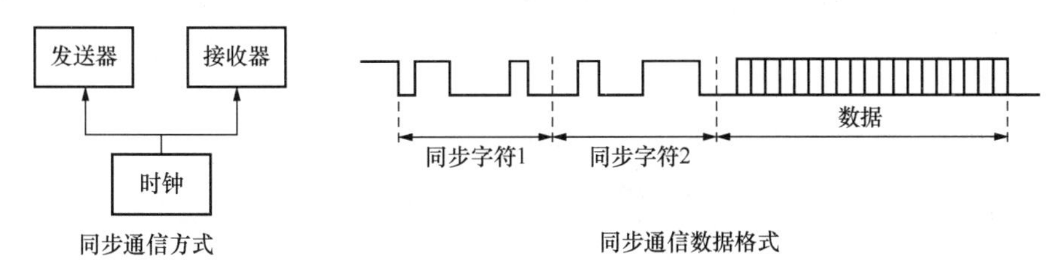

图 7.2 同步通信方式

7.1.3 串行通信模式

在串行通信中，数据通常是在两个端点（点对点）之间进行传送，按照数据传送的方式可分成三种通信模式：单工、半双工、全双工。

（1）单工模式

在单工模式下，数据仅按一个固定方向传送。因而这种传输方式的用途有限，常用于串行口的打印数据传输、数据采集等，如图 7.3 所示。

（2）半双工模式

在半双工模式下，使用同一根传输线，数据可双向传送，但不能同时进行。实际应用中采用某种协议实现收/发开关转换，如图 7.4 所示。

（3）全双工模式

在全双工模式下，数据的发送和接收可同时进行，通信双方都能在同一时刻进行发送和接收操作，但一般全双工传输方式的线路和设备比较复杂，如图 7.5 所示。

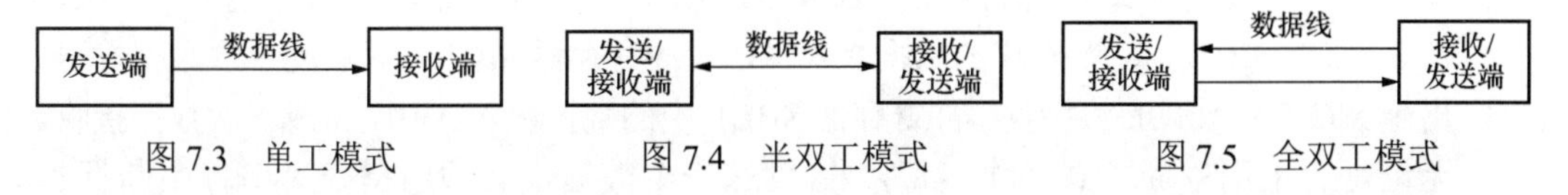

图 7.3 单工模式　　图 7.4 半双工模式　　图 7.5 全双工模式

以上三种传输方式都是用同一线路传输一种性质的信号，为了充分利用线路资源，可通过使用多路复用器或多路集线器，采用频分、时分或码分复用技术，实现在同一线路上的资源共享，称为多工传输方式。

7.2 串行通信接口

MCS-51 单片机串行口的数据传送是通用全双工传送方式。接收、发送数据均可工作在查询或中断方式，能方便实现双机和多机通信。MCS-51 单片机串行接口有一个发送缓冲器和一个接收缓冲器。发送缓冲器只能写入信息，不能被读出，用于存储发送信息。接收缓冲器只能读出信息，用于存储接收到的信息。这两个缓冲器共用一个地址（99H），在物理上是独立的。但在串行通信时，用串行通信控制寄存器 SCON 和电源控制寄存器 PCON 控制串行接口的工作方式和波特率。MCS-51 单片机串行口结构如图 7.6 所示。

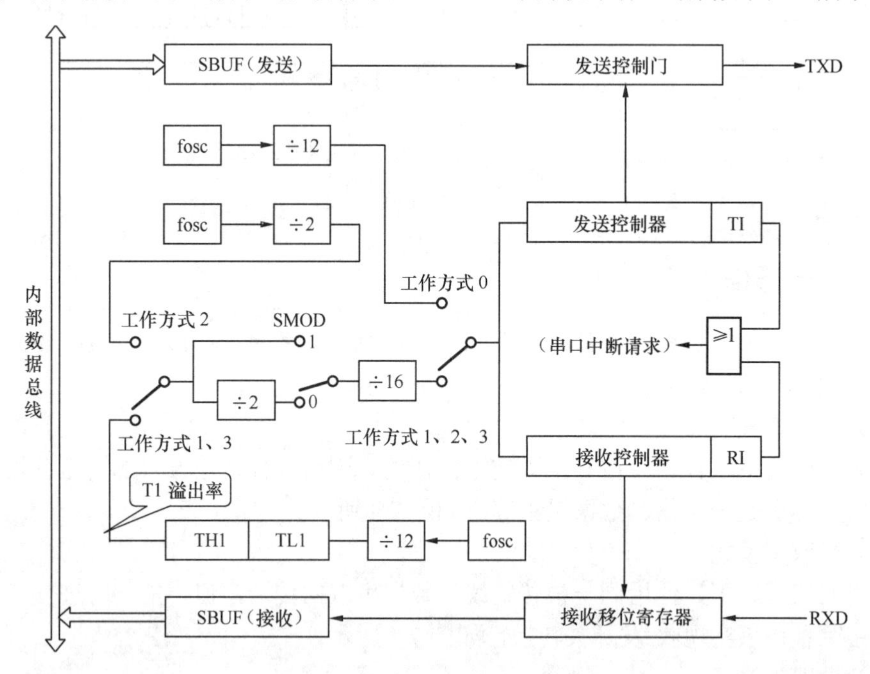

图 7.6 串行接口

虽然接收缓冲寄存器和发送缓冲寄存器共用一个地址，但由于操作是独立的，故不会发生冲突。对接收/发送缓冲寄存器 SBUF 的操作，一般通过累加器 A 进行。

指令 MOV SBUF，A 将 A 中的数据送入发送缓冲寄存器 SBUF，并启动一次数据发送。

指令 MOV A，SBUF 将接收缓冲寄存器 SBUF 中的数据送入 A 中，完成一次数据接收。

无论是否采用中断方式工作，每接收/发送一个数据都必须用指令对串行中断标志 RI/TI 清 0，以备下一次接收/发送能正确进行。

7.2.1 串行通信控制寄存器

串行通信控制寄存器 SCON 的字节地址为 98H，位地址为 98H～9FH。通过 SCON 可以对串行接口的工作方式、接收、发送等工作状态进行设置，其格式如表 7.1 所示。

表 7.1 SCON 格式

SCON	D7	D6	D5	D4	D3	D2	D1	D0
位名称	SM0	SM1	SM2	REN	TB8	RB8	TI	RI
位地址	9FH	9EH	9DH	9CH	9BH	9AH	99H	98H

SM0、SM1：用于选择串行口的四种工作方式，由软件置位或清零。四种工作方式如表 7.2 所示（f_{osc}为单片机的振荡频率）。当 SMOD=1 时，n=16；当 SMOD=0 时，n=32。

表 7.2 串口工作方式

SM0	SM1	工作方式	功能	波特率
0	0	方式 0	移位寄存器方式，用于 I/O 扩展	f_{osc}/12
0	1	方式 1	8 位通用异步接收器/发送器	T1 溢出率/n
1	0	方式 2	9 位通用异步接收器/发送器	f_{osc}/32、f_{ocs}/64
1	1	方式 3	9 位通用异步接收器/发送器	T1 溢出率/n

SM2：多机通信控制位。在方式 2 和 3 中，如果 SM2=1 且接收到的第 9 位数据（RB8）为 1，则将接收到的前 8 位数据送入接收缓冲寄存器 SBUF 中，并置位 RI 产生中断请求；否则丢弃前 8 位数据。如果 SM2=0，则不论第 9 位数据（RB8）为 1 还是为 0，都将前 8 位数据送入接收 SBUF 中，并产生中断请求。在方式 0 时，SM2 必须为 0。在方式 1，通常设置 SM2=0，若 SM2=1，只有接收到有效的停止位时，才能置位 RI。

REN：允许串行接收控制位。若 REN=0，则禁止接收；若 REN=1，则允许接收。该位由软件置位或复位。

TB8：发送第 9 位数据。在方式 2 和方式 3 时，TB8 为所要发送的第 9 位数据。在多机通信中，以 TB8 位的状态表示主机发送的是地址还是数据。通常情况下，TB8=0 表示数据，TB8=1 表示地址。有时，TB8 也可用做数据的奇偶校验位。该位由软件置位或复位。

RB8：接收第 9 位数据。在方式 2 和方式 3 时，RB8 是接收到的第 9 位数据，可作为奇偶校验位或地址/数据的标志。方式 1 时，若 SM2=0，则 RB8 是接收到的停止位。在方式 0 时，不使用 RB8 位。

TI：发送中断标志位。在方式 0 时，当发送数据第 8 位结束后，或在其他方式发送停止位后，由内部硬件使 TI 置位，可向 CPU 请求中断。CPU 在响应中断后，必须用软件清零串行中断标志位。在非中断方式，TI 可作为标志位，供查询使用。

RI：接收中断标志位。在方式 0 时，当接收数据的第 8 位结束后，或在其他方式接收到停止位时由内部硬件使 RI 置位，向 CPU 请求中断。同样，在 CPU 响应中断后，也必须用软件清零。在非中断方式，RI 可作为标志位，供查询使用。

7.2.2 电源控制寄存器

电源控制寄存器 PCON 的字节地址为 87H，没有位寻址功能。主要实现对单片机电源的控制管理，但 PCON 的最高位 SMOD 是串行口波特率系数控制位，其格式如表 7.3 所示。

SMOD：在串行口工作方式 1、2、3 中，SMOD 是波特率控制位。1 表示波特率加倍，0 表示波特率不加倍。

表 7.3　PCON 格式

PCON	D7	D6	D5	D4	D3	D2	D1	D0
位符号	SMOD	—	—	—	GF1	GF0	PD	IDL

7.3　串行通信工作方式及应用

7.3.1　工作方式 0

MCS-51 单片机串行口的工作方式 0 为移位寄存器方式，可外接同步移位寄存器以扩展 I/O 口，也可以外接同步输入/输出设备。一帧信息有 8 位数据，低位在前，高位在后，没有起始位和停止位；数据从 RXD 输入或输出，TXD 用来输出同步脉冲，波特率固定为 $f_{osc}/12$。数据格式如表 7.4 所示。

表 7.4　串口方式 0 数据格式

起始位	数据位								停止位
—	D0	D1	D2	D3	D4	D5	D6	D7	—

发送：TI=0 时，执行“MOV SBUF, A”将数据写入发送缓冲器 SBUF，并启动发送。TXD 端输出移位脉冲，串行口把 SBUF 中的数据依次由低到高以 $f_{osc}/12$ 波特率从 RXD 端输出，一帧数据发送完毕后硬件置发送中断标志位 TI 为 1。若要再次发送数据，必须用指令将 TI 清零。方式 0 发送时序如图 7.7 所示。

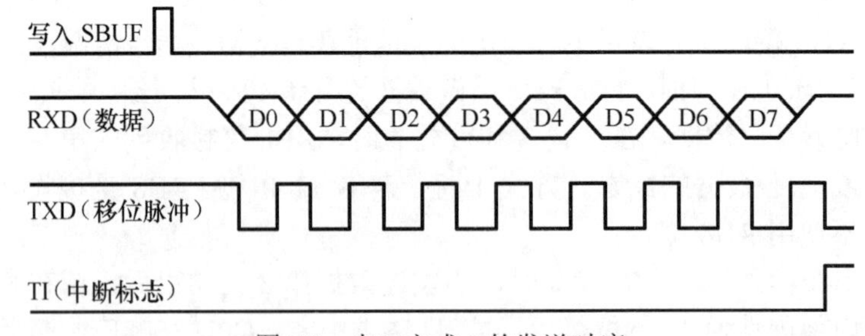

图 7.7　串口方式 0 的发送时序

接收：在 RI=0，REN=1 时，开始串行接收。TXD 端输出移位脉冲，数据依次由低到高以 $f_{osc}/12$ 波特率经 RXD 端接收到 SBUF 中，一帧数据接收完成后硬件置接收中断标志位 RI 为 1。若要再次接收一帧数据，应该用指令 MOV A，SBUF 将数据从 SBUF 中取走，并用指令将 RI 清零。串口方式 0 的接收时序如图 7.8 所示。

用方式 0 通信时，可用查询方式。参考程序如下。

发送：

```
    MOV  SBUF, A      ; 启动发送
    JNB  TI, $        ; 等待发送结束
    CLR  TI           ; 清发送完成中断标志
…
```

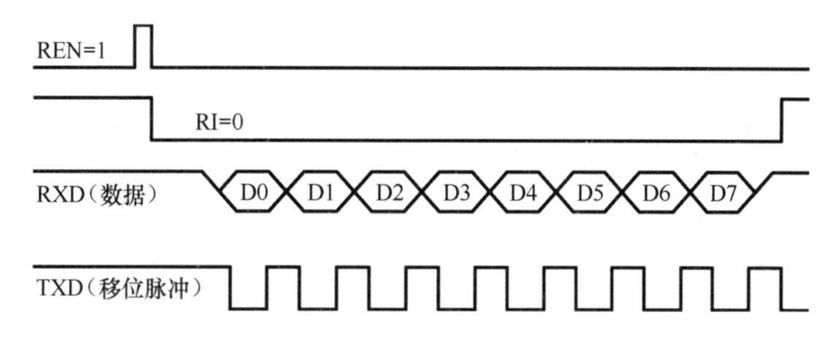

图 7.8 串口方式 0 的接收时序

接收：

```
JNB  RI, $          ; 等待接收
CLR  RI             ; 清接收完成中断标志
MOV A, SBUF         ; 将接收数据送累加器 A
…
```

注意：复位时，SCON 被清零，工作方式被设置为 0。接收前，务必先置位 REN=1，方允许接收数据。在方式 0 时，SM2 必须为 0。

【例 7.1】 74LS165 芯片的输入端接八个开关，利用单片机串行方式 0 将开关的状态串行输入单片机，并在 LED 上显示，如图 7.9 所示。

74LS165 芯片工作原理说明：移位/置数端 SHIFT/$\overline{\text{LOAD}}$：高电平时串行移位，低电平时并行输入；串行移位在时钟脉冲的上升沿时实现，但并行数据输入与时钟无关；接口连接时，时钟禁止 CLOCK INHIBIT 端接低电平。详见 11.3 节。

编程思路：先让 SHIFT/$\overline{\text{LOAD}}$ 引脚产生一个低电平，输入并锁存开关状态，然后让 SHIFT/$\overline{\text{LOAD}}$ 引脚产生一个上升沿，以串行方式 0 将开关状态移位传送给单片机，通过 P2 口输出显示。

汇编语言参考程序如下：

```
ORG  0000H                        ; 0000H 单元存放转移指令
   AJMP  START                    ; 跳转到主程序
ORG  0030H                        ; 主程序从 0030H 开始存放
START: MOV  SCON, #10H            ; 设定串行口为方式 0，并允许接收
LOOP: CLR  P3.2                   ; 并行输入开关状态
   SETB  P3.2                     ; 允许串行移位操作
   JNB  RI, $                     ; 等待接收完毕
   CLR  RI                        ; 标志位清零
   MOV  A, SBUF                   ; 接收数据
   MOV  P2, A                     ; 送 P2 口显示
   LCALL  DELAY                   ; 让 LED 显示
   AJMP  LOOP                     ; 循环
DELAY: MOV  R6, #10               ; 延时程序
D1: MOV R7, #248
   DJNZ R7, $
   DJNZ R6, D1
   RET
END                               ; 汇编结束
```

C语言参考程序如下：

```
#include <reg51.h>                    //包含特殊功能寄存器库
#define uint unsigned int             //定义缩写类型符
#define uchar unsigned char
sbit SPL=P3^2;                        //SPL接P3.2
void Delay(uint x)                    //延时程序
{
    uchar i;
    while(x--)
    {
        for(i=0; i<120; i++);
    }
}
void main()                           //主函数
{
    SCON = 0x10;                      //串口方式0，允许接收
    while(1)                          //无限循环
    {
        SPL=0;                        //并行输入开关状态
        SPL=1;                        //允许串行移位操作
        while(RI==0);                 //等待接收完毕
        RI=0;                         //清接收中断标志
        P2=SBUF;                      //送P2口显示
        Delay(20);                    //延时
    }
}
```

例7.1的Proteus仿真如图7.9所示。

7.3.2 工作方式1

MCS-51单片机串行接口工作方式1为8位异步通信接口，1帧数据有10位，1位起始位（低电平信号），8位数据位（先低位后高位），1位停止位（高电平信号）。波特率可变，由定时器/计数器T1的溢出率和SMOD（PCON.7）决定，其数据格式如表7.5所示。

表7.5 串口方式1数据格式

起始位	数据位								停止位
0	D0	D1	D2	D3	D4	D5	D6	D7	1

发送：TI=0时，执行指令“MOV SBUF，A”，将数据写入发送缓冲器SBUF，由硬件自动加入起始位和停止位构成完整的字符帧，并在移位脉冲的作用下将其通过TXD端向外串行发送，1帧数据发送完毕后硬件自动置TI=1。再次发送数据前，用指令将TI清零。

串口方式1的发送时序如图7.10所示。

接收：在RI=0，REN=1的条件下，串行口采样RXD端，当采样到从1向0的状态跳变时，就认定为已接收到起始位。随后在移位脉冲的控制下，数据从RXD端输入。在方式1接收数据时，有两种情况：

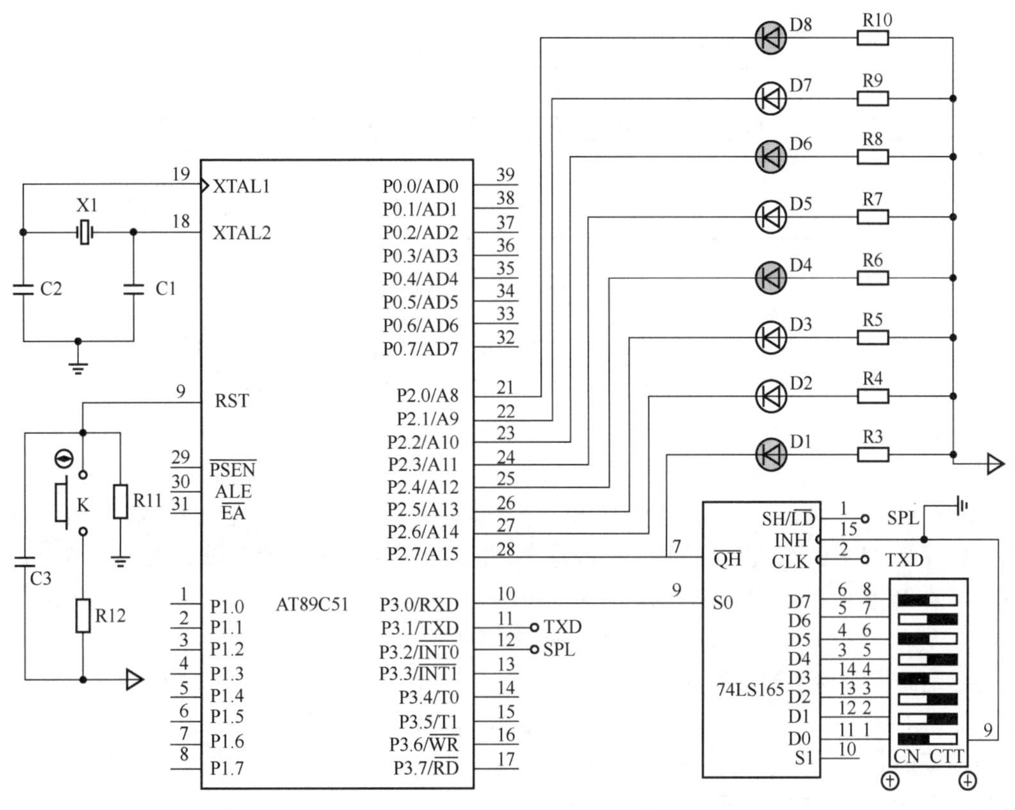

图 7.9　串行通信方式 0 应用

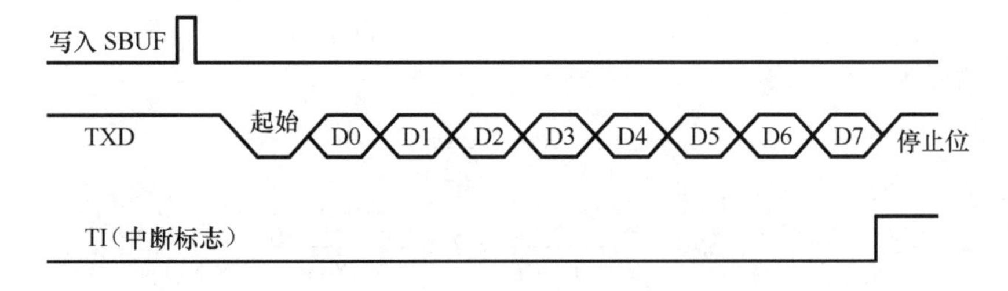

图 7.10　串口方式 1 的发送时序

1）当 SM2=0 时。将接收到的 8 位数据送入接收缓冲器 SBUF，停止位送入 RB8，并置中断标志位 RI=1。

2）当 SM2=1，接收到的停止位=1 时，将接收到的 8 位数据送入接收缓冲器 SBUF，停止位送入 RB8，并置中断标志位 RI=1；否则，丢弃接收到的数据。

再次接收数据前，需用指令将 RI 清零。

串口方式 1 的接收时序如图 7.11 所示。

工作方式 1 和方式 3 的波特率是可变的。

$$波特率=(2^{SMOD}/32)\times定时器\ T1\ 的溢出率$$

定时器的溢出率是指在 1s 内产生溢出的次数。定时器的溢出率与定时器的工作模式有关，可以改变 TMOD 中的 T1 方式字段中的 M1、M0 两位，即 TMOD.5 和 TMOD.4

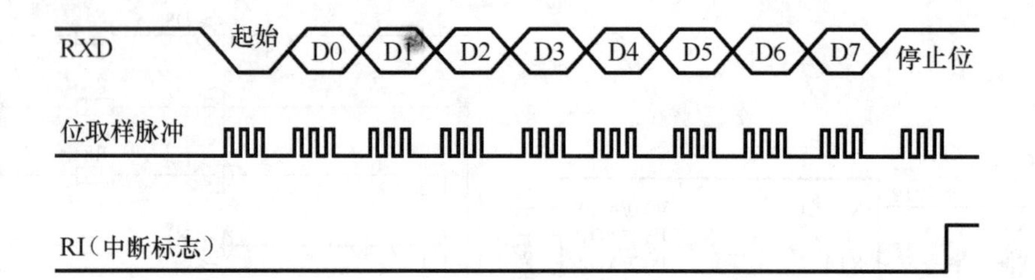

图 7.11　串口方式 1 的接收时序

位，选择定时器的工作模式。在串行口通信中，多数情况下使定时器 T1 工作在方式 2。

在定时器 T1 工作在方式 2 时，T1 为 8 位自动重装初值定时器，由 TL1 进行计数，TH1 保存初值。TL1 的计数输入来自于内部的时钟脉冲，每隔 12 个系统时钟周期（一个机器周期），内部电路将产生一个脉冲使 TL1 加 1，当 TL1 增加到 FFH 时，再增加 1，TL1 就产生溢出。因此定时器 T1 的溢出与系统的时钟频率 f_{osc} 有关，也与每次溢出后 TH1 重新装载给 TL1 的初值 X 有关。X 值越大，定时器 T1 的溢出率也就越大。当 X=FFH 时，每隔 12 个时钟周期，定时器 T1 就溢出一次。由此可得

$$(2^8-X)\times 12\times \text{时钟周期}=(2^8-X)\times 12/f_{osc}$$

于是，定时器每秒所溢出的次数为

$$\text{定时器 T1 的溢出率}=f_{osc}/[12\times(2^8-X)]$$

式中，X 为 TH1 的预置初值。例如，系统的时钟频率 f_{osc}=12MHz，TH1 的预置初值 X=E7H，定时器 T1 在工作方式 2 下的溢出率为

$$12\times 10^7/[12\times(2^8-\text{E7H})]=4\times 10^5 \text{位/s}$$

设波特率用 B 表示，计数器初值用 X 表示，则波特率 B 与 T1 计数器初值 X 之间的关系可以表示为

$$B=\frac{2^{\text{SMOD}}}{32}\times\frac{f_{osc}}{12(256-X)}$$

$$X=256-\frac{2^{\text{SMOD}}\times f_{osc}}{32\times 12\times B}=256-\frac{2^{\text{SMOD}}\times f_{osc}}{384\times B}$$

表 7.6 列出了一些常用波特率及对应的 T1 计数器初值。

表 7.6　常用波特率及对应的计数器初值

方式	波特率/(b/s)	时钟频率/MHz	SMOD	T1 工作方式	T1 初值
方式 0	1M	12			
方式 2	375k	12	1		
方式 1 方式 3	72.5k	12	1	2	0FFH
	19.2k	11.0592	1	2	0FDH
	9.7k	11.0592	0	2	0FDH
	4.8k	11.0592	0	2	0FAH
	2.4k	11.0592	0	2	0F4H
	1.2k	11.0592	0	2	0E8H

续表

方式	波特率/(b/s)	时钟频率/MHz	SMOD	T1 工作方式	T1 初值
方式 1 方式 3	137.5	11.0592	0	2	1DH
	110	7	0	2	72H
	110	12	0	1	0FEEBH

【例 7.2】 双机通信。设甲、乙两机以串行方式 1 进行数据传送，f_{osc}=11.0592MHz，波特率为 1200b/s。甲机发送的 1、2、3、4、5、6、7、8 八个数字，存在内部 RAM 40H～47H 单元中，乙机接收后在数码管上显示，如图 7.12 所示。

编程思路：T1 的设置。设 SMOD=0，T1 工作在方式 2。T0 不用，则 TMOD=20H，T1 的计数初值为

$$X=256-(2^0\times11059200)/(32\times12\times1200)=232=\text{E8H}$$

由于 T1 用于波特率发生器，故禁止中断，TR1=1 启动。

串口设置。工作方式 1（M0M1=01），其他位均为 0，可得 SCON=40H。查询方式传送，禁止串口中断。

甲、乙两机设置相同。

汇编语言参考程序如下。

甲机发送程序：

```
ORG  0000H                      ; 在 0000H 单元存放转移指令
    LJMP  TXDA                  ; 转移到主程序
ORG  0100H                      ; 主程序从 0100H 开始
TXDA: MOV  40H, #01H            ; 40H 单元存入 01H
    MOV  41H, #02H              ; 41H 单元存入 02H
    MOV  42H, #03H              ; 42H 单元存入 03H
    MOV  43H, #04H              ; 43H 单元存入 04H
    MOV  44H, #05H              ; 44H 单元存入 05H
    MOV  45H, #06H              ; 45H 单元存入 06H
    MOV  46H, #07H              ; 46H 单元存入 07H
    MOV  47H, #08H              ; 47H 单元存入 08H
    MOV  TMOD, #20H             ; 置 T1 定时方式 2
    MOV  TL1, #0E8H             ; T1 初值
    MOV  TH1, #0E8H
    CLR  ET1                    ; 禁止 T1 中断
    SETB TR1                    ; T1 启动
    MOV  SCON, #40H             ; 串行方式 1，禁止接收
    MOV  PCON, #00H             ; SMOD=0
    CLR  ES                     ; 禁止串行中断
    MOV  R0, #40H               ; 发送数据区首地址
    MOV  R2, #8                 ; 发送数据长度
TRSA: MOV  A, @R0               ; 读一个数据
    MOV  SBUF, A                ; 启动发送
    JNB  TI, $                  ; 等待 1 帧数据发送完毕
    CLR  TI                     ; 清发送中断标志
    INC  R0                     ; 指向下一字节单元
```

```
    DJNZ  R2, TRSA                ; 判8个数据发完否，未完继续
    SJMP  $                       ; 循环等待，相当于程序结束
END                               ; 汇编结束
```

乙机接收程序：

```
ORG  0000H                        ; 在0000H单元存放转移指令
    LJMP  RXDB                    ; 转移到主程序
ORG  0100H                        ; 主程序从0100H开始
RXDB: MOV  TMOD, #20H             ; T1定时方式2
    MOV  TL1, #0E8H               ; T1计数初值
    MOV  TH1, #0E8H               ; T1计数重装值
    CLR  ET1                      ; 禁止T1中断
    SETB  TR1                     ; T1启动
    MOV  SCON, #40H               ; 置串行方式1，禁止接收
    MOV  PCON, #00H               ; 置SMOD=0（SMOD不能位操作）
    CLR  ES                       ; 禁止串行中断
    MOV  R0, #50H                 ; 置接收数据区首地址
    MOV  R2, #8                   ; 置接收数据长度
    SETB  REN                     ; 启动接收
RDSB: JNB  RI, $                  ; 等待1帧数据接收完毕
    CLR  RI                       ; 清除接收中断标志
    MOV  A, SBUF                  ; 读接收数据
    MOV  @R0, A                   ; 存接收数据
    INC  R0                       ; 指向下一数据存储单元
    DJNZ  R2, RDSB                ; 判断8个数据接收完否，未完继续
START1: MOV  R1, #50H             ; 显示数据首地址
LOOP4: MOV  A, @R1                ; 取显示数据
    MOV  DPTR, #TAB               ; 置共阳字段码表首址
    MOVC  A, @A+DPTR              ; 查段码表
    MOV  P2, A                    ; 送P2口显示
    LCALL  DELAY                  ; 调用延时程序
    INC  R1                       ; 数据地址指针加1
    CJNE  R1, #58H, LOOP4         ; 判断8个数显示是否结束
    AJMP  START1                  ; 跳转到START1重复显示
DELAY: MOV  R5, #10               ; 延时程序，外循环控制
DEL1: MOV  R6, #100               ; 中循环控制
DEL2: MOV  R7, #150               ; 内循环控制
DEL3: DJNZ  R7, DEL3              ; 内循环体
    DJNZ  R6, DEL2                ; 中循环体
    DJNZ  R5, DEL1                ; 外循环体
    RET
TAB: DB 0C0H, 0F9H, 0A4H, 0B0H, 99H, 92H, 82H, 0F8H, 80H, 90H
                                  ; 段码表
END                               ; 汇编结束
```

C语言参考程序如下。

甲机发送程序：

```
#include<reg51.h>                 //包含特殊功能寄存器库
```

```
#define uchar unsigned char    //定义 uchar 为无符号字符数据类型
uchar idata buf[8]={1, 2, 3, 4, 5, 6, 7, 8};
                               //要发送的 8 个数据存放在 buf 中
uchar i;                       //变量 i 控制数据循环发送的次数
void  main()                   //主函数
{
   TMOD=0x20;                  //置 T1 定时器工作方式 2
   TL1=0xE8; TH1=0xE8;         //置 T1 计数初值
   PCON=0x00;                  //置 SMOD=0
   SCON=0x40;                  //串口方式 1，不允许接收
   TR1=1;                      //T1 启动
   for(i=0; i<8; i++)          //循环发送 8 个数据
   {
      SBUF=buf[i];             //发送数据
      while(TI==0);            //等待发送完毕
      TI=0;                    //发送完后清中断标志
   }
}
```

乙机接收程序：

```
#include<reg51.h>                //包含特殊功能寄存器库
#define uchar unsigned char      //定义 uchar 为无符号字符数据类型
uchar i;                         //变量 i 控制接收 8 个数据
const unsigned char LED_TAB[16]={0xC0, 0xF9, 0xA4, 0xB0, 0x99, 0x92,
0x82, 0xF8, 0x80, 0x90};         //段码表
void delay(unsigned int x)       //延时函数
{
   unsigned char i;
   while(x--)                    //x 自减 1
   {
      for(i=0; i<123; i++){;}    //延时循环
   }
}
void display(void)               //显示函数
{
   unsigned char i, *DATA;       //字符变量 i，指针变量 DATA
   DATA=0x50;
   for(i=0; i<8; i++)            //循环显示 8 个数据
   {
      P2=LED_TAB[*DATA];         //间接寻址送显示代码到 P2 口
      DATA++;                    //地址指针加 1
      delay(500);                //延时
   }
}
void  main()                     //主函数
{
   unsigned char *P; P=0x50;     //定义指针变量并赋初值
   TMOD=0x20;                    //置 T1 定时器工作方式 2
   TL1=0xE8; THl=0xE8;           //置 T1 计数初值
```

```
    PCON=0x00;                      //置SMOD=0
    SCON=0x50;                      //工作在方式1，允许接收
    TR1=1;                          //T1启动计数
    for(i=0; i<8; i++)              //循环接收8个数据
    {
       while(RI==0);                //等待接收数据
       RI=0;                        //清中断标志
       *P =SBUF;                    //接收数据送指定单元
       P++;                         //单元地址加1，准备存放下一个数据
    }
    while(1)                        //循环显示
    {
       display();
    }
}
```

例7.2的Proteus仿真如图7.12所示。

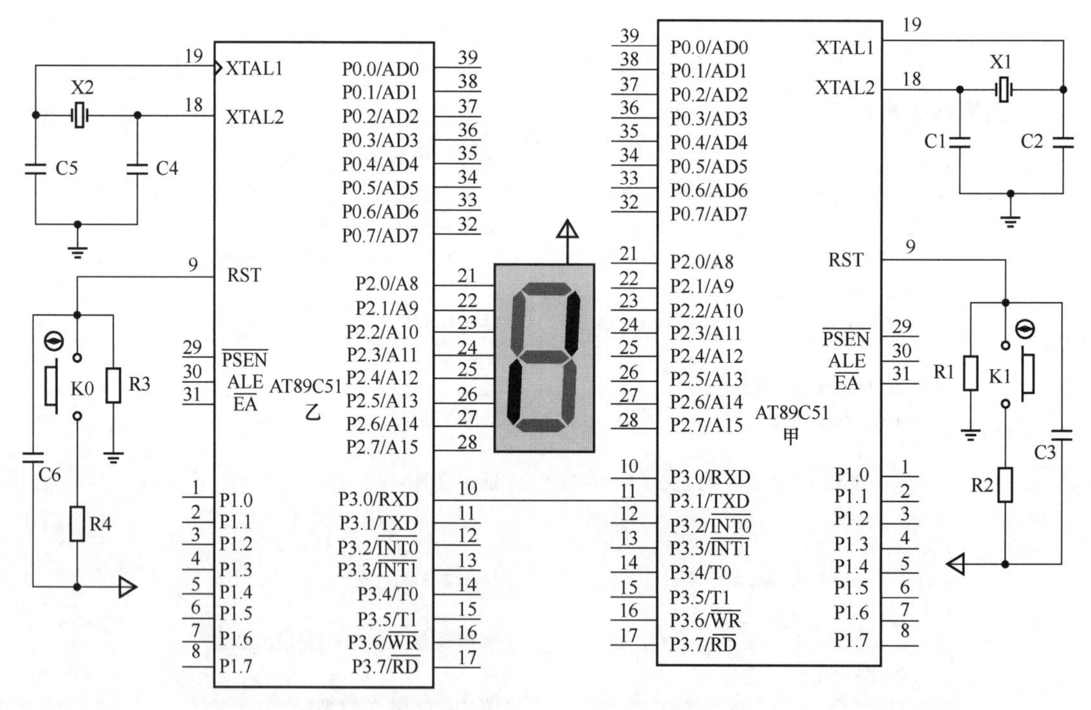

图7.12　例7.2的Proteus仿真

7.3.3　工作方式2

MCS-51单片机串行接口工作方式2为9位异步通信接口，1帧数据有11位。1位起始位（低电平信号），8位数据位（先低位后高位），1位可编程位TB8，1位停止位（高电平信号），其数据格式如表7.7所示。

发送：发送数据前，根据实际需要由指令将TB8置位或清零，TI=0时，执行指令“MOV SBUF，A”将数据写入发送缓冲器SBUF，在串行口由硬件自动加入起始位和停

表 7.7　串口方式 2 数据格式

起始位	数据位								可编程位	停止位
0	D0	D1	D2	D3	D4	D5	D6	D7	TB8	1

止位构成完整的字符帧，并在移位脉冲的作用下将其通过 TXD 端向外串行发送，发送完毕后硬件自动置 TI=1。再次发送数据前，用指令将 TI 清零。在工作方式 2 下，波特率只有两种：SMOD=0 时，波特率为 $f_{osc}/64$；SMOD=1 时，波特率为 $f_{osc}/32$。

串口方式 2 的发送时序如图 7.13 所示。

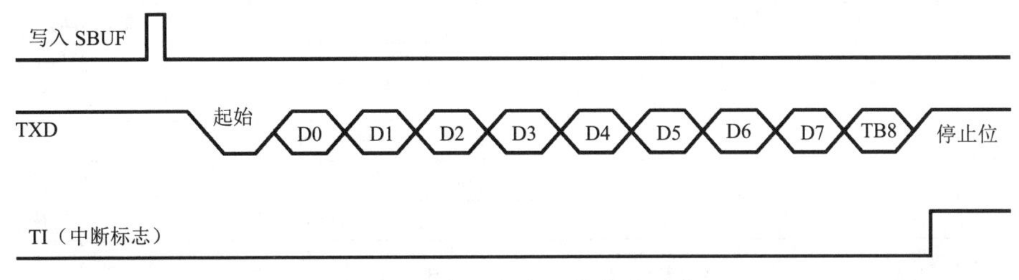

图 7.13　串口方式 2 的发送时序

接收：在 RI=0，REN=1 的条件下，串行口采样 RXD 端，当检测到有从 1 向 0 的状态跳变，认为是起始位，便在移位脉冲的控制下，从 RXD 端接收数据。在方式 2 接收数据时，有两种情况：

1）当 SM2=0 时。无论接收到的第 9 位数据（RB8）是 0 还是 1，都将接收到的 8 位数据送入接收缓冲器 SBUF，并置中断标志位 RI=1。

2）当 SM2=1 时，只有当接收到的第 9 位数据（RB8）也是 1，才将接收到的 8 位数据送入接收缓冲器 SBUF，并置中断标志位 RI=1。否则，丢弃接收到的数据。

再次接收数据时，需用指令将 RI 清零。

串口方式 2 的接收时序如图 7.14 所示。

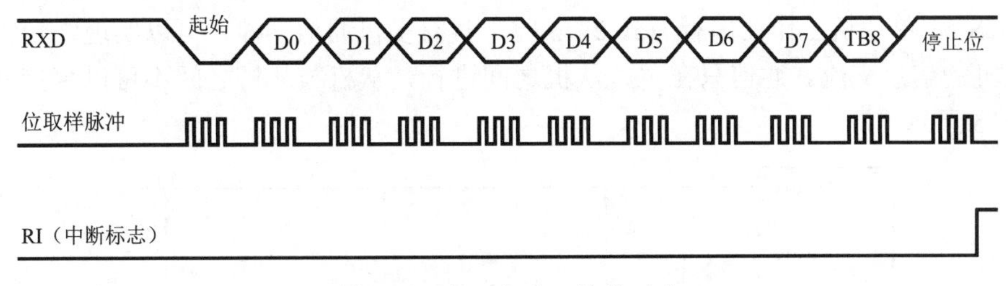

图 7.14　串口方式 2 接收时序

7.3.4　工作方式 3

MCS-51 单片机串行接口工作方式 3 也是 9 位异步通信接口，传送一帧数据有 11 位。1 位起始位（低电平信号），8 位数据位（先低位后高位），1 位可编程位 TB8，1 位停止位（高电平信号）。但波特率与工作方式 1 相同，由定时器/计数器 T1 的溢出率和 SMOD（PCON.7）决定。也就是说方式 3 的数据格式和传送机制与方式 2 相同，波特率与方式 1 相同，是方式 1 和方式 2 的综合运用。

表 7.8 总结了四种串行通信方式的特点。

表 7.8　四种串行通信方式的特点

		方式 0	方式 1	方式 2、3
SM0, SM1		00	01	10, 11
输出（发送）	TB8	未使用	未使用	发送的第 9 位信息
	一帧位数	8	10	11
	数据位数	8	8	9
	RXD	输出串行数据		
	TXD	输出同步脉冲	输出数据	输出数据
	波特率	$f_{osc}/12$	$2^{SMOD}\times$T1 溢出率/32	方式 2：$2^{SMOD}\times f_{osc}/64$ 方式 3：同方式 1
	中断	1 帧发送完，置 TI=1，响应中断后，软件清 TI		
输入（接收）	RB8	未使用	SM2=0，停止位	接收的第 9 位数据
	REN	接收时 REN=1		
	SM2	必须为 0	通常为 0	0：数据接收 1：地址接收
	1 帧位数	8	10	11
	数据位数	8	8	9
	波特率	与发送相同		
	接收条件	R1=0	（1）RI=0 且 SM2=0 （2）R1=0 且停止位=1，SM2=1	（1）RI=0 且 SM2=0 （2）R1=0 且 RB8=1，SM2=1
	中断	接收完毕：置 RI=1，响应中断后，软件清 RI		
	RXD	输入串行数据	输入串行数据	输入串行数据
	TXD	输出同步脉冲		

7.3.5　多机通信

MCS-51 单片机工作在串行方式 2、3 时，具有多机通信功能，可以实现一台主机与多台从机的信息交流。通信只在主、从机之间进行，从机与从机之间不可以直接通信，如图 7.15 所示。

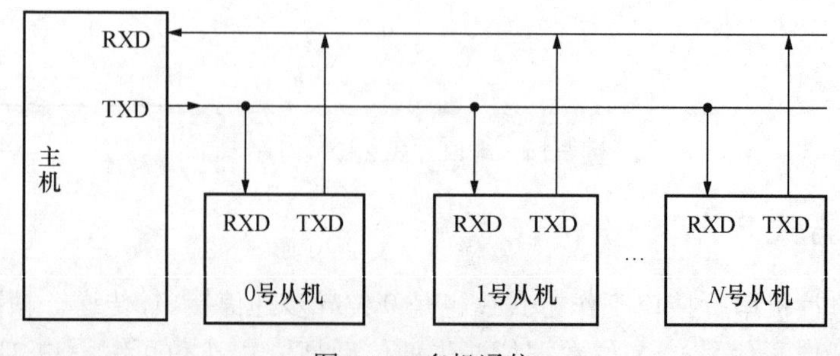

图 7.15　多机通信

在主从式多机系统中，主机发出的信息有两类。一类为地址，用来确定需要和主机通信的从机，特征是串行传送的第 9 位数据 TB8 为 1；另一类是数据，特征是串行传送的第 9 位数据 TB8 为 0。

对从机来说，有两种状态。当 SM2=1 时，为接收地址信息状态；当 SM2=0 时，为接收数据信息状态。因此，对于从机来说，在接收地址时，应使 SM2=1，以便接收主机发来的 TB8=1 的地址信息，从而确定主机是否打算和自己通信。一经确认后，从机应使 SM2=0，以便接收主机发来的 TB8=0 的数据信息。

主从多机通信的过程如下：

1）使所有的从机工作在方式 2 或方式 3，且 SM2=1，REN=1，以便接收主机发来的地址信息。

2）主机发出要寻址的从机的地址信息，其中包括 8 位需要与之通信的从机地址，第 9 位 TB8=1。

3）所有从机接收到地址信息后，置 RI=1。

4）各从机进行地址比较。对于接收到的地址和自己的地址相同的从机，使 SM2=0，准备接收主机随后发来的数据信息；对于地址不符合的从机，仍保持 SM2=1 的状态，对主机随后发来的数据不予理睬，直至发现新的地址帧。

5）主机给已被寻址到的从机发送数据（数据帧的第 9 位 TB8=0）实现主从通信。

【例 7.3】 多机通信。设图 7.15 中主机向 02 号从机发送内 RAM 中 50H～57H 单元内的 8 个数据，采用串行工作方式 2，波特率为 $f_{osc}/32$。

编程思路：主机设为串口方式 2，先发送 02 号呼叫地址，TB8=1。等待 02 号从机的回应信息。将收到的地址回应信息与 02 比较，若地址正确，循环发送 8 个数据；若地址错误，重新发送呼叫地址。

02 号从机设为串口方式 2，多机通信，地址状态 SM2=1，允许接收 REN=1。等待主机发送地址呼叫信息。将接收的地址信息与自己的 02 地址比较，若有错误，等待主机再次呼叫；如果地址正确，发应答地址，转入数据状态 SM2=0，等待接收主机发送数据。数据接收后，若 RB8=1，数据接收错误，转为地址状态，等待主机重新呼叫；若 RB8=0，数据接收成功，保存数据；继续接收下一个数据，直到数据块传送结束。

汇编语言参考程序如下。

主机程序：

```
ORG  0000H                      ; 在 0000H 单元存放转移指令
    LJMP  MAIN                  ; 转移到主程序
    ORG  0100H                  ; 主程序从 0100H 开始
MAIN: MOV  50H, #09             ; 给地址为 50H～58H 的单元赋值
    MOV  51H, #08
    MOV  52H, #07
    MOV  53H, #06
    MOV  54H, #05
    MOV  55H, #04
    MOV  56H, #03
    MOV  57H, #02
    MOV  SCON, #88H             ; 主机串行口方式 2，SM2=0、REN=0、TB8=1
M1: MOV  SBUF, #02H             ; 呼叫 02 号从机
L1: JBC  TI, L2                 ; 等待地址发送结束
    SJMP  L1
```

```
L2: SETB  REN                    ; 接收允许
L3: JBC  RI, S1                  ; 等待从机应答
    SJMP  L3
S1: MOV  A, SBUF                 ; 取出应答地址
    XRL  A, #02H                 ; 判断是否02号机应答信号
    JZ  RIGHT                    ; 若是02从机，发送数据
    AJMP  M1                     ; 若不是，重新呼叫
RIGHT: CLR  TB8                  ; 联络成功，清除地址标志，设置数据标志
    MOV  R0, #50H                ; 数据区首址送R0
    MOV  R7, #08H                ; 发送8个数据
LOOP: MOV  A, @R0                ; 取发送数据
    MOV  SBUF, A                 ; 启动发送
WA: JBC  TI, CON                 ; 等待发送结束
    SJMP  WA                     ; 没发送完，转WA继续等待
CON: INC  R0                     ; R0的内容加1，指向下一个数据
    DJNZ  R7, LOOP               ; 判断数据块是否全部发送完成
    AJMP  $                      ; 循环等待
END                              ; 汇编结束
```

从机（02号）程序：

```
ORG  0000H                       ; 在0000H单元存放转移指令
    LJMP  REV                    ; 转移到主程序
    ORG  0100H                   ; 主程序从0100H开始
REV: MOV  R0, #50H               ; 从机数据区首址
    MOV  R7, #08H                ; 8个数据
SI: MOV  SCON, #0B0H             ; 串行口工作方式2，SM2=1，REN=1
SR1: JBC  RI, SR2                ; 等待主机发送
    SJMP  SR1
SR2: MOV  A, SBUF                ; 取出呼叫地址
    XRL  A, #02H                 ; 判断是否呼叫本机
    JNZ  SR1                     ; 若不是本机，继续等待
    CLR SM2                      ; 是本机，清SM2，置数据接收状态
    MOV  SBUF, #02H              ; 向主机发应答地址
WT: JBC  TI, SR3                 ; 等待地址发送结束
    SJMP  WT                     ; 未发送完继续
SR3: JBC  RI, SR4                ; 等待接收主机发送的数据
    SJMP  SR3
SR4: JNB  RB8, RIGHT             ; 接收的数据中，若RB8=0，接收数据成功
    SETB  SM2                    ; 若RB8=1，接收数据失败，转为地址接收状态
    SJMP  SR1                    ; 等待主机发送呼叫地址
RIGHT: MOV  A, SBUF              ; 接收主机发送的数据
    MOV  @R0, A                  ; 数据送缓冲区
    INC  R0                      ; 修改地址指针
    DJNZ  R7, SR3                ; 判断8个数据接收是否完成
SHOW:
    MOV  R1, #50H                ; 显示数据块首地址
    MOV  R2, #08H                ; 显示8个数据
lOOP1:
    MOV  A, @R1                  ; 读取显示数据
```

```
    INC  R1                     ; 显示数据地址加 1
    MOV  DPTR, #TAB             ; 置共阳字段码表首址
    MOVC  A, @A+DPTR            ; 查表获得显示代码
    MOV  P2, A                  ; 在 P2 口输出显示
    LCALL  DELAY                ; 延时
    DJNZ  R2, LOOP1             ; 判断 8 个数据显示是否完成
    AJMP  SHOW                  ; 循环显示
DELAY: MOV  R5, #1              ; 延时程序，外循环控制
DEL1: MOV  R6, #10              ; 中循环控制
DEL2: MOV  R4, #15              ; 内循环控制
DEL3: DJNZ  R4, DEL3            ; 内循环体
    DJNZ  R6, DEL2              ; 中循环体
    DJNZ  R5, DEL1              ; 外循环体
    RET
TAB: DB 3FH, 06H, 05BH, 04FH, 66H, 6DH, 7DH, 07H  ; 显示代码表
     ;  0    1     2     3    4    5    6    8
      DB 7FH, 6FH, 88H, 8CH, 39H, 5EH, 89H, 81H
     ;  8   9    A    B    C    D    E    F
END                             ; 汇编结束
```

C 语言参考程序如下。

主机程序：

```
#include<reg51.h>                //包含特殊功能寄存器库
#define uchar unsigned char      //定义缩写无符号字符数据类型 uchar
uchar  idata buf[8]={8, 7, 6, 5, 4, 3, 2, 1};  //定义发送的数据
uchar dat; uchar i;              //定义变量 dat、i 为字符类型
void  main()                     //主函数
{
   while(1)                      //无限循环
   {
      SCON=0x88;                 //串行口方式 2，令 SM2=0、REN=0、TB8=1
      do
      {
         SBUF=0x02;              //呼叫 02 号从机
         while(TI==0);           //等待发送完毕
         TI=0;                   //发送完后清中断标志
         REN=1;                  //允许接收
         while(RI==0);           //等待从机应答
         RI=0;                   //接收从机应答后清中断标志
         dat =SBUF;              //取出应答地址
      }
      while(dat!=0x02);          //若接收的数据不为 02 号，则重新呼叫
      TB8=0;                     //联络成功，清除地址标志
      for(i=0; i<8; i++)         //循环发送 8 个数据
      {
         SBUF=buf[i];            //发送数据
         while(TI==0);           //等待发送完毕
         TI=0;                   //发送完后清中断标志
      }
```

```
    }
}
```

从机（02 号）程序：

```
#include<reg51.h>                //包含特殊功能寄存器库
#define uchar unsigned char      //定义 uchar 为无符号字符数据类型
uchar  idata buf[8];             //定义数组，用于存放接收的数据
uchar dat; uchar i;              //定义 dat、i 为字符类型
const unsigned char LED_TAB[16]={0x3f, 0x06, 0x5b, 0x4f, 0x66, 0x6d,
0x7d, 0x07, 0x7f, 0x6f, 0x88, 0x8c, 0x39, 0x5e, 0x89, 0x81};
                                 //显示段码表
void delay (void)                //延时函数
{
    unsigned char temp = 249;    //声明变量 temp，并赋值 249
    while(--temp);               //temp 未减到 0，继续
    temp = 249;                  //temp 减到 0，给变量 temp 赋值
    while(--temp);
}
void display(void)               //显示函数
{
    unsigned char i;             //定义变量 i 的数据类型
    while(1)
    {
        for(i=0; i<8; i++)       //8 个数据显示循环
        {
            P2=LED_TAB[buf[i]];  //送显示代码到 P2 口
            delay();             //延时
        }
    }
}
void  main()                     //主函数
{
    while(1)                     //无限循环体
    {
        SCON=0x0B0;              //串行口工作方式 2，SM2=1，REN=1
        PCON=0x00;               //置 SMOD=0
        do
        {
            while(RI==0);        //等待主机呼叫
            RI=0;                //接收主机呼叫后清中断标志
            dat =SBUF;           //取出呼叫地址
        }
        while(dat!=0x02);        //若不是本机，等待下一次呼叫
        SM2=0;                   //是本机，清 SM2，置数据接收状态
        SBUF=0x02;               //向主机发应答地址 02
        while(TI==0);            //等待发送完毕
        TI=0;                    //发送完后清中断标志
        for(i=0; i<8; i++)       //循环接收主机发送的数据块
        {
```

```
            while(RI==0);           //等待接收数据
            RI=0;                   //接收完一个数据后清中断标志
            if(TB8!=0) break;       //若 RB8 不为 0，则跳出循环
            else
            buf[i]=SBUF;            //若 RB8=0，接收数据送指定单元
        }
        display();                  //显示数据
    }
}
```

例 7.3 的 Proteus 仿真如图 7.16 所示。

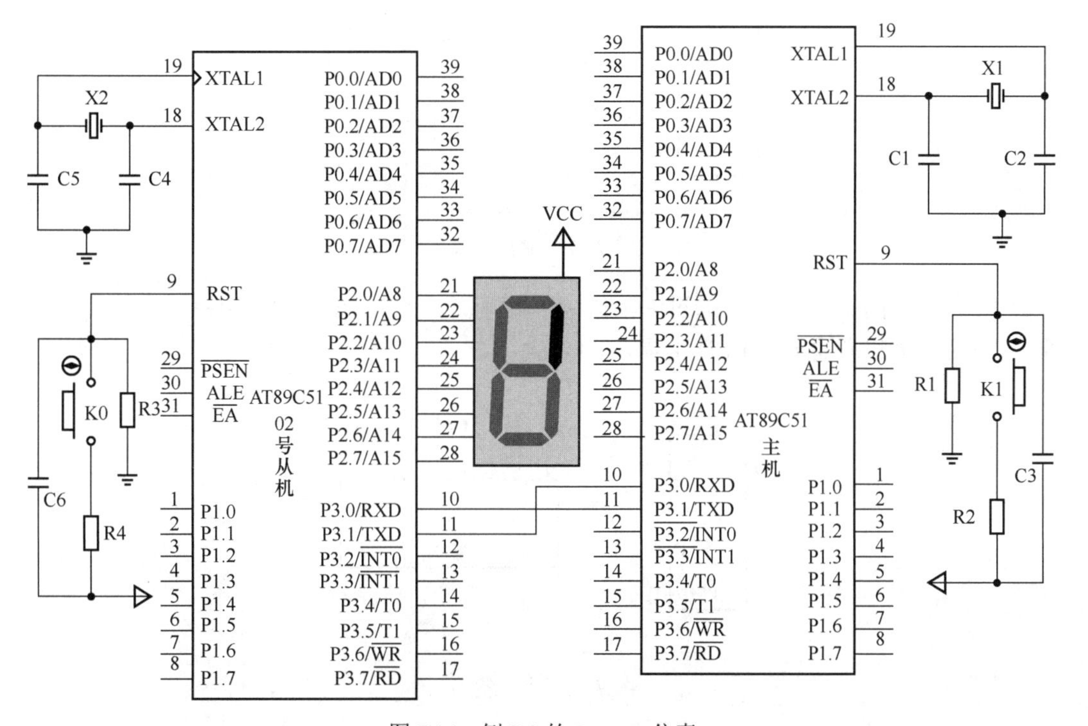

图 7.16 例 7.3 的 Proteus 仿真

思考题

1. 在串行通信中，把每秒中传送的二进制数的位数叫什么？

2. MCS-51 单片机串行口有几种工作方式？各种串行方式的数据格式有何不同？波特率有何不同？

3. MCS-51 单片机双机串行通信时，为什么常常选时钟频率为 11.0592MHz，而不是 12MHz?

4. MCS-51 单片机串行控制字 SCON 中有哪些位？各表示什么意思？

5. 设 T1 工作于定时方式 2，作为波特率发生器，时钟频率为 11.0592MHz，SMOD=0，

波特率为2.4kb/s时，T1的初值是多少？

练习题

1. 电路如图7.17所示。通过74LS165外接八个按键，编写程序用串行方式将按键状态输入单片机累加器A中。

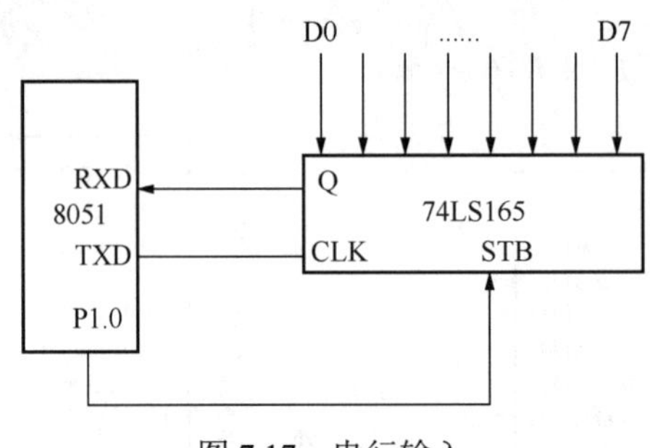

图7.17 串行输入

2. 电路如图7.18所示。通过74LS164外接八个LED，编写程序用串行方式将累加器A中的按键状态输出到LED上显示。

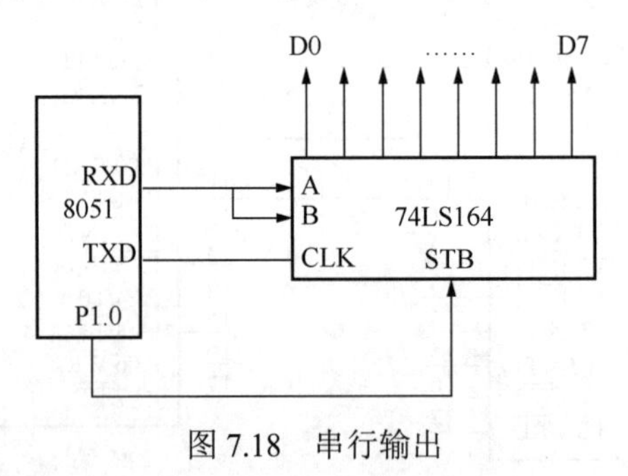

图7.18 串行输出

3. 将图7.17和图7.18组合成一个系统，用按键控制LED显示。用Proteus仿真实现。

第 8 章　按键与显示

在单片机应用系统中，通常设有一些按键、指示灯、显示器，用按键来设置或控制系统功能，用指示灯指示系统的运行状态，用显示器显示系统的运行结果。那么，当按下一个按键时，如何设置系统的功能？指示灯如何指示系统的运行状态？显示器又是如何显示系统的运行结果的呢？要解决这些问题，首先要学习按键、指示灯、显示器的工作原理及其与单片机的接口方法。

8.1　按键的抖动

按键是单片机应用系统中最常用的输入部件。按键与单片机的连接电路如图 8.1 所示。当按键 K 被按下时，P1.0 引脚的电平由 1 变为 0；松开后，则恢复为原来的电平 1。P1.0 引脚的电压变化就反映了按键 K 的通断状态。

按键的工作过程可以等效为一个开关的断开、闭合过程。但由于按键机械触点的弹性作用，按键在闭合和断开的瞬间，电接触是不稳定的，常常伴随有一连串的抖动。抖动的时间由按键的机械特性决定，一般为 5～10ms，如图 8.2 所示。按键的抖动会引起按下一次按键被单片机误读多次的错误。为了确保单片机对按键的一次动作仅作一次处理，必须去除抖动，即只在按键状态稳定时读取按键状态。去抖动的方法有硬件和软件两种。

硬件去抖动的常用电路如图 8.3 所示。图中用两个与非门构成一个 RS 锁存器。当按键未被按下而处于 A 处时，由于 A=0，锁存器 G1 输出为 1。当按键按下接到 B 处时，B=0，G2 输出 1，A=1，故 G1 输出为 0，封锁了 G2 的输入。此时即使由于按键的机械弹性，因抖动产生多次断开，只要按键不返回原始状态 A，锁存器的状态就不改变，输出保持为 0 不变，从而消除了抖动。按键在闭合时有抖动，在断开时也有抖动，去抖动的原理是相同的。

软件去抖动的方法是在单片机检测到有按键按下时，执行一个 10～20ms 的延时程序后再次检测按键是否仍然闭合，如果仍闭合，则确认为有按键按下，否则认为是按键抖动。

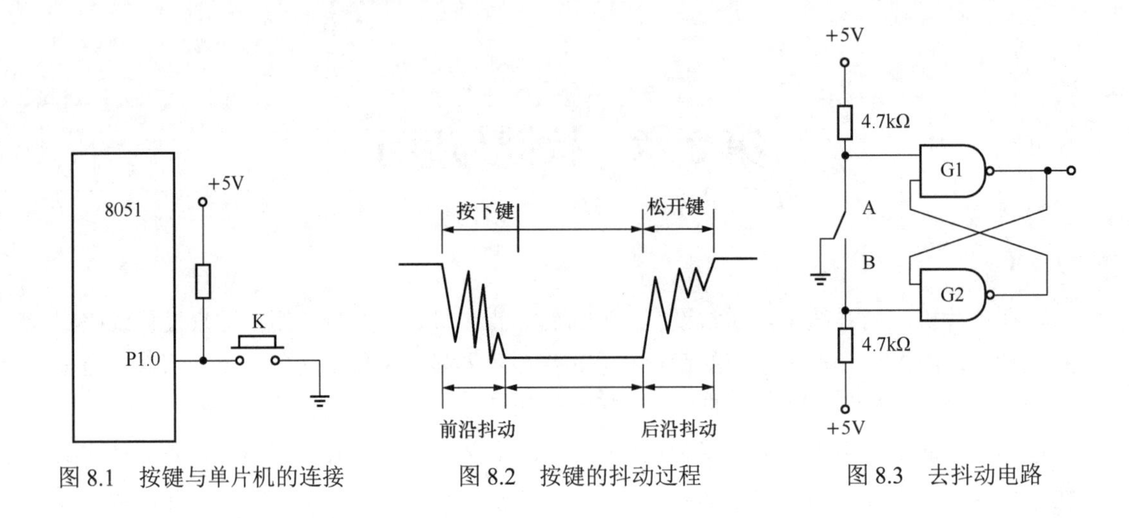

图 8.1　按键与单片机的连接　　图 8.2　按键的抖动过程　　图 8.3　去抖动电路

8.2 独立式按键

在很多单片机应用系统中，往往只需要几个按键。这时，可以采用独立式按键结构，如图 8.4 所示。图 8.4（a）为低电平有效输入，图 8.4（b）为高电平有效输入。独立式按键是每个按键单独占用一根 I/O 口线，每个按键的工作都不会影响其他按键的状态。独立式按键具有以下特点。

1）各按键相互独立，电路配置灵活。

2）软件简单。

3）按键数量较多时，I/O 口线耗费较大，只适用于按键数量较少的场合。

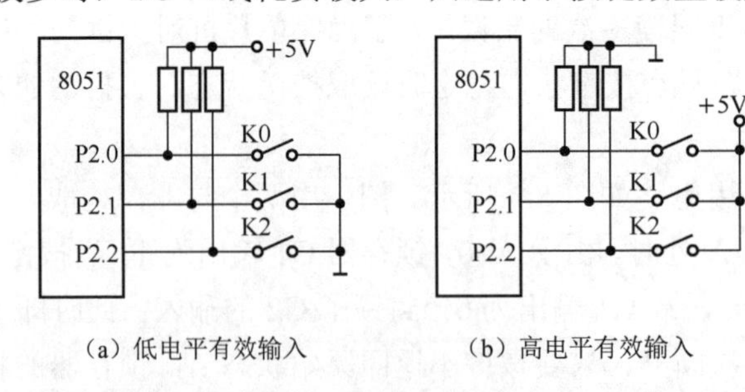

（a）低电平有效输入　　（b）高电平有效输入

图 8.4　独立式按键

独立式按键常采用查询方式检查按键的状态。如图 8.5 所示电路，工作过程是：首先逐位查询每根 I/O 口线的输入状态。如某一根 I/O 口线输入为低电平，则确认该 I/O 口线所对应的按键已按下，然后转向该键的功能处理程序，并在数码管上显示按键编号。若所有按键都没有被按下，则循环检查。

设 KA0～KA2 为按键功能程序入口地址标号，按键的优先级次序为查询次序。汇编语言参考程序如下：

```
        ORG  0000H                              ; 在0000H单元存放转移指令
```

```
    SJMP  START             ; 转移到主程序
ORG  0030H                  ; 主程序从 0030H 开始
START: MOV  P2, #0FFH       ; 置 P2 口为输入状态
    MOV  A, P2              ; 读端口，键闭合相应位为 0
    CPL  A                  ; 取反，键闭合相应位为 1
    JZ  START               ; 全 0，无键闭合，返回
    LCALL  DY10ms           ; 非全 0，有键闭合，延时 10ms，软件去抖动
    MOV  A, P2              ; 重读端口，键闭合相应位为 0
    CPL  A                  ; 取反，键闭合相应位为 1
    JZ  START               ; 全 0，无键闭合，返回；非全 0，有键闭合
    JB  ACC.0, KA0          ; K0 键闭合，转 K0 键功能程序
    JB  ACC.1, KA1          ; K1 键闭合，转 K1 键功能程序
    JB  ACC.2, KA2          ; K2 键闭合，转 K2 键功能程序
    SJMP  START             ; 查询结束，重新开始
KA0: LCALL  WORK0           ; 执行 K0 键功能子程序
    SJMP  START             ; 返回主程序
KA1: LCALL  WORK1           ; 执行 K1 键功能子程序
    SJMP  START             ; 返回主程序
KA2: LCALL  WORK2           ; 执行 K2 键功能子程序
    SJMP  START             ; 返回主程序
WORK0: MOV  DPTR, #TAB      ; 置共阳字段码表首址，按下 K0 时数码管显示 0
    MOV  A, #00H            ; 将 0 存入 A 中
    MOVC  A, @A+DPTR        ; 查段码表
    MOV  P3, A              ; 送 P3 口显示
    LCALL  DELAY            ; 调用延时程序
    RET                     ; 子程序返回
WORK1: MOV  DPTR, #TAB      ; 置共阳字段码表首址，按下 K1 时数码管显示 1
    MOV  A, #01H            ; 将 1 存入 A 中
    MOVC  A, @A+DPTR        ; 查段码表
    MOV  P3, A              ; 送 P3 口显示
    LCALL  DELAY            ; 调用延时程序
    RET                     ; 子程序返回
WORK2: MOV  DPTR, #TAB      ; 置共阳字段码表首址
    MOV  A, #02H            ; 将 2 存入 A 中
    MOVC  A, @A+DPTR        ; 查段码表
    MOV  P3, A              ; 送 P3 口显示
    LCALL  DELAY            ; 调用延时程序
    RET                     ; 子程序返回
DY10ms: MOV  R6, #20        ; 10ms 延时程序
DEL2: MOV  R7, #248
    DJNZ  R7, $
    DJNZ  R6, DEL2
    RET
DELAY: MOV  R5, #20         ; 延时程序
DEL0: LCALL  DY10ms
    DJNZ  R5, DEL0
    RET
TAB: DB 0C0H, 0F9H, 0A4H    ; 段码表
END                         ; 汇编结束
```

C语言参考程序如下：

```
#include <reg51.h>                      //预处理命令，定义SFR头文件
void Delay10ms (void)                   //定义延时10ms函数
{
   unsigned char i, x;                  //定义变量i，x的类型
   x=10;
   while(x--)
   {
      for(i=0; i<123; i++){;}           //延时循环
   }
}
void processK0(void)                    //定义K0键的处理函数
{
   P3 = 0xC0;                           //在P3口显示0
   Delay10ms();                         //调用延时程序
}
void processK1(void)                    //定义K1键的处理函数
{
   P3 = 0xF9;                           //在P3口显示1
   Delay10ms();                         //调用延时程序
}
void processK2(void)                    //定义K2键的处理函数
{
   P3 = 0xA4;                           //在P3口显示2
   Delay10ms();                         //调用延时程序
}
main(void)                              //主函数
{
   unsigned char key;                   //定义无符号字符型变量key
   P2=0xff;                             //置P2为输入状态
   while(1)
   {
      key=P2;                           //读入按键状态
      if(P2!=0xff)                      //如果有键按下
      {
         Delay10ms();                   //延时10ms消抖动
         key=P2;                        //再次读入按键状态
      }
      else continue;                    //无键按下，返回继续查询
      while(P2!=0xff);                  //等待按键释放后再进行处理
      switch(key)                       //根据按键状态进行分支处理
      {
         case 0xfe:                     //P2.0为低，K0按下
         processK0();                   //调用K0按键处理函数
         break;                         //离开switch-case循环
         case 0xfd:                     //P2.1为低，K1按下
         processK1();                   //调用K1按键处理函数
         break;                         //离开switch-case循环
```

```
                case 0xfb:                  //P2.2 为低，K2 按下
                processK2();                //调用 K2 按键处理函数
                break;                      //离开 switch-case 循环
                default:                    //不是上述三种情形，则往下执行
                continue;                   //离开循环
            }
        }
    }
```

独立式按键的 Proteus 仿真如图 8.5 所示。

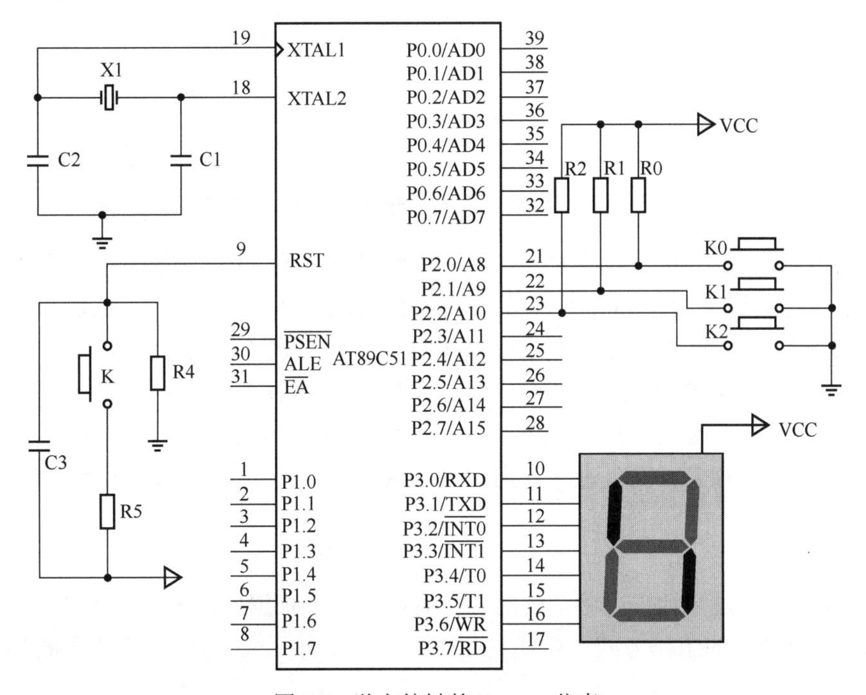

图 8.5　独立按键的 Proteus 仿真

8.3　矩阵式键盘

如果一个单片机应用系统需要的按键数目较多，如需要数字键、功能键、组合控制键，通常将它们按照一定方式组合成矩阵式键盘，如图 8.6 所示。矩阵式键盘由行线和列线组成，按键跨接在行线和列线的交叉点上。其特点是占用 I/O 口线较少，但键值识别比较复杂。

在图 8.6 中，行线、列线通过上拉电阻接+5V 电源，当无按键按下时，行线、列线均处于独立状态；而当有按键按下时，对应的行线和列线短接，行线电平状态与相连的列线电平相同。

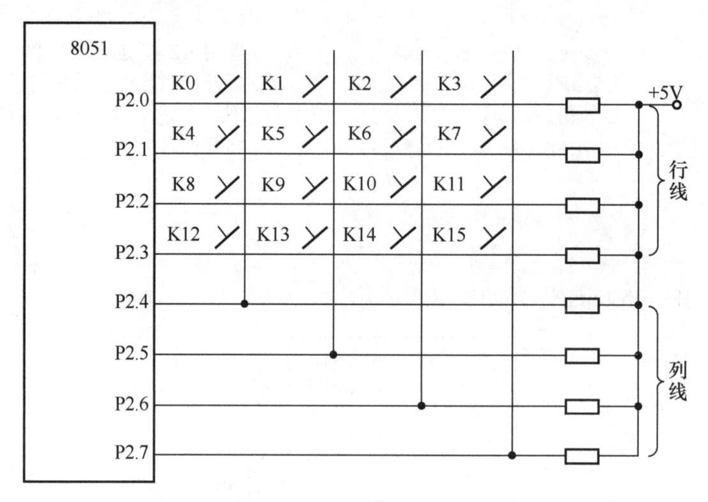

图 8.6 矩阵式键盘结构

如果把行线设置为单片机的输入口线，列线设置为单片机的输出口线，则按键的识别过程是：先令列线 P2.4 为低电平 0，其余 3 根列线都为高电平，读行线状态，如果 P2.0～P2.3 都为高电平 1，则 P2.4 这一列上没有按键闭合；若 P2.0～P2.3 中有一个为低电平，则有按键按下。如果 P2.4 这一列上没有按键闭合，接着使 P2.5 为低电平，其余列线为高电平。用同样的方法检查 P2.5 这一列上有无按键闭合，依此类推。这样逐行逐列地检查按键状态的过程称为对键盘进行查询扫描。这种方式的硬件简单，但消耗了单片机的大量时间。

在单片机应用系统中，扫描键盘只是单片机的工作任务之一，要想做到既能及时响应按键操作，又不过多地占用单片机的工作时间，就要根据应用系统中单片机的实际工作情况，选择键盘的工作方式。常用的键盘工作方式有查询扫描方式和中断扫描方式两种。

8.3.1 查询扫描方式

键盘查询扫描方式是单片机执行键盘扫描程序完成按键识别的过程。查询扫描方式可以是定时查询或实时查询。所谓定时查询是指在固定时间查询（如在 8:00 查询）或每隔固定时间间隔查询（如每隔 2ms 查询一次）。所谓实时查询，是指单片机一直循环执行查询程序进行查询。键盘扫描过程一般包括下列四个步骤（以图 8.7 为例）。

1）判断键盘上有无按键按下。方法为列线（P2.4～P2.7）置低电平，行线（P2.0～P2.3）置输入状态（高电平 1）。读行线的状态，若为全 1，则键盘无按键按下；若不全为 1，则有按键按下。

2）去除按键的抖动。方法是当有按键按下时，软件延时一段时间（一般为 10ms 左右）后，再判断键盘状态，如果仍为有按键按下状态，则认为有一个确定的按键被按下。

3）求键值（键号）。按照图 8.7 中的 16 个按键，每行的行号依次为 0、1、2、3，列号依次为 0、1、2、3，则闭合按键的键号可以用公式计算获得：

键号=行号×4+列号

4）判断按键是否释放，按键闭合一次仅进行一次按键功能操作，等按键释放以后再将键号送入累加器 A 中，然后执行按键指定的功能操作。

汇编语言参考程序如下：

```
ORG 0000H                      ; 在 0000H 单元存放转移指令
    AJMP  START                ; 转移到主程序
    ORG  0030H                 ; 主程序从 0030H 开始
START: MOV  SP, #5FH           ; 重置堆栈
    MOV  30H, #00H             ; 初始显示数字 0
MAIN: MOV  P0, #0FFH           ; 初始化 P0 口，关显示
    LCALL  RDKEY               ; 调用键盘扫描子程序
    LCALL  SHOW                ; 调用按键显示子程序
    AJMP  MAIN                 ; 返回主程序，重新扫描
RDKEY: MOV  P2, #0FH           ; 列低电平，行输入状态
    MOV  A, P2                 ; 读取按键状态
    ANL  A, #0FH               ; 屏蔽列线，保留行线数据
    CJNE  A, #0FH, XIAODOU     ; 行线不全为 1，有键闭合，转消抖
    AJMP  RDEND                ; 无键闭合，直接返回
XIAODOU: LCALL  DELAY10ms      ; 调用延时程序，消抖动
    MOV  P2, #0FH              ; 列低电平，行输入状态
    MOV  A, P2                 ; 读取按键状态
    ANL  A, #0FH               ; 屏蔽列线，保留行线数据
    CJNE  A, #0FH, SCAN        ; 仍有键闭合，转扫描
    AJMP  RDEND                ; 无按键按下，直接返回
SCAN: MOV  R4, #00H            ; 按键列值初始化
LINE0: MOV  P2, #0EFH          ; 扫描第 0 列
    MOV  A, P2                 ; 读按键状态
    ANL  A, #0FH               ; 屏蔽列线，保留行线数据
    CJNE  A, #0FH, GKEY        ; 此列有键按下，转 GKEY 子程序，判断行值
    INC  R4                    ; 不是第 0 列，列值加 1
LINE1: MOV  P2, #0DFH          ; 扫描第 1 列
    MOV  A, P2                 ; 读按键状态
    ANL  A, #0FH               ; 屏蔽列线，保留行线数据
    CJNE  A, #0FH, GKEY        ; 此列有键按下，转 GKEY 子程序，判断行值
    INC  R4                    ; 不是第 1 列，列值加 1
LINE2: MOV  P2, #0BFH          ; 扫描第 2 列
    MOV  A, P2                 ; 读按键状态
    ANL  A, #0FH               ; 屏蔽列线，保留行线数据
    CJNE  A, #0FH, GKEY        ; 此列有键按下，转 GKEY 子程序，判断行值
    INC  R4                    ; 不是第 2 列，列值加 1
LINE3: MOV  P2, #7FH           ; 扫描第 3 列
    MOV  A, P2                 ; 读按键状态
    ANL  A, #0FH               ; 屏蔽列线，保留行线数据
    CJNE  A, #0FH, GKEY        ; 此列有键按下，转 GKEY 子程序，判断行值
    AJMP  MAIN                 ; 返回继续扫描
GKEY: JNB  ACC.0, NEXT         ; 逐行判断有无键按下
    INC  R4                    ; 不是当前行，在列值基础上加 4，实现行号×4+列号
```

```
    INC  R4
    INC  R4
    INC  R4
    RR  A                       ; 判断下一行
    AJMP  GKEY
NEXT: MOV  30H, R4              ; 把键值暂时存放在 30H 单元中
RDEND: RET                      ; 子程序返回
SHOW: MOV  A, 30H               ; 取键号
    MOV  DPTR, #TAB             ; 置共阳字段码表首址
    MOVC  A, @A+DPTR            ; 查段码表
    MOV  P0, A                  ; 送 P0 口显示
    LCALL  DELAY                ; 调用延时程序
    RET                         ; 子程序返回
DELAY10ms: MOV  R7, #25         ; 延时外循环
DELAY1: MOV  R6, #200           ; 内循环
    DJNZ  R6, $
    DJNZ  R7, DELAY1
    RET                         ; 子程序返回
DELAY: MOV  R5, #20             ; 显示延时程序
DEL0: LCALL  DELAY10ms
    DJNZ  R5, DEL0
    RET
TAB: DB 0C0H, 0F9H, 0A4H, 0B0H, 99H, 92H, 82H, 0F8H  ; 段码表
     ;  0     1     2     3     4    5    6    7    对应内容
     DB 80H, 90H, 88H, 83H, 0C6H, 0A1H, 86H, 8EH
     ;  8    9    A    B    C     D     E    F
END                             ; 汇编结束
```

C 语言参考程序如下：

```
#include <reg51.h>                          //预处理命令，定义 SFR 头文件
#define uchar unsigned char                 //定义缩写字符 uchar
#define uint  unsigned int                  //定义缩写字符 uint
uchar key;                                  //定义无符号字符型变量 key

unsigned char code key_code[]={0xee, 0xde, 0xbe, 0x7e, 0xed, 0xdd,
0xbd, 0x7d, 0xeb, 0xdb, 0xbb, 0x7b, 0xe7, 0xd7, 0xB7, 0x77 };
                                            //按键编码
unsigned char tab[] = {0xC0, 0xF9, 0xA4, 0xB0, 0x99, 0x92, 0x82, 0xF8,
0x80, 0x90, 0x88, 0x83, 0xc6, 0xa1, 0x86, 0x8e, 0xff};
                                            //显示代码
void delayms(uint ms)                       //延时子函数
{
   uchar t;                                 //定义无符号字符型变量 t
   while(ms--)                              //循环
   {
      for(t=0; t<120; t++);                 //循环体
   }
}
void show()                                 //按键显示函数
```

```
{
    P0=tab[key];                          //P0 口显示按键值
    delayms(10);
}
uchar rdkey()                             //键盘扫描函数
{
    uchar scan1, scan2, keycode, j;       //定义字符型变量
    P2=0x0f;                              //列线置低电平，行线输入状态
    scan1=P2;                             //读入行值
    if((scan1&0x0f)!=0x0f)                //判断是否有按键按下
    {
        delayms(30);                      //调用延时程序去抖动
        scan1=P2;                         //读入行值
        if((scan1&0x0f)!=0x0f)            //二次判断是否有按键按下
        {
            P2=0xf0;                      //列线作为输入，行线置低电平
            scan2=P2;                     //读入列值
            keycode=scan1|scan2;          //组合成键编码，逻辑或
            for(j=0; j<=15; j++)          //循环 16 次
            {
                if(keycode== key_code[j]) //查表得键值
                {
                    key=j;                //存储键值
                    return(key);          //返回键值
                }
            }
        }
    }
    else P2=0xff;                         //P2 口初始化
    return (16);                          //关显示
}
void main()                               //主函数
{
    while(1)
    {
        P2=0x0f;                          //列低电平，行输入状态
        if((P2&0x0f)!=0x0f)               //判断是否有键按下
        {
            rdkey();                      //调用键盘扫描函数
            show();                       //调用显示函数
        }
    }
}
```

矩阵式按键的 Proteus 仿真如图 8.7 所示。

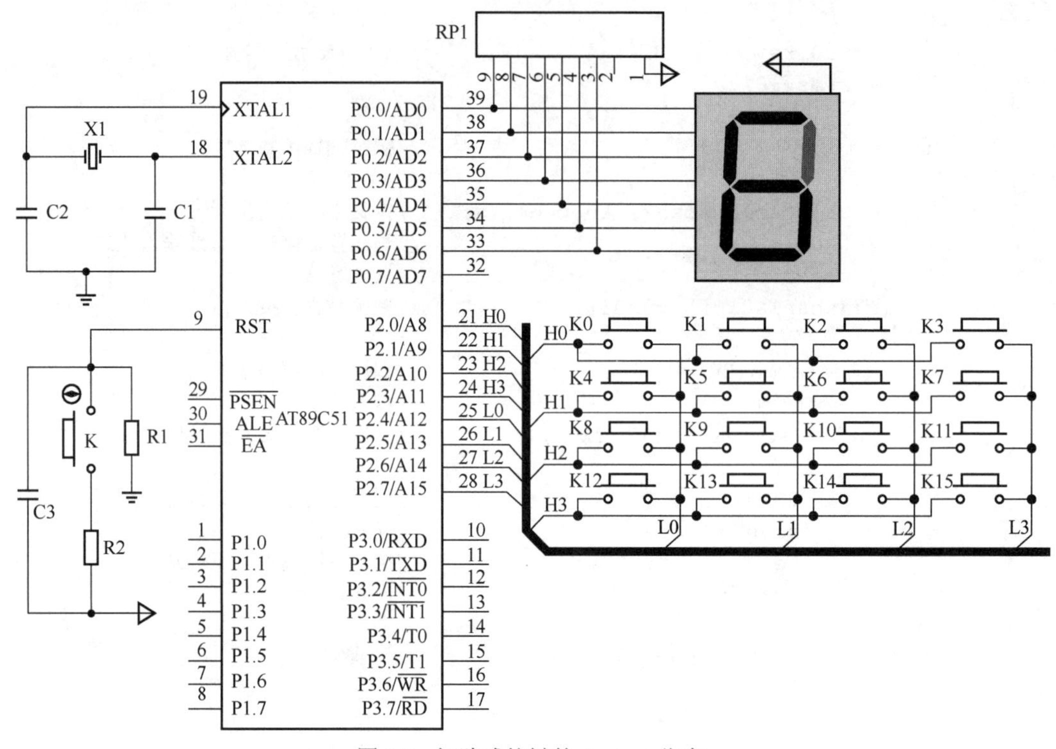

图 8.7 矩阵式按键的 Proteus 仿真

8.3.2 中断扫描方式

在查询扫描方式中，不管键盘上有无按键按下，单片机总要扫描键盘，而在实际应用中，按键并不经常工作，因此单片机经常处于空扫描状态，效率比较低。为了提高单片机的工作效率，可采用中断扫描工作方式，即当键盘上有按键闭合时产生中断请求，单片机响应中断请求后，转去执行中断服务程序，在中断服务程序中判断键盘中闭合按键的键号，并作相应的处理。

图 8.8 所示是一种常用的中断扫描键盘接口电路。键盘的列线与 P2 口的高 4 位相连，键盘的行线与 P2 口的低 4 位相连。因此，P2.4～P2.7 是扫描输出线，P2.0～P2.3 是扫描输入线。图中的四输入与门用于产生按键中断，其输入端与各行线相连，通过上拉电阻接至+5V 电源，输出端接至单片机的外部中断 0 引脚。

工作过程如下：首先，将列线全部置“0”，当键盘无按键按下时，与门各输入端均为高电平，输出端也为高电平，无中断请求。当有按键按下时，相应行线为低电平，与门输出端也为低电平，向 CPU 申请中断。若单片机开放外部中断，则会响应中断请求，转去执行键盘扫描子程序。按键扫描原理与查询扫描一致，此处不再赘述。

图 8.9 为中断式矩阵按键的 Proteus 仿真。

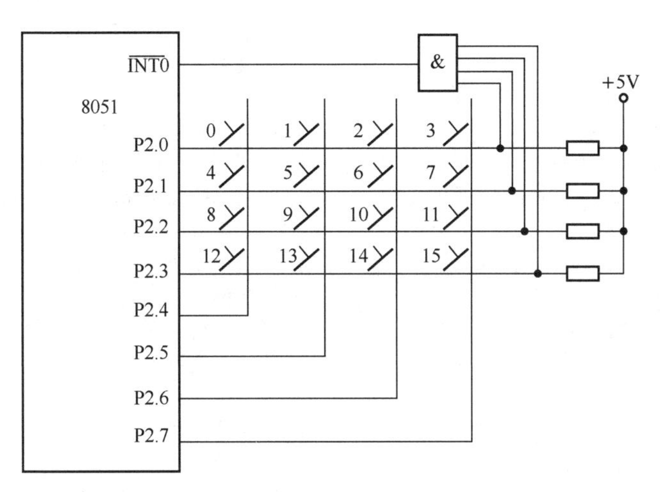

图 8.8　中断扫描键盘接口电路

图 8.9 的汇编语言参考程序如下：

```
ORG 0000H                          ; 在 0000H 单元存放转移指令
    AJMP  START                    ; 转移到主程序
ORG  0003H                         ; 外部中断 0 入口地址
    AJMP  PINT0                    ; 转移到中断服务程序
ORG  0030H                         ; 主程序从 0030 开始
START: MOV  SP, #5FH               ; 重置堆栈
    MOV  30H, #00H                 ; 初始化键号
    SETB  IT0                      ; 设置外部中断 0 为边沿触发方式
    MOV  IP, #01H                  ; 置外部中断 0 为高优先级中断
    SETB  EA                       ; 开 CPU 中断
    SETB  EX0                      ; 开外部中断 0 中断
MAIN: MOV P2, #0FH
    LCALL  SHOW                    ; 等待中断
    SJMP   MAIN
ORG  0100H                         ; 中断服务程序首地址
PINT0: PUSH  ACC                   ; 将 A 的值暂存于堆栈
    PUSH  PSW                      ; 将 PSW 的值暂存于堆栈
    LCALL  RDKEY                   ; 键盘扫描程序
    POP  PSW                       ; 从堆栈取回 PSW 的值
    POP  A                         ; 从堆栈取回 A 的值
    RETI                           ; 中断返回
RDKEY: MOV  P2, #0FH               ; 列低电平，行输入状态
    MOV  A, P2                     ; 读取按键状态
    ANL  A, #0FH                   ; 屏蔽列线，保留行线数据
    CJNE  A, #0FH, XIAODOU         ; 行线不全为 1，有键闭合，转消抖
    AJMP RDEND                     ; 无键闭合，直接返回
XIAODOU: LCALL  DELAY10ms          ; 调用延时程序，消抖动
    MOV  P2, #0FH                  ; 列低电平，行输入状态
    MOV  A, P2                     ; 读取按键状态
    ANL  A, #0FH                   ; 屏蔽列线，保留行线数据
    CJNE  A, #0FH, SCAN            ; 仍有键闭合，转扫描
```

```
    AJMP  RDEND                      ; 无按键按下，直接返回
SCAN: MOV  R4, #00H                  ; 按键键值初始化
LINE0: MOV  P2, #0EFH                ; 扫描第 0 列
    MOV A, P2                        ; 读按键状态
    ANL  A, #0FH                     ; 屏蔽列线，保留行线数据
    CJNE  A, #0FH, GKEY              ; 此列有键按下，转 GKEY 子程序，判断行值
    INC  R4                          ; 不是第 0 列，键值加 1
LINE1: MOV  P2, #0DFH                ; 扫描第 1 列
    MOV  A, P2                       ; 读按键状态
    ANL  A, #0FH                     ; 屏蔽列线，保留行线数据
    CJNE  A, #0FH, GKEY              ; 此列有键按下，转 GKEY 子程序，判断行值
    INC  R4                          ; 不是第 1 列，键值加 1
LINE2: MOV  P2, #0BFH                ; 扫描第 2 列
    MOV  A, P2                       ; 读按键状态
    ANL  A, #0FH                     ; 屏蔽列线，保留行线数据
    CJNE  A, #0FH, GKEY              ; 此列有键按下，转 GKEY 子程序，判断行值
    INC  R4                          ; 不是第 2 列，键值加 1
LINE3: MOV  P2, #7FH                 ; 扫描第 3 列
    MOV  A, P2                       ; 读按键状态
    ANL  A, #0FH                     ; 屏蔽列线，保留行线数据
    CJNE  A, #0FH, GKEY              ; 此列有键按下，转 GKEY 子程序，判断行值
    AJMP  RDEND                      ; 返回继续扫描
GKEY: JNB  ACC.0, NEXT               ; 逐行判断行值
    INC  R4                          ; 不是当前行，键值加 4
    INC  R4
    INC  R4
    INC  R4
    RR  A                            ; 判断下一行
    AJMP  GKEY
NEXT: MOV  30H, R4                   ; 把键值暂时存放在 30H 单元中
RDEND: RET
SHOW: MOV  A, 30H                    ; 取键号
    MOV  DPTR, #TAB                  ; 置共阳字段码表首址
    MOVC  A, @A+DPTR                 ; 查段码表
    MOV  P0, A                       ; 送 P0 口显示
    LCALL  DELAY10ms                 ; 调用延时程序
    RET
DELAY10ms: MOV R7, #25               ; 外循环
DELAY1: MOV R6, #200                 ; 内循环
    DJNZ  R6, $
    DJNZ  R7, DELAY1
    RET                              ; 子程序返回
TAB: DB 0C0H, 0F9H, 0A4H, 0B0H, 99H, 92H, 82H, 0F8H  ; 显示代码表
    ;   0     1     2     3     4    5    6    7      对应内容
    DB 80H, 90H, 88H, 83H, 0C6H, 0A1H, 86H, 8EH
    ;   8    9    A    B    C     D     E    F
END                                  ; 汇编结束
```

C 语言参考程序如下：

```
#include <reg51.h>                        //预处理命令，定义 SFR 头文件
#define uchar unsigned char               //定义缩写字符 uchar
#define uint  unsigned int                //定义缩写字符 uint
uchar key;                                //定义无符号字符型变量 key
unsigned char code key_code[]={0xee, 0xde, 0xbe, 0x7e, 0xed, 0xdd,
0xbd, 0x7d, 0xeb, 0xdb, 0xbb, 0x7b, 0xe7, 0xd7, 0xB7, 0x77 };
                                          //定义组合键编码
unsigned char tab[] = {0xC0, 0xF9, 0xA4, 0xB0, 0x99, 0x92, 0x82, 0xF8,
0x80, 0x90, 0x88, 0x83, 0xC6, 0xA1, 0x86, 0x8E, 0xFF};
                                          //显示代码
void delayms(uint ms)                     //延时子函数
{
    uchar t;                              //定义无符号字符型变量 t
    while(ms--)                           //循环
    {
        for(t=0; t<120; t++);             //循环体
    }
}
uchar rdkey()                             //键盘扫描函数
{
    uchar scan1, scan2, keycode, j;       //定义字符型变量
    P2=0x0f;                              //列线置低电平，行线为输入状态
    scan1=P2;                             //读入行值
    if((scan1&0x0f)!=0x0f)                //判断是否有按键按下
    {
        delayms(30);                      //调用延时程序去抖动
        scan1=P2;                         //读入行值
        if((scan1&0x0f)!=0x0f)            //二次判断是否有按键按下
        {
            P2=0xf0;                      //列线作为输入，行线置低电平
            scan2=P2;                     //读入列值
            keycode=scan1|scan2;          //组合成键编码
            for(j=0; j<=15; j++)          //循环 16 次
            {
                if(keycode== key_code[j]) //查表得键值
                {
                    key=j;                //存储键值
                    return(key);          //返回键值
                }
            }
        }
    }
    else P2=0xff;                         //P2 口初始化
    return (16);
}
void exit_int0(void) interrupt 0          //外部中断 0 服务程序
{
```

```
    rdkey();                            //调用键盘扫描程序
}
void show()                             //按键显示函数
{
    P0=tab[key];                        //P0 口输出显示代码
    delayms(10);                        //调用延时时间
}
void main()                             //主函数
{
    IT0=1;                              //外部中断 0 下降沿触发
    IP=0x01;                            //外部中断 0 优先级最高
    P2=0x0f;                            //列为低电平，行为输入状态
    EA=1;                               //开 CPU 中断
    EX0=1;                              //开外部中断 0 中断
    key=16;                             //初始化，关显示
    while(1)
    {
        P2=0x0f;                        //列为低电平，行为输入状态
        show();                         //调用显示函数
    }
}
```

中断式矩阵按键的 Proteus 仿真如图 8.9 所示。

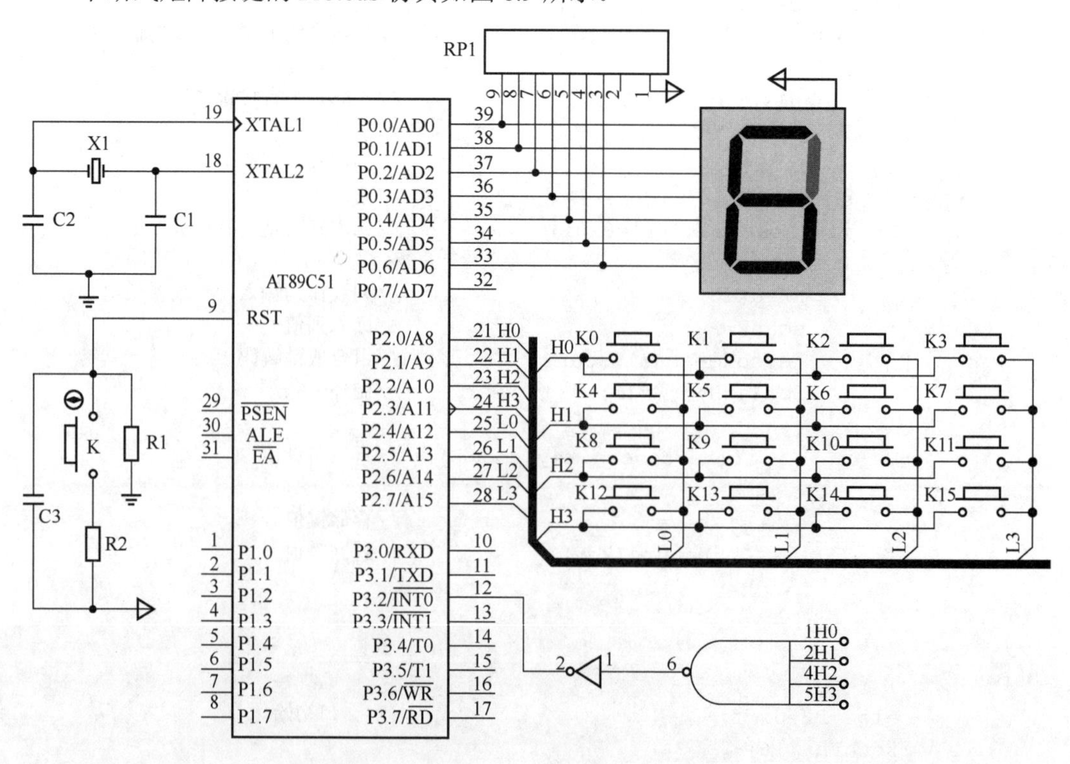

图 8.9　中断式矩阵按键的 Proteus 仿真

8.4　发光二极管

发光二极管（Light Emitting Diode，LED）是一种能发光的二极管，与普通的二极管一样由一个 PN 结组成，P 为正极，N 为负极。当正向连接时，即 P 接正极、N 接负极时，二极管导通；反之，二极管截止。这就是二极管的单向导电特性。导通时，若有足够的正向电流通过发光二极管，发光二极管便会发光。

发光二极管的图形符号如图 8.10 所示。由于其体积小，耗电量低，常作为单片机应用系统的输出指示器件，用以指示系统运行状态。近年来 LED 技术发展很快，除了红色、绿色、黄色外，还出现了蓝色和白色；而高亮度的 LED 更是可以取代传统灯泡，成为家用灯饰、交通灯等发光组件，就连汽车的尾灯，也开始流行使用 LED 了。

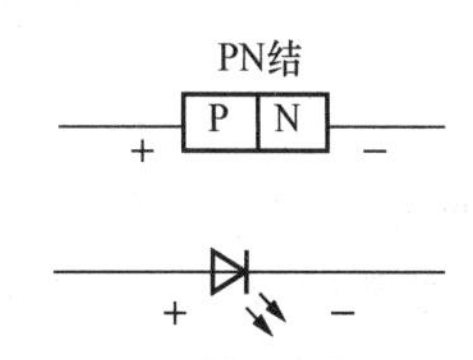

图 8.10　发光二极管的图形符号

8.5　LED 数码管

1. LED 数码管的结构

常用的 LED 数码管是七段 LED 数码管，由八个发光二极管组成，其中 a～g 段为代码显示段，可显示不同的数字或字符，dp 为小数点。一位 LED 数码管的外形和引脚如图 8.11（a）所示。LED 数码管分为共阴极与共阳极两种。共阴极 LED 数码管的公共端为发光二极管阴极，通常接地，如图 8.11（c）所示，当发光二极管的阳极为高电平时，发光二极管点亮。共阳极的 LED 数码管的公共端为发光二极管的阳极，通常接+5V 电源，如图 8.11（b）所示，当发光二极管的阴极为低电平时，发光二极管点亮。

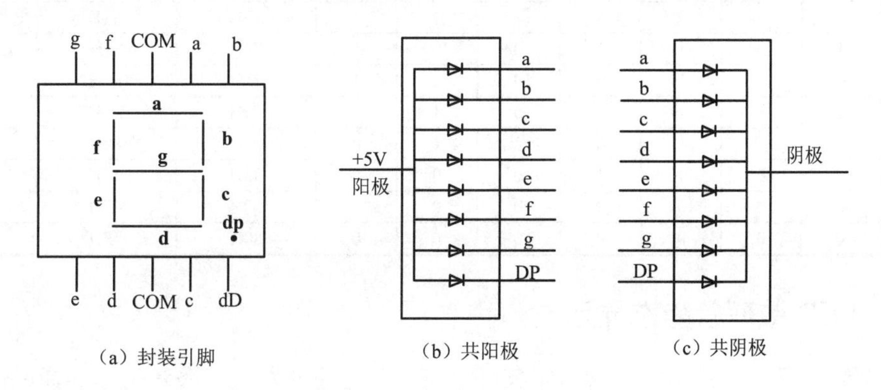

图 8.11　七段 LED 数码管结构

2. LED 数码管工作原理

下面以共阴极 LED 数码管为例，说明 LED 数码管的工作原理。当显示数字 0 时，只要 a、b、c、d、e、f 段亮，g 段不亮，即 a、b、c、d、e、f 段的阳极上加高电平，g 段的阳极上加低电平，公共阴极接低电平，则数码管显示 0。a、b、c、d、e、f、g、dp 各段的排列顺序如图 8.12 所示。D7 为小数点位，如果不用小数点，让其处于“灭”状态即可。

段选码	D7	D6	D5	D4	D3	D2	D1	D0
显示位	dp	g	f	e	d	c	b	a

图 8.12　数码管显示字段排列顺序

如果加到各段阳极上的代码不同，则数码管就可显示不同的字符和数字。通常把控制 LED 数码管中八个发光二极管亮灭状态的 8 位二进制数称为段选码，或显示代码。若将所有显示代码放在一个表中，就构成了显示代码表，如表 8.1 所示。

表 8.1　七段 LED 数码管显示代码表

D7dp	D6g	D5f	D4e	D3d	D2c	D1b	D0a	共阴极段码	共阳极段码	显示字符
0	0	1	1	1	1	1	1	3FH	C0H	0
0	0	0	0	0	1	1	0	06H	F9H	1
0	1	0	1	1	0	1	1	5BH	A4H	2
0	1	0	0	1	1	1	1	4FH	B0H	3
0	1	1	0	0	1	1	0	66H	99H	4
0	1	1	0	1	1	0	1	6DH	92H	5
0	1	1	1	1	1	0	1	7DH	82H	6
0	0	0	0	0	1	0	1	07H	F8H	7
0	1	1	1	1	1	1	1	7FH	80H	8
0	1	1	0	1	1	1	1	6FH	90H	9
0	1	1	1	0	1	1	1	77H	88H	A
0	1	1	1	1	1	0	0	7CH	83H	B
0	0	1	1	1	0	0	1	39H	C6H	C
0	1	0	0	0	1	1	1	5EH	A1H	D
0	1	1	1	1	0	0	1	79H	86H	E
0	1	1	1	0	0	1	1	71H	8EH	F
0	1	1	1	0	0	1	1	73H	8CH	P
0	1	1	1	0	1	1	0	76H	89H	H
0	0	1	1	1	0	0	0	38H	B7H	L
0	0	0	0	0	0	0	0	00H	FFH	灭
1	0	0	0	0	0	0	0	80H	7FH	点

8.5.1　LED 数码管静态显示

所谓静态显示，是指数码管显示某一字符时，相应的发光二极管恒定导通或恒定截止，公共端恒定接地（共阴极）或接正电源（共阳极）。静态显示的优点是，显示控制程序简单，显示亮度大，节约 CPU 时间。但在显示位数较多时，静态显示占用的 I/O 口线较多，或者需要增加额外的硬件电路，硬件成本较高，所以静态显示常用在显示位数较少的应用系统中。设有一位静态显示电路，如图 8.13 所示，编写程序使其循环显示数字 0～9。

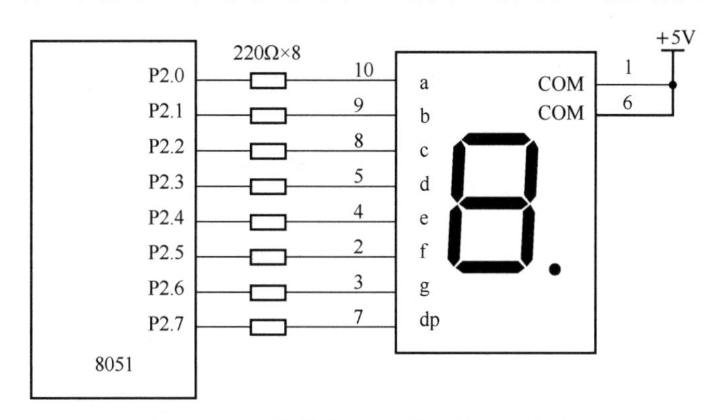

图 8.13　一位静态 LED 数码管显示电路

汇编语言参考程序如下：

```
TIME  EQU 50H                        ; 定义显示变量
ORG  0000H                           ; 在 0000H 单元存放转移指令
   AJMP  MAIN                        ; 转移到主程序
ORG  0030H                           ; 主程序从 0030H 开始
MAIN: MOV  SP, #5FH                  ; 重置堆栈
LOOP: MOV  TIME, #00H                ; 显示内容初始值为 0
   MOV  R1, #0AH                     ; 循环显示 10 个数
LOOP0: MOV A, TIME                   ; 显示内容存入 A 中
   MOV  DPTR, #TAB                   ; 置共阳显示代码表首址
   MOVC  A, @A+DPTR                  ; 查显示代码表
   MOV  P2, A                        ; 显示代码送 P2 口显示
   LCALL  DELAY1s                    ; 延时 1s
   MOV  A, TIME                      ; 显示内容暂存于 A 中
   INC  A                            ; 显示内容加 1
   MOV  TIME, A                      ; 返回变量 TIME
   DJNZ  R1, LOOP0                   ; 判断循环是否结束
   AJMP  LOOP                        ; 跳转到 LOOP
DELAY1s: MOV  R5, #10                ; 延时程序，外循环控制
DEL0: MOV  R6, #200                  ; 中循环控制
DEL1: MOV  R7, #250                  ; 内循环控制
DEL2: DJNZ  R7, DEL2                 ; 内循环
   DJNZ  R6, DEL1                    ; 中循环
   DJNZ  R5, DEL0                    ; 外循环
   RET                               ; 子程序返回
TAB: DB 0C0H, 0F9H, 0A4H, 0B0H, 99H, 92H, 82H, 0F8H  ; 显示代码表
     ;  0     1     2     3     4    5    6    7
     DB 80H, 90H, 88H, 83H, 0C6H, 0A1H, 86H, 8EH
     ;  8    9     A    B     C     D     E    F
END                                  ; 汇编结束
```

C 语言参考程序如下：

```
#include <reg51.h>                   //预处理命令，定义 SFR 头文件
#define uchar unsigned char          //定义缩写字符 uchar
```

```
const unsigned char LED_TAB[16]= {0xC0, 0xF9, 0xA4, 0xB0, 0x99, 0x92,
0x82, 0xF8, 0x80, 0x90, 0x88, 0x83, 0xC6, 0xA1, 0x86, 0x8E,0xFF};
                                            //显示代码表
void delay(unsigned int x)                  //延时函数
{
    uchar t;                                //声明变量 t
    while(x--)                              //外循环
    for(t=0; t<250; t++);                   //内循环
}
void main()                                 //主函数
{
    P2=0xff;                                //关显示
    Do                                      //do while 循环
    {
        signed int i;                       //定义变量 i 的数据类型为 int
        for(i=0; i<=9; i++)                 //循环显示 10 个数字
        {
            P2=LED_TAB[i];                  //查表送 P2 口显示
            delay(500);                     //调用延时函数
        }
    }
    while(1);
}
```

一位静态数码管显示的 Proteus 仿真如图 8.14 所示。

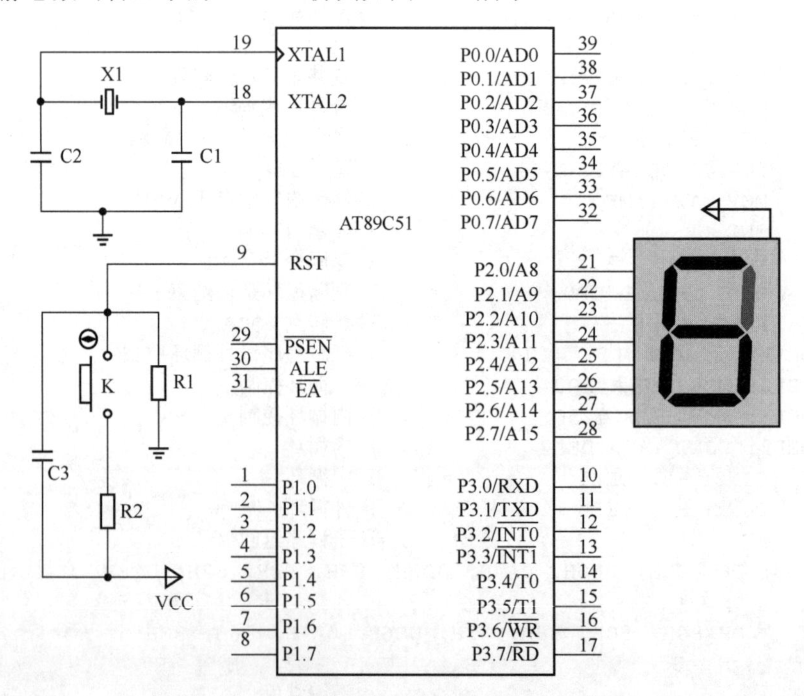

图 8.14　一位静态数码管显示的 Proteus 仿真

三位静态 LED 数码管显示电路如图 8.15 所示。74LS373 为 8 位锁存器，用于锁存显示代码。只要分别向每一位锁存器送入显示代码，显示器的所有位就可同时显示。

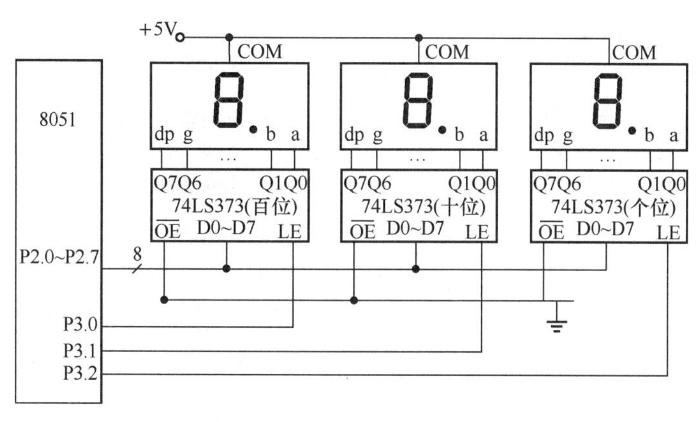

图 8.15　三位静态 LED 数码管显示电路

设在内部 RAM31H 单元中存储一个十进制数 *D*（*D*≤255）。编写程序将该数的百位显示在左边的数码管上，十位显示在中间的数码管上，个位显示在右边的数码管上。

汇编语言参考程序如下：

```
ORG  0000H                              ; 在 0000H 单元存放转移指令
    LJMP  MAIN                          ; 转移到主程序
ORG  0030H                              ; 主程序从 0030H 开始
MAIN: MOV  SP, #3FH                     ; 设堆栈指针为 3FH
    MOV  31H, #234                      ; 给 31H 赋值
    MOV  A, 31H                         ; 取 31H 的值
    MOV  DPTR, #TAB                     ; 置共阳显示代码表首址
    MOV  B, #100                        ; 置除数
    DIV  AB                             ; 产生百位显示数字
    MOVC  A, @A+DPTR                    ; 查表获得百位显示代码
    MOV  P3, #0F9H                      ; 选择显示百位的数码管
    MOV  P2, A                          ; 输出百位显示代码
    MOV  A, B                           ; 读余数
    MOV  B, #10                         ; 置除数
    DIV  AB                             ; 产生十位显示数字
    MOVC  A, @A+DPTR                    ; 查表获得十位显示代码
    MOV  P3, #0FAH                      ; 选择显示十位的数码管
    MOV  P2, A                          ; 输出十位显示代码
    MOV  A, B                           ; 读余数
    MOVC  A, @A+DPTR                    ; 查表获得个位显示代码
    MOV  P3, #0FCH                      ; 选择显示个位的数码管
    MOV  P2, A                          ; 输出个位显示代码
    SJMP  $                             ; 循环等待
TAB: DB 0C0H, 0F9H, 0A4H, 0B0H, 99H, 92H, 82H, 0F8H, 80H, 90H
                                        ; 显示代码表
END                                     ; 汇编结束
```

C 语言参考程序如下：

```
#include <reg51.h>                      //预处理命令，定义 SFR 头文件
char code TAB[10]={0xc0, 0xf9, 0xa4, 0xb0, 0x99, 0x92, 0x82, 0xf8,
```

```
0x80, 0x98};                                // 显示代码表
void delay1ms(int x)                        // 延时函数
{
    int i, j;                               // 声明整数变数 i，j
    for(i=0; i<x; i++)                      // 计数 x 次
    for(j=0; j<120; j++);                   // 计数 120 次
}
void main()
{
    int z, i, scan;                         //声明变量 z，i，scan
    int disp[3];                            //定义数组
    z=234;                                  //定义 z 的初值
    disp[0]=z/100;                          //存放百位
    disp[1]=(z%100)/10;                     //存放十位
    disp[2]=(z%100)%10;                     //存放个位
    scan=0xfe;                              //显示位初值
    for(i=0; i<3; i++)                      //循环显示
    {
        P3=(~scan)^0xf8;                    //送字位，求反，异或
        P2=TAB[disp[i]];                    //送字形
        delay1ms(50);                       //调用延时
        scan<<=1;                           //控制字位，左移 1 位，低位补 0
        scan=scan+1;
    }
    while(1);                               //无限循环
}
```

三位数码管显示的 Proteus 仿真如图 8.16 所示。

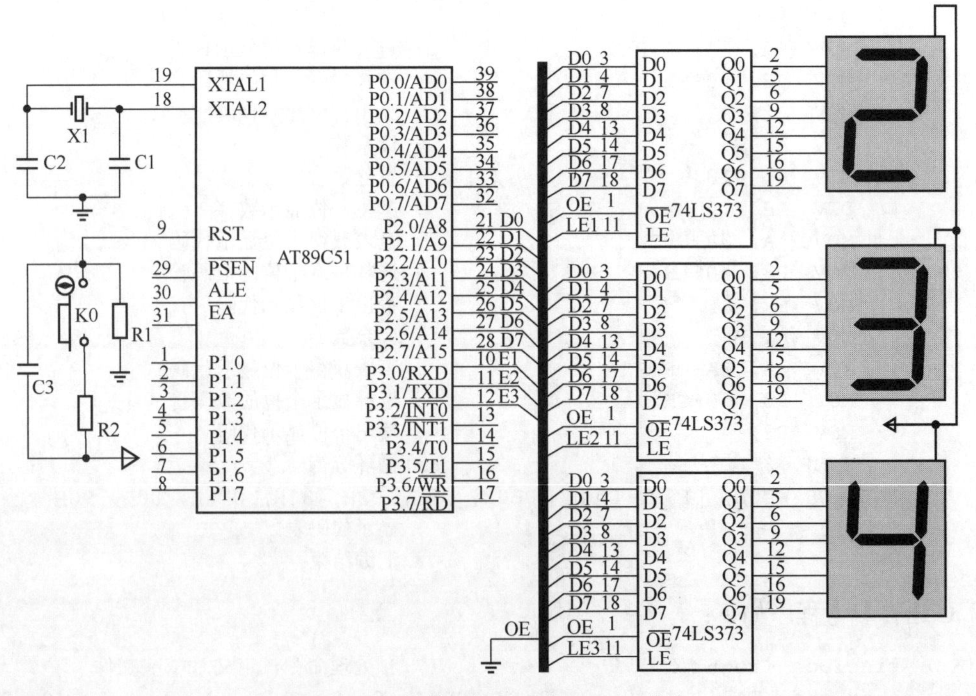

图 8.16 三位数码管显示的 Proteus 仿真

8.5.2　LED 数码管动态显示

动态显示是一位一位地轮流点亮各位数码管，反复循环扫描的显示方式，如图 8.17 所示。动态显示中，所有 LED 数码管显示器的八个笔画段的相同段并接在一起，共用一个数据端口，称为显示段输出端口。为了防止各显示器同时显示相同的字符，每位显示器的公共端分别接单片机的不同 I/O 口线，称为显示位输出端口。每一位 LED 数码管需要两组信号来控制，一组是显示代码，或称字符段码，控制显示内容；另一组是控制在哪位显示器上显示的控制信号，叫做位选码，控制显示位置。在这两组信号的配合控制下，可以一位一位地轮流点亮各显示器的各显示段，并循环扫描，实现动态显示。

动态显示实际上是每位数码管点亮一段时间（在 1ms 左右），依次逐位点亮各位，然后循环扫描。由于 LED 具有余辉特性以及人眼具有视觉暂留特性，使人看起来就好像在同时显示不同的字符一样。因此只要适当选取扫描频率，给人眼的视觉印象就会是在连续稳定地显示，并不察觉有闪烁现象。

动态显示的优点是可以大大简化硬件线路。但要循环执行显示程序对各个数码管进行动态扫描，消耗单片机较多的运行时间。在显示器位数较多或刷新间隔较大时，会有一定的闪烁现象。在如图 8.17 所示的数码管动态显示电路中，P0 口输出显示代码，P2 口控制显示位置。编写程序实现动态显示 0 1 2 3 4 5 6 7。

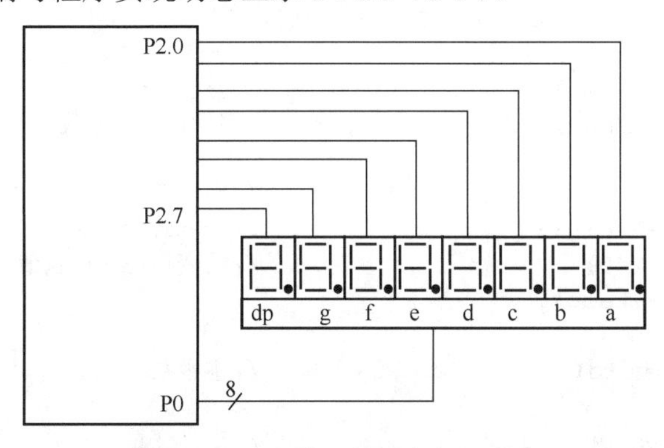

图 8.17　LED 数码管动态显示电路

汇编语言参考程序如下：

```
ORG 0000H                     ; 在 0000H 单元存放转移指令
    AJMP  START               ; 转移到主程序
ORG 0030H                     ; 主程序从 0030H 开始
START: MOV  SP, #5FH          ; 重置堆栈
    MOV  R2, #7FH             ; 显示位初始值，循环后从最低位开始显示
    MOV  R1, #0FFH            ; 显示初值=FFH，加 1 后为 0，从 0 开始显示
    MOV  R0, #08H             ; 显示 8 位
MAIN: MOV  A, R2              ; 读取显示位选码
    RL  A                     ; 左循环显示位选码
    MOV  R2, A                ; 放回显示位选码
    MOV  P2, A                ; 在 P2 口输出显示位选码
    MOV  A, R1                ; 读取显示值
    INC  A                    ; 显示值加 1
```

```
    MOV  R1, A                      ; 放回显示值
    MOV  DPTR, #TAB                 ; 置共阴显示代码表首址
    MOVC  A, @A+DPTR                ; 查表获得显示代码
    MOV  P0, A                      ; 在 P0 口输出显示代码
    LCALL  DELAY                    ; 调用延时
    DJNZ  R0, MAIN                  ; 判断 8 位显示是否完成
    AJMP  START
DELAY: MOV  R5, #10                 ; 延时程序，外循环控制
DEL0: MOV  R6, #1                   ; 中循环控制
DEL1: MOV  R7, #20                  ; 内循环控制
DEL2: DJNZ  R7, DEL2
    DJNZ  R6, DEL1
    DJNZ  R5, DEL0
    RET                             ; 子程序返回
TAB: DB 3FH, 06H, 05BH, 04FH, 66H, 6DH, 7DH, 07H  ; 显示代码表
    ;  0    1    2     3    4    5    6    7
     DB 7FH, 6FH, 88H, 8CH, 39H, 5EH, 89H, 81H
    ;  8    9    A    B    C    D    E    F
END                                 ; 汇编结束
```

C 语言参考程序如下：

```
#include <reg51.h>                  //预处理命令，定义 SFR 头文件
const unsigned char LED_TAB[16]={0x3f, 0x06, 0x5b, 0x4f, 0x66, 0x6d,
0x7d, 0x07, 0x8f, 0x6f, 0x88, 0x8c, 0x39, 0x5e, 0x89, 0x81};
                                    //显示代码表
void delay_1ms(void)                //延时 1ms 函数
{
   unsigned char temp = 249;        //声明变量 temp，并赋值 249
   while(--temp);                   //temp≠0，循环
   temp = 249;                      //给变量 temp 赋值
   while(--temp);
}
void main(void)                     //主函数
{
   unsigned char i;                 //定义变量 i 的数据类型
   unsigned char dsSel = 0xfe;      //显示位初值
   do                               //do while 组成循环
   {
      dsSel = 0xfe;                 //显示首位
      for(i=0; i<8; i++)            //8 位显示循环
      {
         P2=dsSel;                  //送显示位到 P2 口
         P0=LED_TAB[i];             //送显示字形到 P0 口
         delay_1ms();               //延时 1ms
         dsSel<<=1;                 //显示位左移一位，低位补 0
         dsSel|=0x01;               //最低位置 1，或运算
      }
   }
   while(1);
}
```

数码管动态显示仿真如图 8.18 所示。

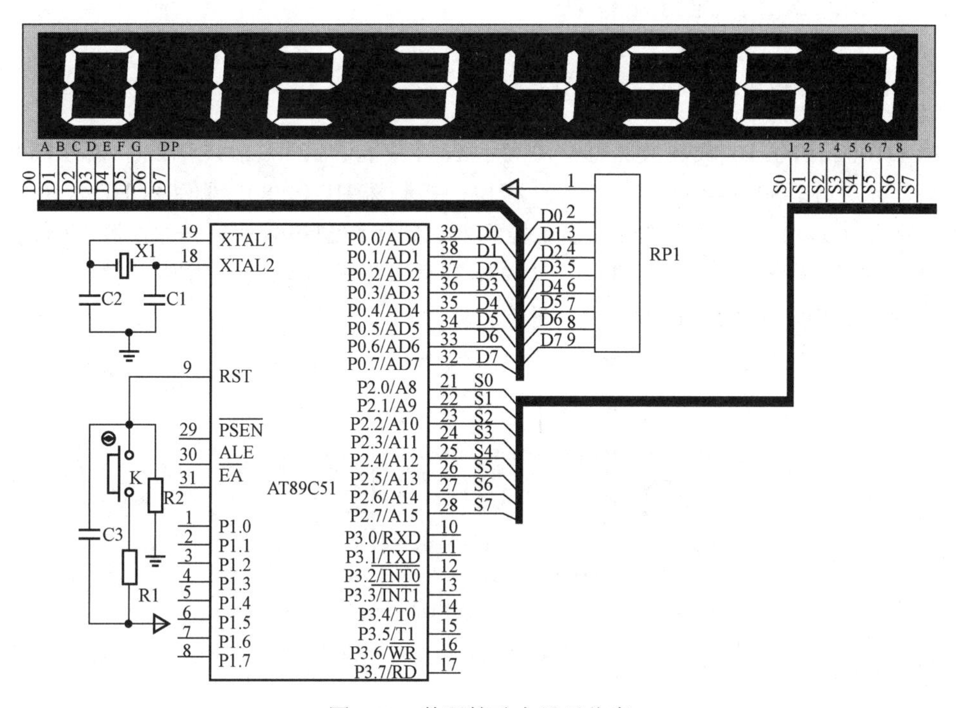

图 8.18　数码管动态显示仿真

8.6　液晶显示

液晶显示器（Liquid Crystal Display，LCD）具有体积小、重量轻、功耗低等特点，被广泛应用于单片机应用系统。如手表上的液晶显示器，笔记本电脑上的显示器等。

按照使用对象，LCD 可分为专用型和通用型两类。专用型是厂家根据产品需要显示的内容专门定做的，用于显示指定内容的显示器。通用型 LCD 不固定显示内容，可以显示不同的数字、字符、汉字和图形。

按照结构和功能的不同，LCD 可分为段型、字符点阵型和图形点阵型三种。段型 LCD 像七段 LED 一样，显示内容由显示段组成，其显示方式和接口形式与七段 LED 数码管相似。段型 LCD 主要用于批量大、显示内容固定的产品。字符点阵型 LCD 主要由 LCD 控制器、LCD 驱动器和 LCD 显示器三部分组成，常称为液晶显示模块。它们一般都自带 ASCII 码点阵字库，显示时只需提供显示字符的 ASCII 代码即可，硬件接口和软件编程都很简单。图形点阵型 LCD 的显示内容更加灵活方便，可显示字符、汉字、图形等内容，但控制也较为复杂，一般用于图像显示场合。

目前市场上的液晶显示器种类繁多，性能各异。本节主要介绍目前在单片机应用系统中广泛使用的字符点阵型液晶显示模块 LCD1602 的结构、工作原理和使用方法。其他液晶显示器的工作原理和使用方法，大致相似，请读者阅读相关资料。

8.6.1 LCD1602 液晶显示模块

1. LCD1602 模块的内部结构及引脚安排

LCD1602 中的“16”代表液晶每行可显示 16 个字符；“02”表示共有 2 行，即 LCD1602 模块可显示 2×16=32 个字符。LCD1602 模块由控制器 HD44880、驱动器 HD44100 和液晶板组成。HD44880 是典型的液晶显示控制器，它集控制和驱动于一体，可以驱动单行 16 字符或 2 行 8 字符显示。对于 2 行 16 字符显示要增加 HD44100 驱动器。LCD1602 模块的内部结构及引脚排列如图 8.19 所示。

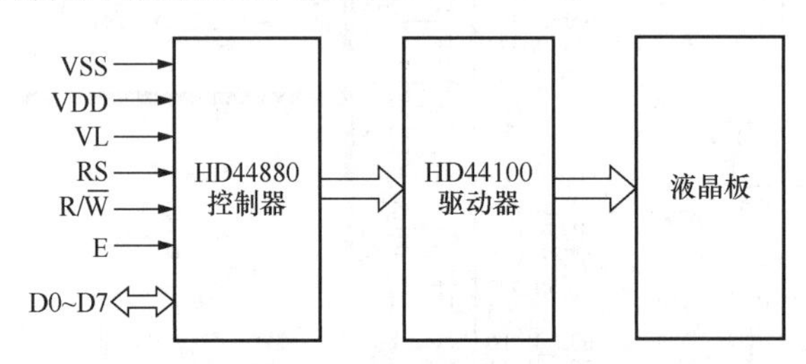

图 8.19　LCD1602 模块的内部结构及引脚排列

LCD1602 模块采用 16 引脚封装，各引脚功能如表 8.2 所示。

表 8.2　LCD1602 引脚功能

引脚	符号	功能说明
01	VSS	接地引脚
02	VDD	接+5V 电源
03	VL	对比度调整端（0～5V），接地时对比度最高
04	RS	0 选指令寄存器 IR，1 选数据寄存器 DR
05	R/ $\overline{W}$	0 写操作，1 读操作
06	E	下降沿使能有效
07～14	D0～D7	8 位双向数据总线，4 位传送时使用高 4 位
15	BLA	背光正极
16	BLK	背光负极

HD44880 由指令寄存器 IR、数据寄存器 DR、字符发生器 CGROM、自定义字符发生器 CGRAM 和显示缓冲区 DDRAM 等功能部件组成。

IR 用来存放由单片机送来的指令代码，如光标归位、清除显示等；DR 用来存放欲显示的数据。指令寄存器 IR 和数据寄存器 DR 的选择方式如表 8.3 所示。

表 8.3　LCD 寄存器选择

E	R/ $\overline{W}$	RS	功能说明
1→0	0	0	写入命令寄存器
1→0	0	1	写入数据寄存器
1	1	0	读取忙标志及 RAM 地址
1	1	1	读取 RAM 数据
0	x	X	不动作

字符发生器 CGROM 存储了不同的字符点阵信息，包括数字、大小写英文字母、常用的符号和日文假名等。每一个字符都有一个固定的代码，如表 8.4 所示。表中，0X00～0X0F 为用户自定义的字符代码，即存储在 CGRAM 中的字符代码。

表 8.4　LCD1602 的 CGROM 字符集

低4位 \ 高4位	0000	0001	0010	0011	0100	0101	0110	0111	1000	1001	1010	1011	1100	1101	1110	1111
0000	CG RAM (1)			0	@	P	`	p				ー	タ	ミ	α	p
0001	CG RAM (2)		!	1	A	Q	a	q			。	ア	チ	ム	ä	q
0010	CG RAM (3)		"	2	B	R	b	r			「	イ	ツ	メ	β	θ
0011	CG RAM (4)		#	3	C	S	c	s			」	ウ	テ	モ	ε	∞
0100	CG RAM (5)		$	4	D	T	d	t			、	エ	ト	ヤ	μ	Ω
0101	CG RAM (6)		%	5	E	U	e	u			・	オ	ナ	ユ	σ	ü
0110	CG RAM (7)		&	6	F	V	f	v			ヲ	カ	ニ	ヨ	ρ	Σ
0111	CG RAM (8)		'	7	G	W	g	w			ァ	キ	ヌ	ラ	g	π
1000	CG RAM (1)		(	8	H	X	h	x			ィ	ク	ネ	リ	√	x̄
1001	CG RAM (2)		)	9	I	Y	i	y			ゥ	ケ	ノ	ル	⁻¹	y
1010	CG RAM (3)		*	:	J	Z	j	z			ェ	コ	ハ	レ	j	千
1011	CG RAM (4)		+	;	K	[	k	{			ォ	サ	ヒ	ロ	ˣ	万
1100	CG RAM (5)		,	<	L	¥	l	|			ャ	シ	フ	ワ	¢	円
1101	CG RAM (6)		-	=	M	]	m	}			ュ	ス	ヘ	ン	£	÷
1110	CG RAM (7)		.	>	N	^	n	→			ョ	セ	ホ	゛	ñ	
1111	CG RAM (8)		/	?	O	_	o	←			ッ	ソ	マ	゜	ö	█

自定义字符发生器 CGRAM 为用户提供一个空间，可由用户定义 8 个 5×8 点阵字形，

其编号（0～7）对应 CGROM 中的 0X00～0X07。每个字形由 8B 编码组成，且每个字节编码仅用到了低 5 位（4～0 位）。要显示的点用 1 表示，不显示的点用 0 表示。最后一个字节编码要留给光标，所以通常是 0000 0000。程序初始化时，要先按照 CGROM 中用户自定义字符编码的先后次序，将各字符的点阵编码写入 CGRAM 中，然后即可如同 CGROM 中的其他字符一样使用这些自定义字形了。图 8.20 所示为自定义字符“±”的构造示例。

CGRAM地址	字形	编码
01000000B	□□■□□	00000100B
01000001B	□□■□□	00000100B
01000010B	■■■■■	00011111B
01000011B	□□■□□	00000100B
01000100B	□□■□□	00000100B
01000101B	□□□□□	00000000B
01000110B	■■■■■	00011111B
01000111B	□□□□□	00000000B

第 0 号字形，对应的字符编码 0000×000

图 8.20　自定义字符点阵信息

第 0 行 CGRAM 地址信息含义解释：D7D6=01 表示 CGRAM 地址，D5D4D3=000 表示第 0 号用户自定义字符；D2D1D0=000 表示 0 号字符的 0 行点阵地址。依此类推。

显示缓冲区 DDRAM 有 80 个单元，但第 1 行仅用 00H～0FH 单元，第 2 行仅用 40H～4FH 单元。DDRAM 地址与显示位置的关系如图 8.21 所示。DDRAM 单元存放的是要显示字符的 ASCII 编码，控制器以该编码为索引，到 CGROM 或 CGRAM 中取点阵字形送液晶板显示。

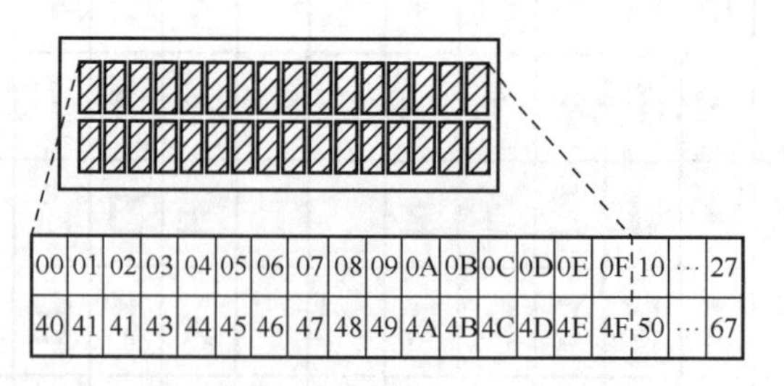

图 8.21　DDRAM 与显示位置的关系

2. LCD1602 模块命令

对 LCD1602 模块的控制是通过执行操作命令实现的。LCD1602 模块共有 11 条命令，如表 8.5 所示。

命令 1：清屏。光标回到屏幕左上角，地址计数器设置为 0。

命令 2：光标归位。光标回到屏幕左上角，显示内容不变。

命令 3：输入模式设置，用于设置写入一个数据字节后，光标的移动方向及字符是否移动。若 I/D=0，S=0，光标左移一格且地址计数器减 1；若 I/D=1，S=0，光标右移一

表 8.5　LCD1602 的操作命令

序号	指令	RS	R/$\overline{W}$	D7	D6	D5	D4	D3	D2	D1	D0
1	清屏	0	0	0	0	0	0	0	0	0	1
2	光标归位	0	0	0	0	0	0	0	0	1	*
3	输入模式设置	0	0	0	0	0	0	0	1	I/D	S
4	显示设置	0	0	0	0	0	0	1	D	C	B
5	光标或屏幕内容移位	0	0	0	0	0	1	S/C	R/L	*	*
6	功能设置	0	0	0	0	1	DL	N	F	*	*
7	CGRAM 地址设置	0	0	0	1	CGRAM 地址					
8	DDRAM 地址设置	0	0	1	DDRAM 地址						
9	忙标志和计数器地址	0	1	BF	计数器地址						
10	写 DDRAM 或 CGRAM	1	0	要写入的数据							
11	读 DDRAM 或 CGROM	1	1	要读出的数据							

格且地址计数器加 1；I/D=0，S=1 时，屏幕内容全部右移一格，光标不动；I/D=1，S=1 时，屏幕内容全部左移一格，光标不动。

命令 4：显示设置。D=1 时，开启显示屏；D=0 时，关闭显示屏。C=1 时，开启光标；C=0 时，关闭光标。B=1 时，光标闪烁；B=0，光标不闪烁。

命令 5：光标或屏幕内容移位选择。S/C=1 时，移动屏幕内容；S/C=0 时，移动光标。R/L=1 时；右移，R/L=0 时，左移。

命令 6：功能设置。DL=0 时，设为 4 位数据接口；DL=1 时，设为 8 位数据接口。N=0 时，单行显示；N=1 时，双行显示。F=1 时，5×10 字形；F=0 时，5×8 字形。

命令 7：CGRAM 地址设置，地址范围为 00H～3FH（共 64 个单元，对应 8 个自定义字符）。

命令 8：DDRAM 地址设置，地址范围为 00H～7FH。

命令 9：读忙标志和计数器地址。BF=1 时，表示忙，此时模块不能接收命令或者数据；BF=0 时，表示不忙，可以接收送来的数据或指令。

命令 10：写 DDRAM 或 CGRAM。要配合地址设置命令。

命令 11：读 DDRAM 或 CGROM。要配合地址设置命令。

8.6.2　LCD1602 应用举例

单片机与 LCD1602 模块的接口电路如图 8.22 所示。

要在第一行显示“Thank”，第 2 行显示“You！”，如图 8.23 所示。

编程思路：首先清屏、定义显示格式、光标格式等。然后在第 1 行第一个字符位置开始逐个显示 Thank，在第 2 行第 5 列逐个显示 You!。

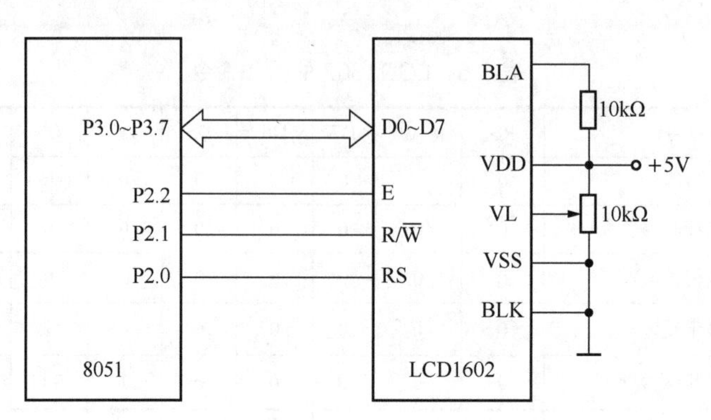

图 8.22 单片机与 LCD1602 模块的接口电路

汇编语言参考程序如下：

```
RS  BIT  P2.0                   ; 定义 LCD1602 的 RS 引脚由 P2.0 引脚控制
RW  BIT  P2.1                   ; 定义 LCD1602 的 R/W 引脚由 P2.1 引脚控制
E  BIT  P2.2                    ; 定义 LCD1602 的 E 引脚由 P2.2 引脚控制
ORG  0000H                      ; 在 0000H 单元存放转移指令
SJMP  START                     ; 转移到主程序
ORG  0030H                      ; 主程序从 0030H 开始
START: MOV SP, #5FH             ; 重置堆栈
    LCALL INIT                  ; 调用初始化程序
    MOV A, #80H                 ; 第 1 行，第 1 列
    LCALL WRC                   ; 调用写命令子程序
    MOV A, #54H                 ; “T”的 ASCII 码
    LCALL WRD                   ; 调用写数据子程序
    MOV A, #68H                 ; “h”的 ASCII 码
    LCALL WRD                   ; 调用写数据子程序
    MOV A, #61H                 ; “a”的 ASCII 码
    LCALL WRD                   ; 调用写数据子程序
    MOV A, #6EH                 ; “n”的 ASCII 码
    LCALL WRD                   ; 调用写数据子程序
    MOV A, #6BH                 ; “k”的 ASCII 码
    LCALL WRD                   ; 调用写数据子程序
    MOV A, #0C4H                ; 第 2 行，第 5 列
    LCALL WRC                   ; 调用写命令子程序
    MOV A, #79H                 ; “Y”的 ASCII 码
    LCALL WRD                   ; 调用写数据子程序
    MOV A, #6FH                 ; “o”的 ASCII 码
    LCALL WRD                   ; 调用写数据子程序
    MOV A, #75H                 ; “u”的 ASCII 码
    LCALL WRD                   ; 调用写数据子程序
    MOV A, #21H                 ; “!”的 ASCII 码
    LCALL WRD                   ; 调用写数据子程序
    SJMP $
INIT: MOV A, #01H               ; 清屏
    LCALL WRC                   ; 调用写命令子程序
    MOV A, #38H                 ; 8 位数据，2 行，5×8 点阵
    LCALL WRC                   ; 调用写命令子程序
```

```
    MOV A, #0EH             ; 开显示和光标，字符不闪烁
    LCALL WRC               ; 调用写命令子程序
    MOV A, #06H             ; 字符不动，光标自动右移 1 格
    LCALL WRC               ; 调用写命令子程序
    RET                     ; 子程序返回
CBUSY: PUSH ACC             ; 忙检查子程序
    PUSH DPH                ; 将 DPH 的值暂存于堆栈
    PUSH DPL                ; 将 DPL 的值暂存于堆栈
    PUSH PSW                ; 将 PSW 的值暂存于堆栈
WEIT: CLR RS                ; RS=0，选择指令寄存器
    SETB RW                 ; RW=1，选择读模式
    CLR E                   ; E=0，禁止读/写 LCD
    SETB E                  ; E=1，允许读/写 LCD
    NOP                     ; 空指令
    MOV A, P3               ; 读操作
    CLR E                   ; E=0，禁止读/写 LCD
    JB ACC.7, WEIT          ; 忙碌循环等待
    POP PSW                 ; 从堆栈取回 PSW 的值
    POP DPL                 ; 从堆栈取回 DPL 的值
    POP DPH                 ; 从堆栈取回 DPH 的值
    POP ACC                 ; 从堆栈取回 A 的值
    LCALL DELAY             ; 延时
    RET                     ; 子程序返回
WRC: LCALL CBUSY            ; 写入命令子程序
    CLR E                   ; E=0，禁止读/写 LCD
    CLR RS                  ; RS=0，选择指令寄存器
    CLR RW                  ; RW=0，选择写模式
    SETB E                  ; E=1，允许读/写 LCD
    MOV P3, A               ; 写操作
    CLR E                   ; E=0，禁止读/写 LCD
    LCALL DELAY             ; 延时
    RET                     ; 子程序返回
WRD: LCALL CBUSY            ; 写入数据子程序
    CLR E                   ; E=0，禁止读/写 LCD
    SETB RS                 ; RS=1，选择数据寄存器
    CLR RW                  ; RW=0，选择写模式
    SETB E                  ; E=1，允许读/写 LCD
    MOV P3, A               ; 写操作
    CLR E                   ; E=0，禁止读/写 LCD
    LCALL DELAY             ; 延时
    RET                     ; 子程序返回
DELAY: MOV R7, #5           ; 外循环
LP1: MOV R6, #0F8H          ; 内循环
    DJNZ R6, $
    DJNZ R7, LP1
    RET                     ; 子程序返回
END                         ; 汇编结束
```

C 语言参考程序如下：

```
#include <reg51.h>                   //预处理命令，定义 SFR 头文件
#define uchar unsigned char          //定义缩写字符 uchar
#define uint  unsigned int           //定义缩写字符 uint
#define lcd_data P3                  //定义 LCD1602 接口
sbit lcd_EN=P2^2;                    //LCD1602_EN 由 P2.2 引脚控制
sbit lcd_RW=P2^1;                    //LCD1602_RW 由 P2.1 引脚控制
sbit lcd_RS=P2^0;                    //LCD1602_RS 由 P2.0 引脚控制
uchar sys_time1[]="Thank";           //第一行输出的字符数组
uchar sys_time2[]="you!";            //第二行输出的字符数组
void delay_20ms(void)                //延时 20ms 函数
{
   uchar i, temp;                    //声明变量 i，temp
   for(i=20; i>0; i--)               //循环
   {
      temp = 248;                    //给 temp 赋值 248
      while(--temp);                 //temp 减 1，不等于 0，继续执行该行
      temp = 248;                    //给 temp 赋值 248
      while(--temp);                 //temp 减 1，不等于 0，继续执行该行
   }
}
void delay_38μs(void)                //延时 38μs 函数
{
   uchar temp;                       //声明变量 temp
   temp = 18;                        //给 temp 赋值
   while(--temp);                    //temp 减 1，不等于 0，继续执行该行
}
void delay_1520μs(void)              //延时 1520μs 函数
{
   uchar i, temp;                    //声明变量 i，temp
   for(i=3; i>0; i--)                //循环
   {
      temp = 252;                    //给 temp 赋值
      while(--temp);                 //temp 减 1，不等于 0，继续执行该行
   }
}
uchar lcd_rd_status()                //读取 LCD1602 的状态，判断忙
{
   uchar tmp_sts;                    //声明变量 tmp_sts
   lcd_data = 0xff;                  //初始化 P3 口
   lcd_RW = 1;                       //RW=1 读
   lcd_RS = 0;                       //RS=0，读命令（状态）
   lcd_EN = 1;                       //EN=1，LCD1602 开始输出命令数据
   tmp_sts = lcd_data;               //读取命令到 tmp_sts
   lcd_EN = 0;                       //关掉 LCD1602
   lcd_RW = 0;                       //把 LCD1602 设置成写
   return tmp_sts;                   //函数返回值 tmp_sts
}
void lcd_wr_com(uchar command)  //写一个命令到 LCD1602
{
```

```
    while(0x80&lcd_rd_status());//写之前先判断 LCD1602 是否忙
    lcd_RW = 0;
    lcd_RS = 0;                 //RW=0，RS=0 写命令
    lcd_data = command;         //把需要写的命令写到数据线上
    lcd_EN = 1;
    lcd_EN = 0;                 //EN 输出高电平脉冲，命令写入
}
void lcd_wr_data(uchar wdata)   //写一个显示数据到 LCD1602
{
    while(0x80&lcd_rd_status());//判断忙
    lcd_RW = 0;
    lcd_RS = 1;                 //RW=0，RS=1 写显示数据
    lcd_data = wdata;           //把需要写的显示数据写到数据线上
    lcd_EN = 1;
    lcd_EN = 0;                 //EN 输出高电平脉冲，命令写入
    lcd_RS = 0;
}
void Init_lcd(void)             //初始化 LCD1602
{
    delay_20ms();               //调用延时
    lcd_wr_com(0x38);           //设置 16*2 格式，5*8 点阵，8 位数据接口
    delay_38us();               //调用延时
    lcd_wr_com(0x0c);           //开显示，不显示光标
    delay_38us();               //调用延时
    lcd_wr_com(0x01);           //清屏
    delay_1520us();             //调用延时
    lcd_wr_com(0x06);           //显示一个数据后光标自动+1
}
void main(void)                 //主函数
{
    uchar i;                    //声明变量 i
    init_lcd();                 //调用 LCD 初始化函数
    for(i=0; i<16; i++)         //显示液晶的第一行
    {
        lcd_wr_com(0x80+i);     //设置显示的位置
        if(sys_time1[i]==0x00)  //字符串是否结束
        break;
        lcd_wr_data(sys_time1[i]);    //送显示数据
    }
    for(i=0; i<16; i++)         //显示液晶的第二行
    {
        lcd_wr_com(0xc4+i);     //设置显示的位置
        if(sys_time2[i]==0x00)  //判断第二行字符串是否结束
        break;
        lcd_wr_data(sys_time2[i]);    //送显示数据
    }
    while(1)
    { }
}
```

LCD1602 显示的 Proteus 仿真如图 8.23 所示。

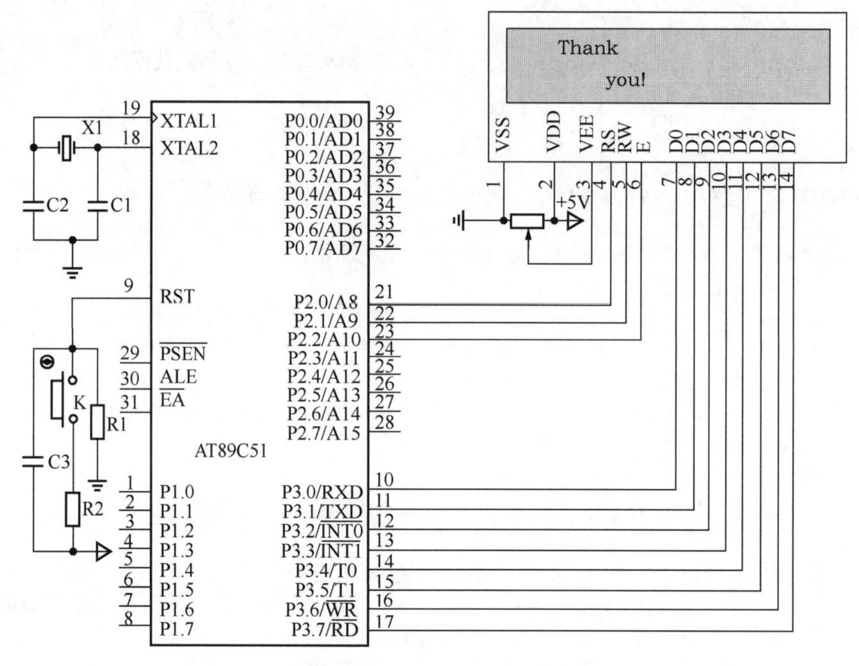

图 8.23 LCD1602 显示仿真

思考题

1. 按键抖动的原因是什么？可以用哪些办法消除？简述用 RS 锁存器消除按键抖动的原理。

2. 何谓 LED 数码管静态显示？何谓 LED 数码管动态显示？两种显示方式各有何优缺点？

3. 液晶显示器按照结构分类有哪几种类型？各适合哪些场合使用？

4. 数字 5 的共阴极七段 LED 数码管显示代码是什么？数字 5 的共阳极七段 LED 数码管显示代码是什么？

5. 将按键与单片机引脚连接时，为什么要接一个上拉（下拉）电阻？

练习题

1. 设有一个 LED 数码管动态显示电路如图 8.24 所示。已知显示代码存储在内部 RAM30H 开始的 8 个字节单元中，编写程序，动态显示给定的信息，并用 Proteus 仿真实现。

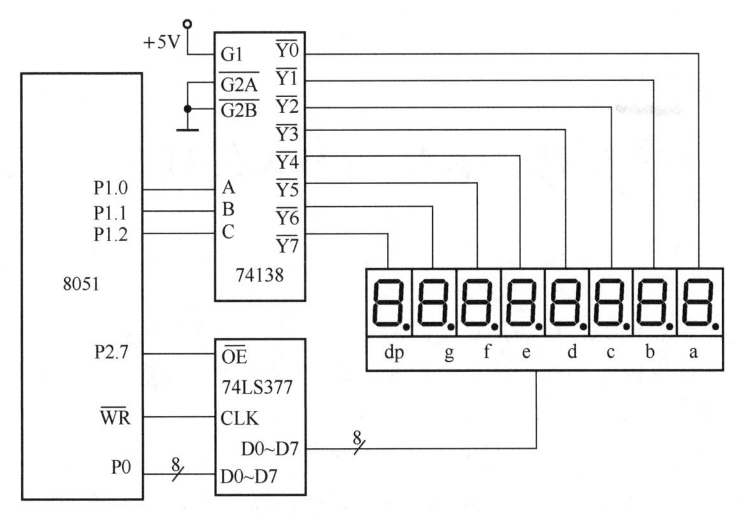

图 8.24　数码管动态显示

2. 单片机与 LCD1602 模块的接口电路如图 8.22 所示，编写程序在液晶屏上显示一句英语，并用 Proteus 仿真实现。

第 9 章　A-D 与 D-A 转换

在单片机应用系统中，特别是在实时控制系统中，常常需要把外界的模拟量转换成数字量，送给单片机进行处理。反之，也需要将单片机输出的数字量转换成模拟量，以控制调节执行机构，实现对被控对象的控制，如图 9.1 所示。将模拟量转换为数字量的过程叫做模拟-数字（Analog to Digital，A-D）转换，将数字量转换为模拟量的过程叫做数字-模拟（Digital to Analog，D-A）转换。实现这些转换的器件叫做模-数转换器（Analog to Digital Converter，ADC）或数-模转换器（Digital to Analog Converter，DAC）。

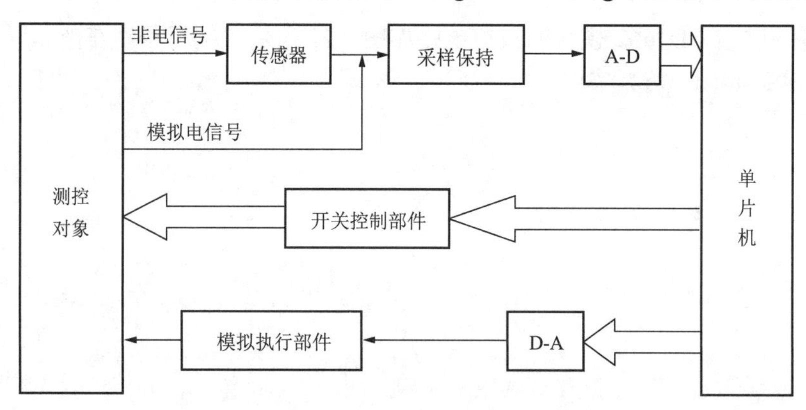

图 9.1　单片机应用系统结构

在图 9.1 中，单片机的前级输入是传感器，它将非电信号转变成模拟电信号后，经 A-D 转换器转换成数字量送单片机处理。单片机处理后的数字信息经 D-A 转换器转换成模拟量，通过模拟执行部件去控制被测对象，或作为开关量直接控制被测对象。

9.1　A-D 转换

A-D 转换器是将模拟信号转换为数字信号的器件，种类繁多，性能各异，但与单片机的接口大致相似。ADC0809 是 ADC 的典型代表。下面以 ADC0809 为例介绍 A-D 转换器与单片机接口的一般方法。

9.1.1　ADC0809 结构与引脚

ADC0809 是美国国家半导体公司生产的 CMOS 工艺八通道、8 位逐次逼近式并行 A-D 转换器。它具有八路模拟量输入，可在程序控制下选择模拟通道，并进行 A-D

转换，输出 8 位二进制数字量。其内部逻辑结构和引脚排列如图 9.2 所示。

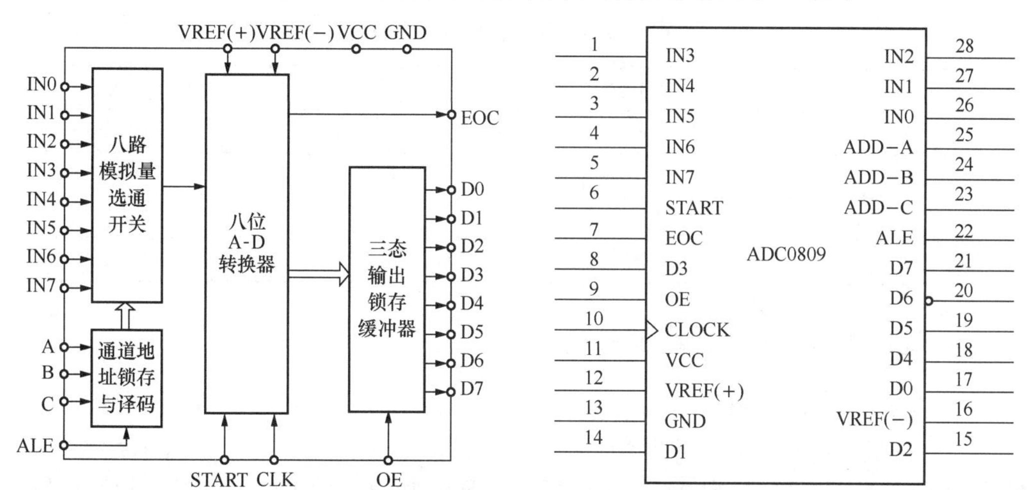

图 9.2　ADC0809 芯片的内部逻辑结构与引脚

ADC0809 的引脚功能如下。

1）IN0～IN7：八路模拟信号输入端。输入电压范围为 0～+5V。

2）C、B、A：八路模拟信号转换选择端。一般与低 8 位地址中 A0～A2 连接。由 A0～A2 地址编码 000～111 选择 IN0～IN7 八路 A-D 通道。

3）CLK：外部时钟输入端。时钟频率高，A-D 转换速度快，允许范围为 10～1290kHz。通常将 8051 单片机的 ALE 端直接或分频后与 ADC0809 的 CLK 端相连接。

4）D0～D7：数字量输出端。为三态缓冲输出形式，可以和单片机的并行数据线直接相连。

5）OE：A-D 转换结果输出允许控制端。OE=1，允许将 A-D 转换结果从 D0～D7 端输出。

6）ALE：地址锁存允许信号输入端。ALE 信号有效时，将当前通道地址锁存。

7）START：启动 A-D 转换信号输入端。当 START 端输入一个正脉冲时，启动 ADC0809 开始 A-D 转换。

8）EOC：A-D 转换结束信号输出端，高电平有效。EOC=0，正在进行转换；EOC=1，转换结束。该状态信号既可作为查询的状态标志，又可以作为中断请求信号使用。

9）VREF（+）、VREF（−）：正负基准电压输入端。

10）VCC：正电源电压（+5V）。

11）GND：接地端。

ADC0809 的转换时间为 100μs（时钟为 640kHz 时）或 130μs（时钟为 500kHz 时）；工作温度范围为−40～+85℃；功耗约为 15mW。

ADC0809 是一个 8 位逐次逼近式 A-D 转换器。为了能实现八路模拟信号的分时采样，片内设置了八路模拟选通开关以及相应的通道地址锁存及译码电路，转换的数据送入三态输出数据锁存器。地址锁存与译码电路完成对 A、B、C 三个地址位的锁存和译码，译码输出用于通道选择，如表 9.1 所示。

表 9.1　ADC0809 通道地址选择表

C　B　A	选通的通道	C　B　A	选通的通道
0　0　0	IN0	1　0　0	IN4
0　0　1	IN1	1　0　1	IN5
0　1　0	IN2	1　1　0	IN6
0　1　1	IN3	1　1　1	IN7

9.1.2　ADC0809 与单片机的接口

图 9.3 所示是 ADC0809 与 8051 单片机的接口连接图。ADC0809 的转换时钟由单片机的 ALE 提供。ADC0809 的典型转换频率为 640kHz，ALE 信号频率与晶振频率有关，如果晶振频率为 12MHz，则 ALE 的频率为 2MHz，所以 ADC0809 的时钟端 CLK 与单片机的 ALE 端相接时，要考虑分频。8051 单片机通过地址线 P2.0 和读写控制线 $\overline{RD}$、$\overline{WR}$ 来控制模拟输入通道地址锁存、启动和输出允许。模拟输入通道地址的译码输入 A、B、C 由 P0.0～P0.2 提供，因 ADC0809 具有通道地址锁存功能，P0.0～P0.2 不需锁存。根据 P2.0 和 P0.0～P0.2 的连接方法，八个模拟输入通道 IN0～IN7 的地址依次为 FEF8H～FEFFH。

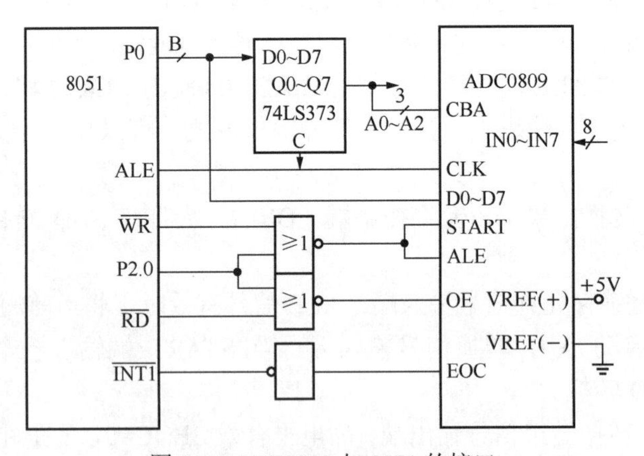

图 9.3　ADC0809 与 8051 的接口

图 9.3 为总线式连接方式，每个模拟通道都有独立的地址，寻址很方便，但常常与显示接口相冲突。所以，ADC0809 与单片机的接口也可以是非总线式连接，且往往能与显示接口兼容。

9.1.3　ADC0809 应用举例

利用 ADC0809 设计一个非总线式 A-D 转换系统，ADC0809 通道 3 接 0～5V 线性电压，将其转换成对应的数字量（000～255），并在数码管上显示，如图 9.4 所示。

单片机的 P3.2 连接到 ADC0809 的 START 引脚，控制转换开始与停止。

单片机的 P3.1 连接到 ADC0809 的 EOC 引脚，检测 ADC0809 是否转换结束。

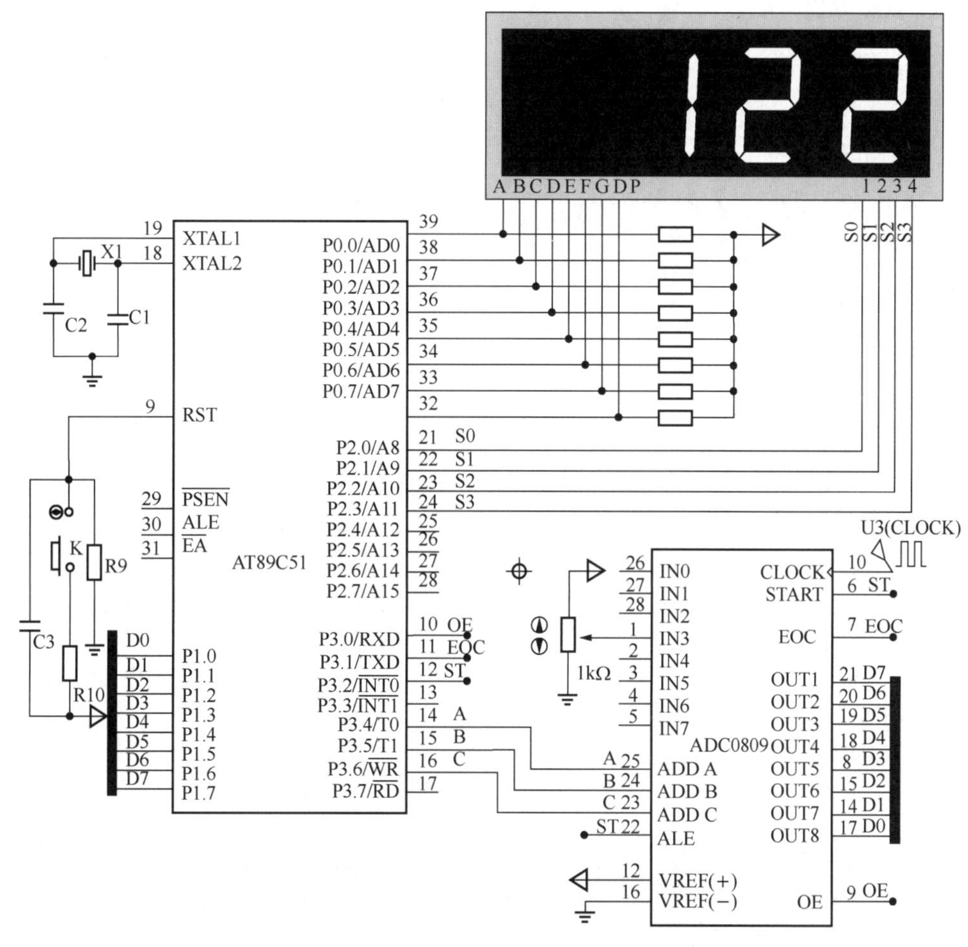

图 9.4　ADC0809 转换的 Proteus 仿真

单片机的 P3.0 连接到 ADC0809 的 OE 引脚，控制转换允许输出。

单片机的 P3.4、P3.5、P3.6 连接到 ADC0809 的 ADDA、ADDB、ADDC 引脚，用于模拟通道选择。

单片机的 P1 口用于接收 ADC0809 的转换数据。

单片机的 P0 口连接数码管的段码控制位，传送显示代码。

单片机的 P2.0、P2.1、P2.2、P2.3 连接数码管的位控制端，控制显示位置。

外部时钟 U3 为 ADC0809 提供时钟信号。

汇编语言参考程序如下：

```
LED_0  EQU  30H                       ; 存放三位数码管的显示代码
LED_1  EQU  31H
LED_2  EQU  32H
ADC  EQU  35H                         ; 存放 ADC 转换后的数据
ST  BIT  P3.2                         ; START 信号，ALE 信号
```

```
OE  BIT  P3.0                     ; OE 信号
EOC  BIT  P3.1                    ; EOC 信号
ORG  0000H                        ; 在 0000H 单元存放转移指令
   LJMP  START                    ; 转移到主程序
ORG 0100H                         ; 主程序从 0100H 开始
START: MOV  LED_0, #00H           ; 初始化显示内容为 00H
   MOV  LED_1, #00H
   MOV  LED_2, #00H
   MOV  DPTR, #TABLE              ; 显示代码表首地址
   SETB  P3.4                     ; 选择 ADC 通道 3
   SETB  P3.5
   CLR  P3.6
WAIT: CLR  ST                     ; START 正脉冲，启动 ADC 开始转换
   SETB  ST
   CLR  ST
   JNB  EOC, $                    ; 等待转换结束
   SETB  OE                       ; 允许输出
   MOV  ADC, P1                   ; 转换结果存储到 ADC 单元
   CLR  OE                        ; 关闭输出
   MOV  A, ADC                    ; 将 ADC 转换结果转换成 BCD 码
   MOV  B, #100                   ; 给 B 赋值 100
   DIV  AB                        ; 取得百位
   MOV  LED_2, A                  ; 百位 BCD 码
   MOV  A, B
   MOV  B, #10                    ; 置除数为 10
   DIV  AB                        ; 取得十位
   MOV  LED_1, A                  ; 十位 BCD 码
   MOV  LED_0, B                  ; 个位 BCD 码
   LCALL  DISP                    ; 显示 AD 转换结果
   SJMP  WAIT
DISP: MOV  A, LED_0               ; 显示个位
   MOVC  A, @A+DPTR
   CLR  P2.3                      ; 显示在最右边一位，共阴极数码管
   MOV  P0, A
   LCALL  DELAY                   ; 延时
   SETB  P2.3                     ; 关闭个位显示
   MOV  A, LED_1                  ; 显示十位
   MOVC  A, @A+DPTR
   CLR  P2.2                      ; 显示位置控制
   MOV  P0, A
   LCALL  DELAY
   SETB  P2.2                     ; 关闭十位显示
```

```
    MOV  A, LED_2                        ; 显示百位
    MOVC  A, @A+DPTR
    CLR  P2.1                            ; 显示位置控制
    MOV  P0, A
    LCALL  DELAY
    SETB  P2.1                           ; 关闭百位显示
    RET
DELAY: MOV  R6, #10                      ; 延时
D1: MOV  R7, #250
    DJNZ  R7, $
    DJNZ  R6, D1
    RET
TABLE: DB 3FH, 06H, 5BH, 4FH, 66H        ; 共阴极显示代码
       DB 6DH, 7DH, 07H, 7FH, 6FH
END                                      ; 汇编结束
```

C 语言参考程序如下：

```
#include  <reg51.h>                 //包含特殊功能寄存器库
#define  uchar  unsigned  char      //定义 uchar 为无符号字符数据类型
const unsigned char LED_TAB[16]={0x3f, 0x06, 0x5b, 0x4f, 0x66, 0x6d,
0x7d, 0x07, 0x7f, 0x6f, 0x77, 0x7c, 0x39, 0x5e, 0x79, 0x71};
                                    //显示代码
sbit OE=P3^0;                       //OE 信号定义
sbit EOC=P3^1;                      //EOC 信号定义
sbit ST=P3^2;                       //START 信号定义
sbit ADDA=P3^4;                     //通道选择
sbit ADDB=P3^5;
sbit ADDC=P3^6;
uchar ADC, data1[3];                //存放 ADC 转换后的数据
void delay_1ms(void)                //延时 1ms 函数
{
    unsigned char temp = 249;       //声明变量 temp，并赋值 249
    while(--temp);                  //temp 不等于 0，继续执行该行
    temp = 249;                     //给变量 temp 赋值
    while(--temp);                  //temp 不等于 0，继续执行该行
}
void display(void)                  //显示
{
    unsigned char i;                //定义变量 i 的数据类型
    unsigned char dsSel = 0xfd;     //显示位初值
    data1[0]=ADC/100;               //ADC 转换后的数据的百位
    data1[1]=ADC%100/10;            //ADC 转换后的数据的十位
```

```
        data1[2]=ADC%100%10;                //ADC 转换后的数据的个位
        for(i=0; i<3; i++)
        {
            P2=dsSel;                       //送显示位到 P2 口,依次显示百、十、个位
            P0=LED_TAB[data1[i]];           //送显示代码到 P0 口
            delay_1ms();                    //延时 1ms
            dsSel<<=1;                      //显示位左移一位
            dsSel|=0x01;                    //最低位置 1
        }
    }
    void  main(void)                        //主函数
    {
        while(1)                            //无限循环
        {
            ADDA=1;                         //选择通道 3
            ADDB=1;
            ADDC=0;
            ST=0; ST=1; ST=0;               //START 正脉冲, 启动 ADC 开始转换
            while(EOC==0);                  //等待转换结束
            OE=1;                           //允许输出
            ADC=P1;                         //转换结果存储到 ADC 单元
            OE=0;                           //关闭输出
            display();                      //调用显示程序
        }
    }
```

ADC0809 转换的 Proteus 仿真如图 9.4 所示。

9.1.4 串行 A-D 转换

1. ADC0832 的结构与引脚

串行接口的 A-D 转换器也有很多种，ADC0832 是典型代表。ADC0832 是一个具有串行接口的 8 位分辨率、双通道 A-D 转换芯片。具有体积小、兼容性强、性价比高等优点，应用非常广泛。

ADC0832 是八引脚双列直插式封装，5V 电源供电，模拟输入电压为 0～5V，工作频率为 250kHz，典型转换时间为 32μs，一般功耗仅为 15mW。引脚排列如图 9.5 所示。它能分别对两路模拟信号实现模-数转换，可以在单端输入方式和差分输入方式下工作。

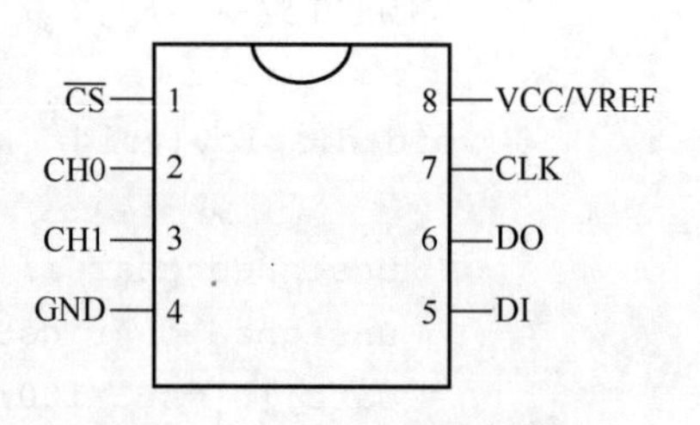

图 9.5 ADC0832 引脚排列

ADC0832 引脚功能如下。

$\overline{CS}$：片选使能，低电平有效。

CH0：模拟输入通道0，或作为IN+/−使用。

CH1：模拟输入通道1，或作为IN+/−使用。

GND：芯片参考0电位（地）。

DI：数据信号输入，选择通道控制。

DO：数据信号输出，转换数据输出。

CLK芯片时钟输入。

VCC/VREF：电源输入及参考电压输入（复用）。

正常情况下ADC0832与单片机的接口应有四条线，分别是$\overline{CS}$、CLK、DO、DI。但由于DO端与DI端在通信时并不能同时有效，并与单片机的接口是双向的，所以电路设计时可以将DO和DI并联在一根线上使用。当ADC0832不工作时，其$\overline{CS}$输入端应为高电平，此时芯片禁用，CLK和DO/DI的电平可任意。当要进行A−D转换时，须先将$\overline{CS}$置于低电平并且保持低电平直到转换完全结束。由单片机向芯片时钟输入端CLK输入时钟脉冲。使用DI端选择输入通道，在第1个时钟脉冲的上升沿之前，DI端必须是高电平，表示启动信号；在第二、三个脉冲的上升沿之前，DI端应输入两位数据用于选择通道。

当DI依次输入1、0时，只对CH0进行单通道转换。

当DI依次输入1、1时，只对CH1进行单通道转换。

当DI依次输入0、0时，将CH0作为正输入端IN+，CH1作为负输入端IN-进行转换。

当DI依次输入0、1时，将CH0作为负输入端IN−，CH1作为正输入端IN+进行转换。

到第三个脉冲的下降沿之后，DI端的输入电平就失去输入作用，但要保持高电平，直到第四个脉冲结束，此后数据输出端DO开始输出转换后的数据。从第五个脉冲上升沿开始由DO端输出转换数据最高位DATA7，随后每一个脉冲上升沿DO端输出下一位数据。直到第12个脉冲时发出最低位数据DATA0。至此，一个字节的数据输出完成。然后，开始输出下一个相反字节的数据，即从第12个脉冲输出数据的最低位，直到第19个脉冲时数据输出完成，也标志着一次A-D转换的结束。后一相反字节的八个数据位是作为校验位使用，一般只读出第一个字节的数据位即能满足要求（对于后七位数据，可以让片选端$\overline{CS}$置于高电平而将其丢弃）。最后将$\overline{CS}$置高电平禁用芯片，直接将转换后的数据进行处理即可。其时序脉冲如图9.6所示。

作为单通道模拟信号输入时，ADC0832的输入电压V_i的范围是0～5V。当输入电压V_i=0时，转换后的输出值VAL=0x00；而当V_i=5V时，转换后的输出值VAL=0xff，即十进制数的255。所以转换输出值（数字量D）为

$$D=\frac{255}{5}\times V_i$$

式中，D为转换后的数字量；V_i为输入的模拟电压。

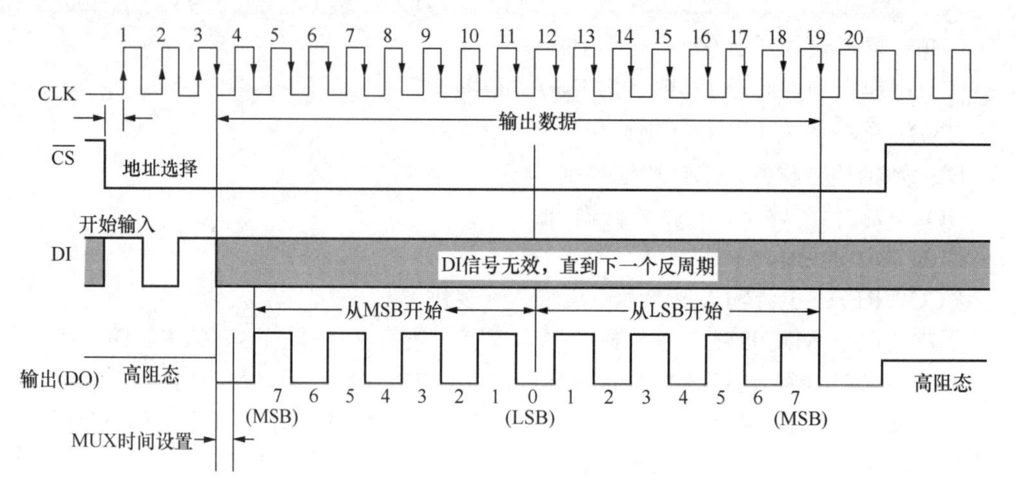

图 9.6　ADC0832 的时序

2. ADC0832 应用举例

设用 ADC0832 和单片机构成一个 A-D 转换系统，如图 9.7 所示。P3.3 连接 ADC0832 的 CS 端，P3.4 连接 ADC0832 的时钟 CLK 端，P3.5 连接 ADC0832 的数据输入（输出）DI（DO）端；通道 CH0 通过变阻器输入 0～5V 电压；转换后通过 P2 口输出显示。

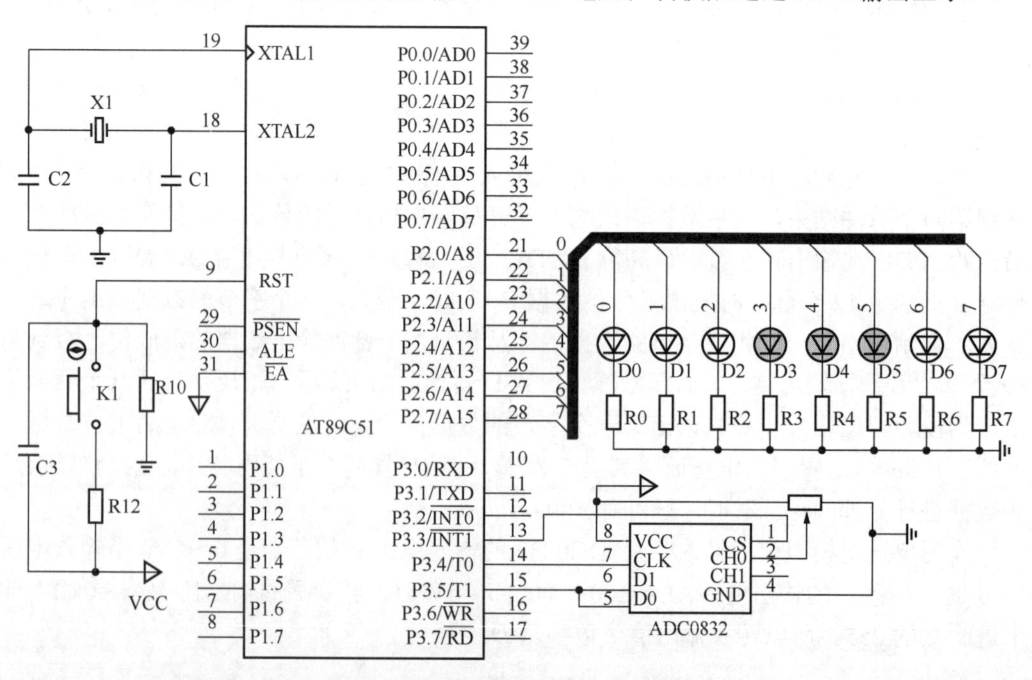

图 9.7　ADC0832 应用的 Proteus 仿真

汇编语言参考程序如下：

```
ORG  0000H                              ; 0000H 单元存放转移指令
    LJMP  MAIN                          ; 转移到主程序
```

```
ORG  0100H                    ; 主程序从 0100H 开始
MAIN: LCALL  AD               ; 调用 AD 子程序
    MOV  P2, A                ; 显示转换结果
    SJMP  MAIN                ; 循环显示
AD: MOV  R7, #8               ; 8 位数据，循环输入 8 次
    SETB  P3.3                ; 置 CS=1，一个转换周期开始
    CLR  P3.4                 ; 为第一个时钟脉冲 CLK 作准备
    SETB  P3.5                ; DI 置 1，起始信号
    CLR  P3.3                 ; CS 置 0，片选有效
    SETB  P3.4                ; 第一个脉冲 CLK 上升沿，输入起始信号
    CLR  P3.4                 ; 第一个脉冲的下降沿
    SETB  P3.5                ; DI 置 1， 通道选择信号
    SETB  P3.4                ; 第二个脉冲，输入通道 CH0 编号第 1 位
    CLR  P3.4                 ; 第二个脉冲下降沿
    CLR  P3.5                 ; DI 置 0，通道 CH0 编号第 2 位
    SETB  P3.4                ; 第三个脉冲上升沿，输入通道编号第 2 位
    CLR  P3.4                 ; 第三个脉冲下降沿
    SETB  P3.5                ; 第三个脉冲下降沿之后，输入端 DI 应置 1
    SETB  P3.4                ; 第四个脉冲上升沿
    CLR   P3.4                ; 第四个脉冲下降沿，开始串行输入 D7
LOOP: SETB  P3.4              ; 数据转换脉冲上升沿，转换数据输出
    MOV C, P3.5               ; 将 D0 输出数据送位累加器 C，高位在前
    RLC  A                    ; 进位位 C 移位到累加器 A 的最低位 D0
    CLR  P3.4                 ; 转换数据脉冲下降沿
    DJNZ  R7, LOOP            ; 循环移位输出
    SETB  P3.3                ; 片选 CS 无效，转换结束
    RET                       ; 子程序返回
END                           ; 汇编结束
```

C 语言参考程序如下：

```
#include<reg51.h>             //包含单片机特殊功能寄存器的头文件
#define uchar unsigned char   //定义 uchar 为无符号字符数据类型
sbit CS=P3^3;                 //将 CS 位定义为 P3.3 引脚
sbit CLK=P3^4;                //将 CLK 位定义为 P3.4 引脚
sbit DIO=P3^5;                //将 DIO 位定义为 P3.5 引脚
unsigned char  A_D()          //A_D 转换函数，完成 A-D 转换
{
    unsigned char i, dat;     //设 i 和 dat 为无符号字符变量
    CS=1;                     //一个转换周期开始
    CLK=0;                    //为第一个脉冲作准备
    DIO=1;                    //DIO 置 1，规定的起始信号
    CS=0;                     //CS 置 0，片选有效
    CLK=1;                    //第一个脉冲上升沿，输入起始信号
    CLK=0;                    //第一个脉冲的下降沿
    DIO=1;                    //DIO 置 1， 通道选择信号
    CLK=1;                    //第二个脉冲上升沿，输入选通通道编号第一位
    CLK=0;                    //第二个脉冲下降沿
    DIO=0;                    //DI 置 0，选择通道 0
    CLK=1;                    //第三个脉冲上升沿，输入通道编号第二位
```

```
    CLK=0;                      //第三个脉冲下降沿
    DIO=1;                      //第三个脉冲下降沿之后，DIO 失去作用，应置 1
    CLK=1;                      //第四个脉冲上升沿
    CLK=0;                      //第四个脉冲下降沿
    for(i=0; i<8; i++)          //8 位串行数据输入
    {
        CLK=1;                  //数据转换脉冲上升沿
        dat<<=1;                //dat 数据向左移一位
        dat|=(unsigned char)DIO;  //将数据 DIO 或运算存储在 dat 最低位
        CLK=0;                  //数据转换脉冲下降沿
    }
    CS=1;                       //片选无效
    return dat;                 //将读出的数据返回
}
void main()                     //主函数
{
    unsigned char ad8;          //定义 ad8 变量
    while(1)
    {
        ad8= A_D();             //A-D 转换结果送 ad8
        P2= ad8;                //转换数据输出到 P2 口显示
    }
}
```

ADC0832 应用的 Proteus 仿真如图 9.7 所示。

9.2 D-A 转换

D-A 转换是将数字量转换为模拟量的过程，完成 D-A 转换的器件叫做 DAC，也有很多种类。DAC0832 是典型代表，下面以 DAC0832 为例介绍 D-A 转换器与单片机接口的一般方法。

9.2.1 DAC0832 引脚

DAC0832 是一个 8 位 D-A 转换器。单电源供电，在+5～+15V 范围内均可正常工作。基准电压的范围为±10V；电流建立时间为 1μs；CMOS 工艺，功耗 20mW。

DAC0832 有 20 个引脚，为双列直插式封装，引脚排列如图 9.8 所示。

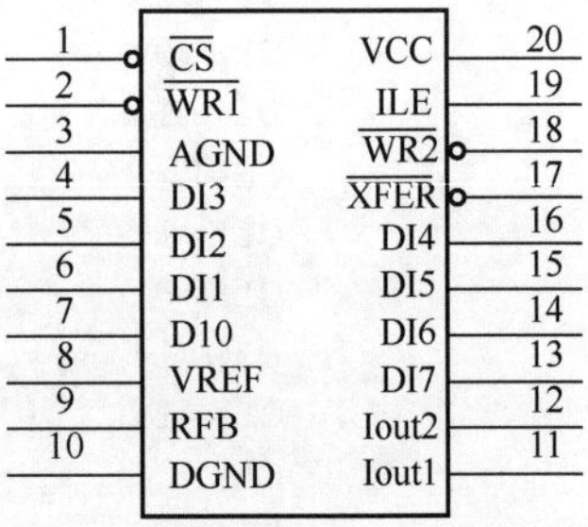

1）$\overline{CS}$：片选信号，输入低电平有效。与 ILE 相配合，可对信号 $\overline{WR1}$ 是否有效起到控制作用。

2）ILE：允许锁存信号，输入高电平有效。输入锁存器的信号 $\overline{LE1}$ 由 ILE、$\overline{CS}$、$\overline{WR1}$ 的逻辑组合产生。当 ILE 为高电平，$\overline{CS}$ 为低电平，$\overline{WR1}$ 输入负脉冲时，$\overline{LE1}$ 信号为正脉冲。$\overline{LE1}$ 为高电平时，输入锁存器的状态随着数据输入线

图 9.8　DAC0832 引脚排列

的状态变化，$\overline{LE1}$的负跳变将数据线上的信息锁入输入锁存器。

3）$\overline{WR1}$：写信号1，输入低电平有效。$\overline{WR1}$、$\overline{CS}$、ILE均为有效时，可将数据写入输入锁存器。

4）$\overline{WR2}$：写信号2，输入低电平有效。当其有效时，在传送控制信号$\overline{XFER}$的作用下，可将锁存在输入锁存器的8位数据送到DAC寄存器。

5）$\overline{XFER}$：数据传送控制信号，输入低电平有效。当$\overline{XFER}$为低电平，$\overline{WR2}$输入负脉冲时，则$\overline{LE2}$产生正脉冲。$\overline{LE2}$为高电平时，DAC寄存器的输出和输入锁存器状态一致，$\overline{LE2}$的负跳变将输入锁存器的内容锁入DAC寄存器。

6）VREF：基准电压输入端，可在－10～+10V范围内调节。

7）DI7～DI0：数字量数据输入端。

8）Iout1、Iout2：电流输出引脚。电流Iout1与Iout2的和为常数，Iout1、Iout2随寄存器的内容线性变化。

9）RFB：DAC0832芯片内部反馈电阻引脚。

10）VCC：正电源端。AGND：模拟地。DGND：数字地。

9.2.2　DAC0832逻辑结构及工作方式

DAC0832内部结构如图9.9所示，由输入寄存器和DAC寄存器构成两级数据输入锁存。当1LE=1、$\overline{CS}$=0、$\overline{WR1}$=0时，$\overline{LE1}$=1，输入寄存器的输出跟随输入的变化而变化。$\overline{LE1}$的下降沿锁存输入寄存器的内容。当$\overline{WR2}$=0，$\overline{XFER}$=0时，$\overline{LE2}$=1，DAC寄存器的输出跟随输入而变化。$\overline{LE2}$的下降沿锁存DAC寄存器内容。

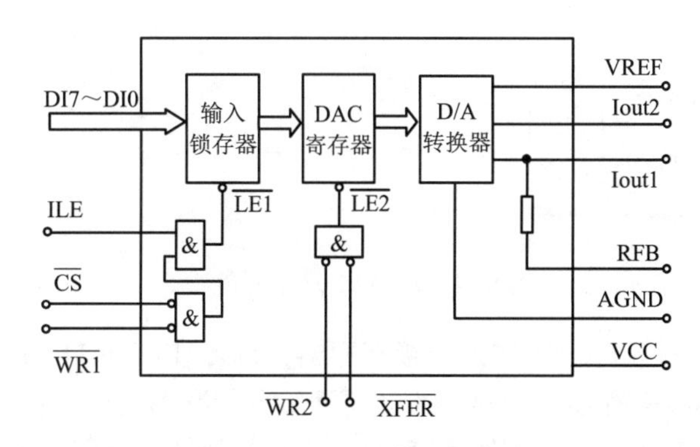

图9.9　DAC0832的内部结构

用软件指令控制这五个控制端：ILE、$\overline{CS}$、$\overline{WR1}$、$\overline{WR2}$、$\overline{XFER}$，可实现三种工作方式。

1）直通工作方式：五个控制端均有效，直接D-A转换。

2）单缓冲工作方式：输入锁存器和DAC寄存器中任意一个处于直通方式，另一个工作于受控方式。

3）双缓冲工作方式：输入锁存器和DAC寄存器都处于受控状态。

1. DAC0832 单缓冲方式

在实际应用中，如果只有一路模拟量输出，或虽有几路模拟量但并不要求同步输出时，可采用单缓冲方式。单缓冲方式的连接方法如图 9.10 和图 9.11 所示。

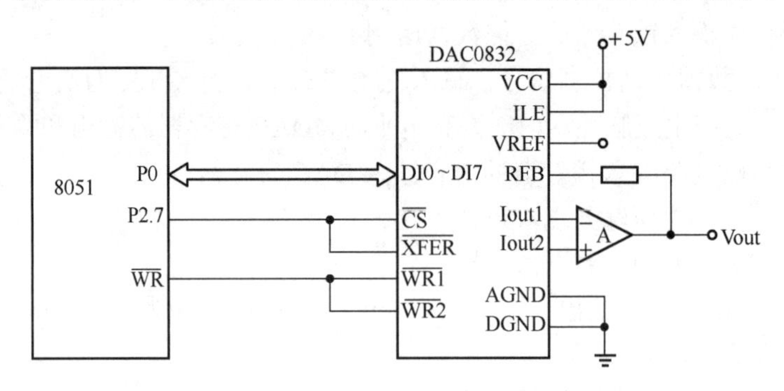

图 9.10　DAC0832 的单缓冲方式

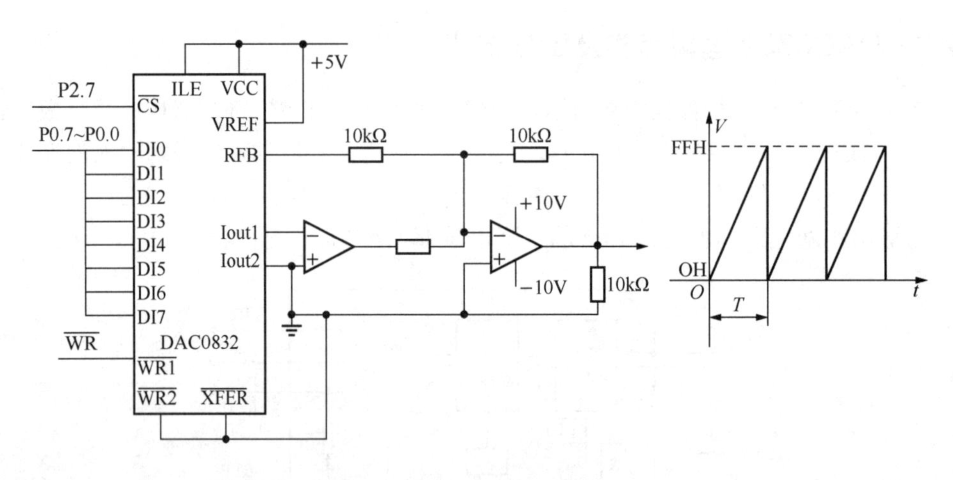

图 9.11　用 DAC 产生锯齿波

在图 9.10 中，两级寄存器作为一级寄存器使用。在图 9.11 中，由于 $\overline{\text{WR2}}$=0 和 $\overline{\text{XFER}}$=0，因此 DAC 寄存器处于接通方式。而输入锁存器处于受控锁存方式，$\overline{\text{WR1}}$接 8051 的 $\overline{\text{WR}}$，ILE 接高电平，此外还应把 $\overline{\text{CS}}$ 接高位地址或译码输出，以便为输入寄存器确定地址。

单缓冲方式应用十分广泛，例如，需要有一个线性增长的电压来控制移动记录笔或移动电子束等。此时可通过在 DAC0832 的输出端接运算放大器，由运算放大器产生锯齿波来实现，电路连接如图 9.11 所示。图中若 DAC0832 的输出端只接一级反向输入的运算放大器，则输出的锯齿波为负向增长的倒锯齿波，图中接二级运算放大器是为了输出正向的锯齿波。

假定 P2.7 接 $\overline{\text{CS}}$，则输入寄存器地址为 7FFFH，产生锯齿波的汇编语言程序如下：

```
ORG  0000H                      ; 在 0000H 单元存放转移指令
   LJMP  START                  ; 转移到主程序 START
ORG  0100H                      ; 主程序从 0100H 开始
START: MOV  A, #00H             ; 累加器 A 清 0
   MOV  DPTR, #7FFFH            ; DAC0832 的地址送 DPTR
   MOV  R1, #0AH                ; 一个锯齿波的台阶数为 10
LP: MOVX  @DPTR, A              ; 送数据至 DAC0832
   LCALL  DELAY10ms             ; 10ms 延时
   DJNZ  R1, NEXT               ; 不到 10 台阶转移
   SJMP  START                  ; 产生下一个周期
NEXT: ADD  A, #10               ; 台阶增幅
   SJMP  LP                     ; 产生下一台阶
DELAY10ms: MOV  R6, #20         ; 10ms 延时程序
DEL2: MOV  R7, #248
   DJNZ  R7, $
   DJNZ  R6, DEL2
   RET
END                             ; 汇编结束
```

对锯齿波的产生作如下几点说明。

1）程序每循环一次，A 加 10，循环 10 次，因此实际上锯齿波的上升沿是由 10 个小阶梯构成的，但由于阶梯很小，所以从宏观上看就是线性增长的锯齿波。

2）可通过循环程序段的机器周期数计算出锯齿波的周期，并可根据需要，通过延时的办法来改变波形周期。当延迟时间较短时，可用 NOP 指令来实现；当需要延迟的时间较长时，可以使用一个延时子程序。延迟时间不同，波形周期不同，锯齿波的斜率就不同。

3）通过 A 加 10，可得到正向的锯齿波；如要得到负向的锯齿波，改为减 10 指令即可实现。

4）程序中 A 的变化范围为 0～100，因此得到的锯齿波不是满幅度的。如要求得到其他幅度锯齿波，可通过计算求得数字量的初值和终值，然后在程序中通过置初值、判终值、改变每次的增量来实现。

产生锯齿波的 C 语言参考程序如下：

```
#include  <reg51.h>                 //包含特殊功能寄存器库
#include  <absacc.h>                //定义存储器空间的绝对地址
#define  uchar  unsigned  char      //定义 uchar 为无符号字符数据类型
#define  DAC0832  XBYTE[0x7FFF]     //定义 DAC0832 片外地址 0x7FFF
void delay(void)                    //定义延时 10ms 函数
{
   unsigned char i, x;              //定义变量 i、x 的类型
   x=10;
   while(x--)                       //x 自减 1
   {
      for(i=0; i<123; i++){;}       //延时循环
   }
}
void  main()                        //主函数
{
   uchar  f=0, i=0;                 //f 为幅度控制变量，i 为阶梯计数
```

```
    while(1)                            //无限循环体
    {
        DAC0832=f;                      //输出阶梯幅度
        delay();                        //延时 10ms
        i++;                            //阶梯计数加 1
        if (i<10)                       //设阶梯数为 10 个
        f=f+10;                         //增加幅度值
        else
        {
            f=0, i=0;
        }                               //当阶梯数到 10 个后，将 f=0, i=0
    }
}
```

用 D-A 转换还可以产生多种波形，产生矩形波的汇编语言参考程序如下：

```
ORG  0000H                      ; 在 0000H 单元存放转移指令
    LJMP  BEGIN                 ; 转移到主程序 BEGIN
ORG  0100H                      ; 主程序从 0100H 开始
BEGIN: MOV  DPTR, #7FFFH        ; 输入寄存器地址，假定 P2.7 接 CS
LP: MOV  A, #200                ; 设置矩形波上限
    MOVX  @DPTR, A              ; 将 A 的内容送 D-A 转换
    LCALL  DELAYH               ; 高电平延时时间
    MOV  A, #100                ; 设置矩形波下限
    MOVX  @DPTR, A              ; 将 A 的内容送 D-A 转换
    LCALL  DELAYL               ; 低电平延时时间
    SJMP   LP                   ; 循环
DELAYH:  MOV  R6, #20           ; 高电平延时程序
DEL2: MOV  R7, #248
    DJNZ  R7, $
    DJNZ  R6, DEL2
    RET
DELAYL:  MOV  R6, #30           ; 低电平延时程序
DEL3:  MOV  R7, #248
    DJNZ  R7, $
    DJNZ  R6, DEL3
    RET
END                             ; 汇编结束
```

产生矩形波的 C 语言参考程序如下：

```
#include  <reg51.h>                     //包含特殊功能寄存器库
#include  <absacc.h>                    //定义存储器空间的绝对地址
#define  uchar  unsigned  char          //定义 uchar 为无符号字符数据类型
#define  DAC0832  XBYTE[0x7FFF]         //定义 DAC0832 片外地址 0x7FFF
void  delay()                           //延时函数
{
    uchar  i;                           //变量 i 为无符号字符数据类型
    for(i=0; i<0xff; i++) {;}           //循环延时
}
void  main()                            //主函数
{
```

```
    while(1)                            //无限循环体
    {
        DAC0832=100;                    //输出低电平
        delay();                        //延时
        DAC0832=200;                    //输出高电平
        delay();                        //延时
    }
}
```

产生阶梯波的汇编语言程序如下，阶梯波波形如图 9.12 所示。

```
ORG  0000H                   ; 在 0000H 单元存放转移指令
    LJMP  START              ; 转移到主程序 START
ORG  0100H                   ; 主程序从 0100H 开始
START: MOV  A, #00H          ; 累加器 A 清 0
    MOV  DPTR, #7FFFH        ; DAC0832 的地址送 DPTR，假定 P2.7 接 CS
    MOV  R1, #0AH            ; 台阶数为 10
LP: MOVX  @DPTR, A           ; 送数据至 DAC0832
    LCALL  DELAY10ms         ; 10ms 延时
    DJNZ  R1, NEXT           ; 不到 10 台阶转移
    SJMP  START              ; 产生下一个周期
NEXT: ADD  A, #10            ; 台阶增幅
    SJMP  LP                 ; 产生下一台阶
END                          ; 汇编结束
```

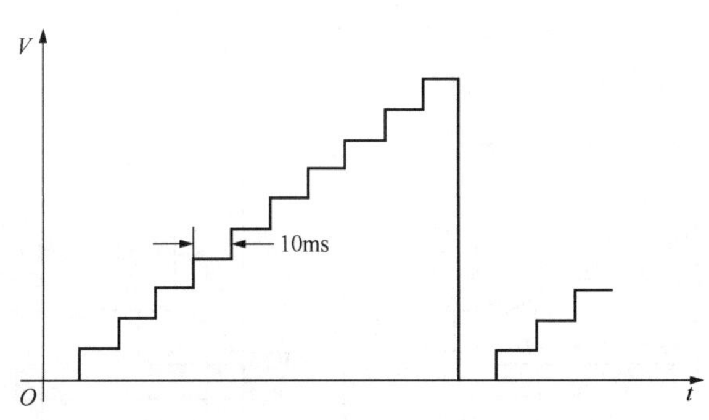

图 9.12　阶梯波波形

产生阶梯波的 C 语言参考程序如下：

```
#include  <reg51.h>                  //包含特殊功能寄存器库
#include  <absacc.h>                 //定义存储器空间的绝对地址
#define  uchar  unsigned  char       //定义 uchar 为无符号字符数据类型
#define  DAC0832  XBYTE[0x7FFF]      //定义 DAC0832 片外地址 0x7FFF
void  delay()                        //延时函数
{
    uchar  i;                        //变量 i 为无符号字符数据类型
    for(i=0; i<0xff; i++)            //延时
    for(i=0; i<0xff; i++) {;}
}
void  main()                         //主函数
{
    uchar  f=0, i=0;                 //f 为幅度控制变量，i 为阶梯计数
```

```
    while(1)                        //无限循环体
    {
    DAC0832=f;                      //输出阶梯幅度
    delay();                        //延时 10ms
    i++;                            //阶梯计数加 1
    if (i<10)                       //设阶梯数为 10 个
    f=f+10;                         //增加幅度值
    else { f=0, i=0};               //阶梯数到 10 个，f=0, i=0
    }
}
```

2. DAC0832 双缓冲方式

对于多路 D-A 转换接口，要求同步进行 D-A 转换输出时，必须采用双缓冲同步方式接法。DAC0832 采用这种接法时，数字量的输入锁存和 D-A 转换输出是分两步完成的。

首先，单片机的数据总线分时向各路 D-A 转换器输出要转换的数字量并锁存在各自的输入锁存器中。

然后单片机对所有的 D-A 转换器发出控制信号，使各个 D-A 转换器输入锁存器的数据同时打入 DAC 寄存器，实现同步转换输出。

图 9.13 是一个两路同步输出的 D-A 转换器的接口电路及逻辑框图。P2.5 和 P2.6 分别选择两路 D-A 转换器的输入锁存器，控制输入锁存；P2.7 连到两路 D-A 转换器的 $\overline{XFER}$ 端控制同步转换输出；$\overline{WR}$ 端与所有的 $\overline{WR1}$、$\overline{WR2}$ 端相连，在执行 MOVX 输出指令时，单片机自动输出 $\overline{WR}$ 控制信号。

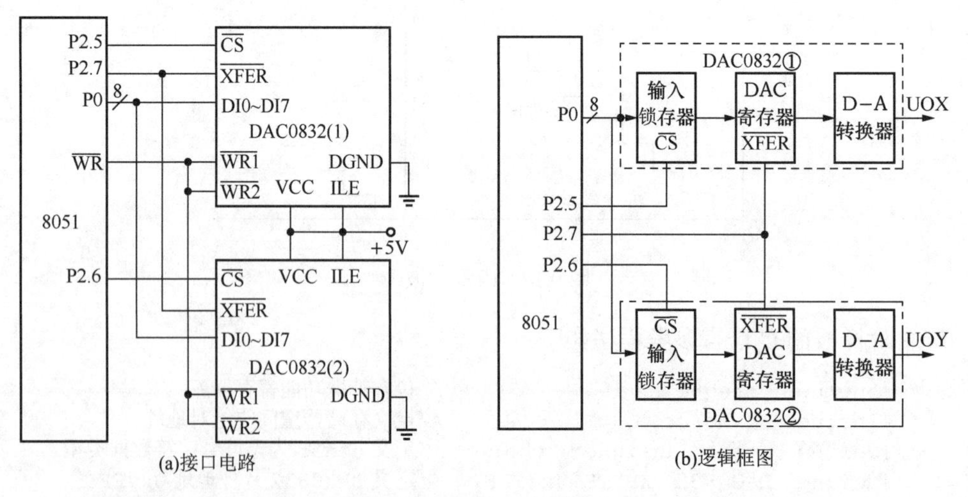

图 9.13 DAC0832 双缓冲方式

如果将 DAC0832(1)和(2)的输出端接运算放大器后，分别接图形显示器的 X 轴和 Y 轴偏转放大器输入端，实现同步输出，则可更新图形显示器的光点位置，从而实现绘图功能。设已知 X 轴信号和 Y 轴信号已分别存于 30H、31H 中，编写程序，驱动图形显示器工作。

汇编语言参考程序如下：

```
ORG  0000H                          ; 在 0000H 单元存放转移指令
    LJMP  DOUT                      ; 转移到主程序
ORG  0100H                          ; 主程序从 0100H 开始
DOUT: MOV  DPTR, #0DFFFH            ; 置 DAC0832(1)输入锁存器地址
    MOV  A, 30H                     ; 取 X 轴信号
    MOVX  @DPTR, A                  ; X 轴信号送 0832(1)输入锁存器
    MOV  DPTR, #0BFFFH              ; 置 DAC0832(2)输入锁存器地址
    MOV  A, 31H                     ; 取 Y 轴信号
    MOVX  @DPTR, A                  ; Y 轴信号送 0832(2)输入锁存器
    MOV  DPTR, #7FFFH               ; 置 DAC0832(1)、(2)DAC 锁存器地址
    MOVX  @DPTR, A                  ; 同步 D-A，输出 X、Y 轴信号
    SJMP  DOUT                      ; 循环
END                                 ; 汇编结束
```

C 语言参考程序如下（设 X 轴信号和 Y 轴信号已分别存于变量 i 和 j 中）：

```
#include  <reg51.h>                     //包含特殊功能寄存器库
#include  <absacc.h>                    //定义存储器空间的绝对地址
#define  uchar  unsigned  char          //定义 uchar 为无符号字符数据类型
#define  DAC0832_1  XBYTE[0xDFFF]       //定义 DAC0832_1 输入锁存器地址
#define  DAC0832_2  XBYTE[0xBFFF]       //定义 DAC0832_2 输入锁存器地址
#define  DAC  XBYTE[0x7FFF]            //定义 DAC0832(1)、(2)的 DAC 锁存器地址
void  main()                            //主函数
{
    uchar  i, j;                        //定义初值
    i=255; j=0;
    DAC0832_1=i;                        //x 轴信号送 DAC0832(1)输入锁存器
    DAC0832_2=j;                        //y 轴信号送 DAC0832(2)输入锁存器
    DAC=j;                              //同步 D-A，输出 x、y 轴信号
}
```

DAC0832 的直通工作方式，软硬件都比较简单，读者自己思考。

9.3　直流电动机控制

直流电动机应用很广，种类、型号也很多。本节主要介绍 51 单片机对普通直流电动机进行控制的接口技术，即对普通直流电动机进行转向控制和转速控制的原理和方法。转速控制采用 PWM（Pulse Width Modulation，脉冲宽度调制）波实现。其中占空比的控制可通过单片机采集 ADC0809 转换结果来调节。

用单片机控制直流电动机时，需要加驱动电路，以便为直流电机提供足够大的驱动电流。使用不同的直流电动机，其驱动电流也不同。通常有以下几种驱动电路：晶体管电流放大驱动电路、电动机专用驱动模块（如 L288）和达林顿驱动器等。如果是驱动单个电动机，并且电动机的驱动电流不大时，可选用晶体管电流放大驱动电路。如果电动机所需的驱动电流较大，可选用电动机专用驱动模块，接口简单，操作方便，但价格较贵些。

图 9.14 所示是一种常用的直流电动机控制电路，采用晶体管电流放大驱动电路。D

端控制转向，PWM 端控制转速。

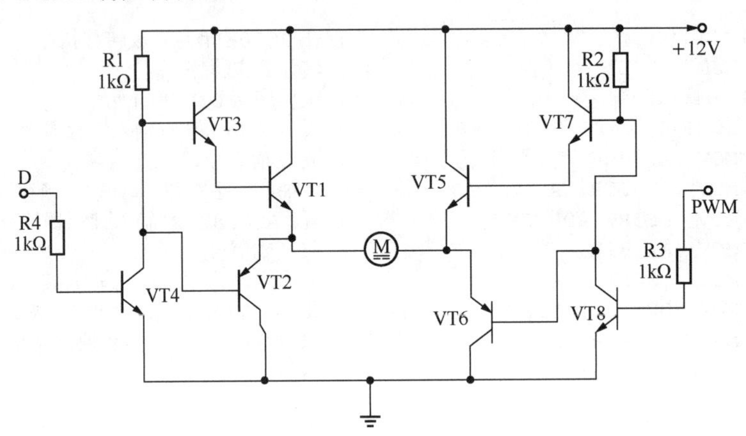

图 9.14 直流电动机控制电路

当 D 端为高电平时，VT4 和 VT2 导通，VT1 和 VT3 截止，此时图中电动机左端为低电平。当 PWM 端为低电平时，VT6 和 VT8 截止，VT5 和 VT7 导通，电流从 VT5 流向 VT2，电动机正转；若此时 PWM 端为高电平时，VT6 和 VT8 导通，VT5 和 VT7 截止，没有电流通过电动机。电动机制动停止。

当 D 端为低电平时，VT4 和 VT2 截止，VT1 和 VT3 导通；当 PWM 端为高电平时，VT6 和 VT8 导通，VT5 和 VT7 截止，电流从 VT1 流向 VT6，电动机反转。若此时 PWM 端为低电平，则没有电流通过电动机，电动机制动停止。

因此，只要控制 D 和 PWM 的电平，就可以控制直流电动机的正转、反转和停转。在 D 端电平确定（高或低）的情况下，若 PWM 端的信号是脉冲信号，则可以通过脉冲信号的占空比控制电动机的转速。占空比越大，电动机速度越快。

设单片机的 P3.2 接到电动机控制电路的 D 端，用于控制电动机的正转、反转。单片机的 P3.7 接电动机控制电路的 PWM 端，用于控制电动机的速度。首先，PWM 输出高电平，延时一段时间，延时的常数定为 TMP；接着再输出低电平，延时的常数为 255-TMP。这样即可改变单片机输出端 PWM 输出的占空比，从而达到调节电动机转速的目的，如图 9.15 所示。

直流电动机控制的汇编语言参考程序如下：

```
TMP  EQU  30H                   ; 定义 TMP 单元为 30H
PWM  BIT  P3.7                  ; 定义速度控制位 P3.7
D  BIT  P3.2                    ; 定义方向控制位 P3.2
ORG  0000H                      ; 在 0000H 单元存放转移指令
    LJMP  MAIN                  ; 转移到主程序
ORG  0100H                      ; 主程序从 0100H 开始
MAIN: JB  P2.0, POS             ; 判开关状态，开关为 1，则正转
    AJMP  NEG                   ; 开关为 0，则反转
POS: SETB  D                    ; 正转，D=1
    CLR  PWM                    ; 正转，PWM=0
    MOV  A, TMP                 ; 时间常数为 TMP
    LCALL  DELAY                ; 调用延时子程序
    SETB  PWM                   ; PWM=1
```

```
    MOV  A, #255          ; 时间常数为255-TMP
    SUBB  A, TMP
    LCALL  DELAY          ; 调用延时子程序
    SJMP  MAIN            ; 无条件转MAIN，循环
NEG: CLR   D              ; 反转，D=0
    SETB  PWM             ; 反转，PWM=1
    MOV  A, TMP           ; 时间常数为TMP
    LCALL  DELAY          ; 调用延时子程序
    CLR  PWM              ; PWM=0
    MOV  A, #255          ; 时间常数为255-TMP
    SUBB  A, TMP
    LCALL  DELAY          ; 调用延时子程序
    SJMP  MAIN            ; 无条件转MAIN
DELAY: MOV  R6, #5        ; 延时
D1: DJNZ  R6, D1
    DJNZ  ACC, D1
    RET                   ; 子程序返回
END                       ; 汇编结束
```

直流电动机控制的C语言参考程序如下：

```
#include  <reg51.h>               //包含特殊功能寄存器库
#define  uchar  unsigned  char    //定义uchar为无符号字符数据类型
sbit  PWM=P3^7;                   //将PWM定义为P3.7引脚
sbit  d=P3^2;                     //将d定义为P3.2引脚
sbit  key=P2^0;                   //将key定义为P2.0，开关位
uchar  a, tmp;                    //定义变量a和tmp，用于放时间常数
void  delay(uchar i)              //延时函数
{
    uchar j, k;                   //变量j、k为无符号字符数据类型
    for(j=i; j>0; j--)            //循环延时
    for(k=125; k>0; k--);         //循环延时
}
void main()                       //主函数
{
    uchar a; tmp=118;             //初始化tmp
    while(1)                      //无限循环体
    {
        if(key==0)                //当开关位为0，则反转
        {
            d=0;                  //d置0
            PWM=1;                //PWM=1
            a=tmp;                //时间常数为tmp
            delay(a);             //调延时函数
            PWM=0;                //PWM=0
            a=255-tmp;            //时间常数为255-tmp
            delay(a);             //调延时函数
        }
        else                      //开关为1，则正转
        {
            d=1;
            PWM=0;
```

```
                a=tmp;                          //时间常数为 tmp
                delay(a);                       //调延时函数
                PWM=1;                          //PWM=1
                a=255-tmp;                      //时间常数为 255-tmp
                delay(a);                       //调延时函数
            }
        }
    }
```

直流电动机控制的 Proteus 仿真如图 9.15 所示。

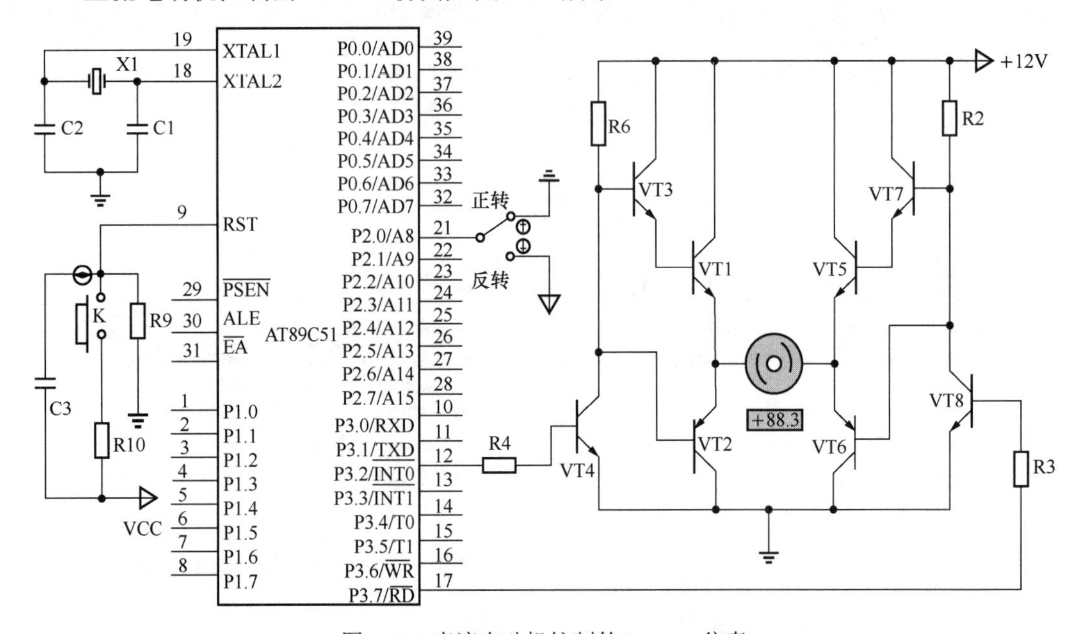

图 9.15 直流电动机控制的 Proteus 仿真

思考题

1. 在 ADC0809 应用电路中，如何启动转换？如何知道转换结束？

2. ADC0809 的典型转换频率为 640kHz 左右，如果单片机的晶振频率为 12MHz，则 ALE 的频率为 2MHz。若要用 ALE 分频后作为 ADC0809 的时钟信号，需要 4 分频，请画出分频电路。

3. 简述 DAC0832 的直通工作方式、单缓冲工作方式、双缓冲工作方式的特点和用途。

练习题

1. 利用 DAC0832 单缓冲方式设计一个波形发生器，用 Proteus 仿真实现。

2. 用 ADC 设计一个数字电压表，量程自己定义，用 Proteus 仿真实现。

第 10 章　存储器扩展

当单片机应用系统的功能越来越丰富时，结构就会越来越复杂，程序代码和需要处理的数据量也会越来越大。当单片机片内程序存储器、数据存储器的容量不够用时，就需要添加相应的存储器，这就是存储器扩展。存储器扩展的核心问题是数据线、地址线、控制线的合理分配。对于 MCS-51 单片机来说，并行存储器扩展的基本原则是：P0 口提供数据线；P2P0 口提供地址线，其中，低位用于片内选择，高位用于芯片选择；用 $\overline{\text{PSEN}}$ 控制程序存储器的读操作，用 $\overline{\text{RD}}$ 和 $\overline{\text{WR}}$ 控制数据存储器读写操作。

10.1　存储器扩展方法

1. MCS-51 单片机最小系统

对于 8051 单片机，只要加上振荡电路和复位电路，该系统就可以工作了，常称这样的系统为最小系统。对于不带片内 ROM 的单片机，如 8031，需要在片外扩展 ROM 之后才能构成最小系统，如图 10.1 所示。

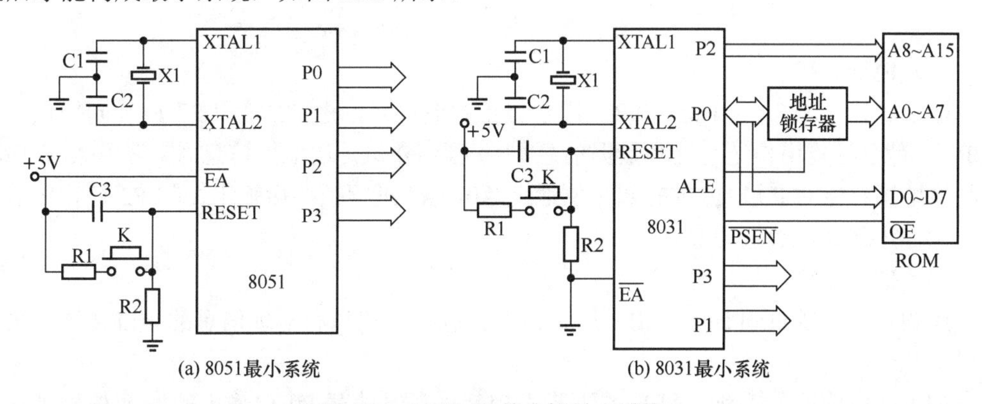

图 10.1　MCS-51 单片机最小系统

2. 存储器扩展的基本方法

存储器扩展时，常把单片机的外部引线分为三组：数据线、地址线、控制线。存储器扩展就是将需要的外部存储器连接到这三组总线上，使其能够与 CPU 正确通信，完成数据交换，此即总线扩展法。

按照数据传送的方式，扩展可以分为并行扩展和串行扩展。并行总线扩展的一般连接方法如图10.2所示。

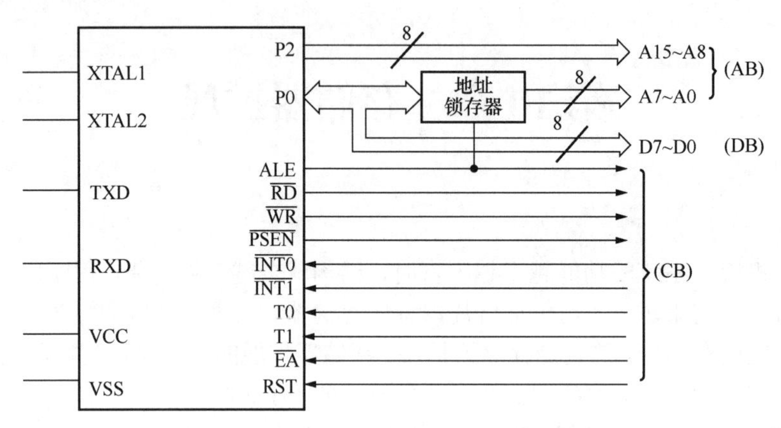

图10.2　MCS-51单片机的三总线结构

（1）数据总线

数据总线（Data Bus，DB）用于单片机与存储器的数据传送，由P0口提供。通常将P0口与存储器芯片的数据总线直接相连作为数据线。若所选存储器芯片字长与单片机字长一致时，只需扩展容量，所需存储器芯片数目按下式确定：

$$芯片数目=\frac{系统扩展容量}{存储器芯片容量}$$

若所选存储器芯片字长与单片机字长不一致，则不仅需要扩展容量，还要扩展字长。所需存储器芯片数目按下式确定：

$$芯片数目=\frac{系统扩展容量}{存储器芯片容量}\times\frac{系统字长}{存储器芯片字长}$$

（2）地址总线

地址总线（Address Bus，AB）用于寻址存储单元，由P0口和P2口共同提供。由于P0口是分时复用传送地址和数据信息，所以当P0口传送地址信息时，常用ALE信号控制地址锁存器对P0口提供的低8位地址A0～A7进行锁存后输出，与P2口输出的高8位地址组成16位地址总线。

（3）控制总线

控制总线（Control Bus，CB）用于协调控制数据信息和地址信息的正确传送，主要有以下几个。

ALE：地址锁存控制。ALE的下降沿控制锁存器锁存P0口输出的低8位地址，与74LS373的使能端相连。

$\overline{PSEN}$：程序存储器ROM的读控制信号。执行程序存储器读指令MOVC时，该信号有效，与程序存储器输出使能端相连。

$\overline{EA}$：程序存储器选择。低电平表示系统从片外程序存储器0000H开始读程序；高电平表示系统从片内程序存储器0000H开始读程序，超出片内程序存储器范围后，自动转到片外程序存储器。

$\overline{RD}$ 、$\overline{WR}$ ：片外数据存储器的读写控制。执行片外数据存储器读写指令 MOVX 时，信号有效，分别与存储器扩展芯片的输出使能和写使能端相连。

存储器扩展芯片的芯片选通线通常由高位地址线直接选通或经地址译码器译码后选通。

3. 存储器扩展中的地址译码技术

存储器扩展时，通常把地址线分为片内地址和片外地址两部分。片内地址是指为了寻址存储器芯片片内单元所需要的地址线，一般为地址总线的低位。除了片内地址总线外，剩余的地址线称为片外地址线，一般为地址总线的高位。通常用高位地址线控制芯片的片选信号。

片选信号的形成方式通常有线选法和译码选择法两类，其中译码选择又包括部分译码和全译码两种。

线选法：先将扩展存储器芯片的地址线与单片机的地址总线从低位开始顺次相连后，剩余的高位地址线的一根或几根直接连接到各扩展存储器芯片的片选线上，如图 10.3 所示。低位地址线 A0～A10 实现片内寻址，可直接寻址 2K 范围。高位地址线 A11～A13 实现芯片选择。A11～A13 中同一时刻只允许有一根线为低电平，另两根必须为高电平，否则出错。无关位 A14、A15 可任取 1 或 0。表 10.1 为线选法时，三片存储器芯片的地址分配。

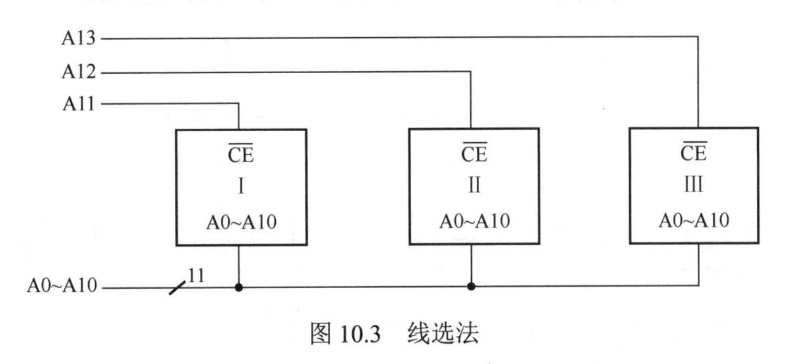

图 10.3　线选法

表 10.1　图 10.3 三片存储器芯片地址分配表

芯片	二进制表示																地址
	无关位		片外地址线			片内地址线											
	A15	A14	A13	A12	A11	A10	A9	A8	A7	A6	A5	A4	A3	A2	A1	A0	
芯片 I	1	1	1	1	0	0	0	0	0	0	0	0	0	0	0	0	F000H
	…		…			…											…
	1	1	1	1	0	1	1	1	1	1	1	1	1	1	1	1	F7FFH
芯片 II	1	1	1	0	1	0	0	0	0	0	0	0	0	0	0	0	E800H
	…		…			…											…
	1	1	1	0	1	1	1	1	1	1	1	1	1	1	1	1	EFFFH
芯片III	1	1	0	1	1	0	0	0	0	0	0	0	0	0	0	0	D800H
	…		…			…											…
	1	1	0	1	1	1	1	1	1	1	1	1	1	1	1	1	DFFFH

由表10.1可以看出，三片存储器地址空间并不连续。同时，由于存储器芯片的工作状态只与和它连接的地址线有关，而与不连接的地址线无关。因此，线选法使存储器芯片的地址空间有重叠，即一个存储器单元对应多个地址，造成系统存储器空间的浪费。如在图10.3中，由于A15 A14是无关位，其值可以任意取00H、01H、10H、11H，都不会影响存储器单元的选择结果，因此3000H、7000H、B000H、F000H四个地址对应同一个存储单元。由此可见，线选法的优点是电路简单。缺点是存储空间不连续，存在地址重叠现象。只适用于扩展存储容量较小的场合。

部分译码法：先将存储器芯片的地址线与单片机的地址线从低位开始顺次相连，剩余的单片机地址线的一部分经译码后连接到各扩展存储器芯片的片选线上。选择某一存储器芯片时，参加译码的地址线都有一个确定的状态，不参加译码的地址线状态任意。因此，部分译码使存储器芯片的地址空间也有重叠，造成系统存储器空间的浪费。如图10.4所示，由于A15是无关位，其值可以任意取0或1都不会影响寻址结果。因此0000H与8000H两个地址对应一个存储单元。同理，若有N条高位地址线不参加译码，则有2^N个重叠地址。重叠的地址中真正能存储信息的只有一个，因而会造成浪费。这是部分译码法的缺点。表10.2为A15=1时，图10.4的地址分配表。A15=0时的地址分配只需将A15对应一栏里的1换成0即可。

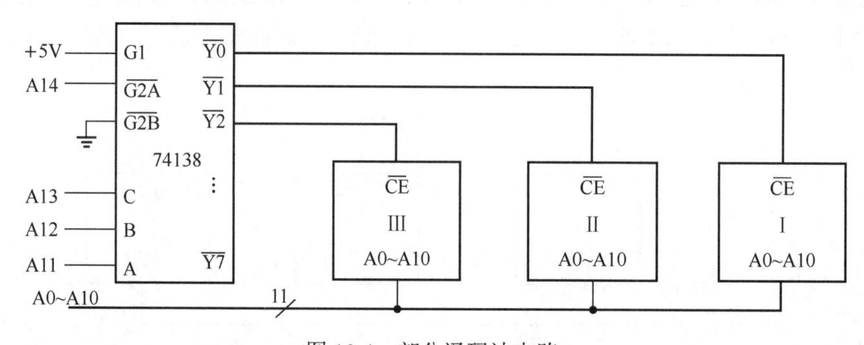

图10.4 部分译码法电路

表10.2 A15=1时，图10.4电路地址分配表

芯片	二进制表示			地址
	无关位	片外地址线	片内地址线	
	A15	A14 A13 A12 A11	A10 A9 A8 A7 A6 A5 A4 A3 A2 A1 A0	
芯片Ⅰ	1	0 0 0 0	0 0 0 0 0 0 0 0 0 0 0	8000H
	…	…	…	…
	1	0 0 0 0	1 1 1 1 1 1 1 1 1 1 1	87FFH
芯片Ⅱ	1	0 0 0 1	0 0 0 0 0 0 0 0 0 0 0	8800H
	…	…	…	…
	1	0 0 0 1	1 1 1 1 1 1 1 1 1 1 1	8FFFH
芯片Ⅲ	1	0 0 1 0	0 0 0 0 0 0 0 0 0 0 0	9000H
	…	…	…	…
	1	0 0 1 0	1 1 1 1 1 1 1 1 1 1 1	97FFH

全译码法：先将存储器芯片的地址线与单片机的地址线从低位开始顺次相连，剩余的单片机地址线经全部译码后连接到各扩展存储器芯片的片选线上。如在图 10.4 中，将 A15 连接到 G1 端，就成为全译码方式。地址分配如表 10.2 所示。由于所有地址线全部参加译码，一个地址对应一个存储单元，扩展存储器芯片的地址空间是唯一确定的，不会有地址重叠。

在存储器扩展容量不大的情况下，常选择线选法，电路会简单些，可降低成本。当扩展存储器容量比较大时，选择全译码法，可消除地址重叠，充分利用存储空间。

10.2　程序存储器扩展

当单片机片内程序存储器容量不能满足要求时，需进行程序存储器扩展。程序存储器扩展时要注意以下几点。

1）片外程序存储器有单独的地址编号（0000H～FFFFH），可寻址 64KB 范围。虽然与数据存储器地址重叠，但不会冲突，因为它们使用的指令不同。程序存储器与数据存储器共用地址总线和数据总线。

2）对片内有程序存储器的单片机，片内程序存储器与片外程序存储器采用相同的操作指令，片内与片外程序存储器的选择由 $\overline{EA}$ 控制。$\overline{EA}$ 为高电平时选择从片内程序存储器 0000H 单元开始访问，$\overline{EA}$ 为低电平时选择从片外程序存储器 0000H 单元开始访问。

3）程序存储器使用单独的控制信号和指令。读操作由 $\overline{PSEN}$ 控制，用 MOVC 指令完成。而片外数据存储器的读写由 $\overline{RD}$ 、$\overline{WR}$ 信号控制，用 MOVX 指令完成。

10.2.1　程序存储器扩展方法

1. 程序存储器扩展的一般方法

扩展外部程序存储器时，首先要根据扩展的容量选择合适的芯片。然后将芯片的数据线与单片机的 P0 口相连；根据芯片容量大小计算需要几根地址线，片内地址线从最低位 P0.0 开始连接，高位地址用于片选。$\overline{PSEN}$ 与芯片的 $\overline{OE}$ 相连，控制程序存储器的读，如图 10.5 所示。

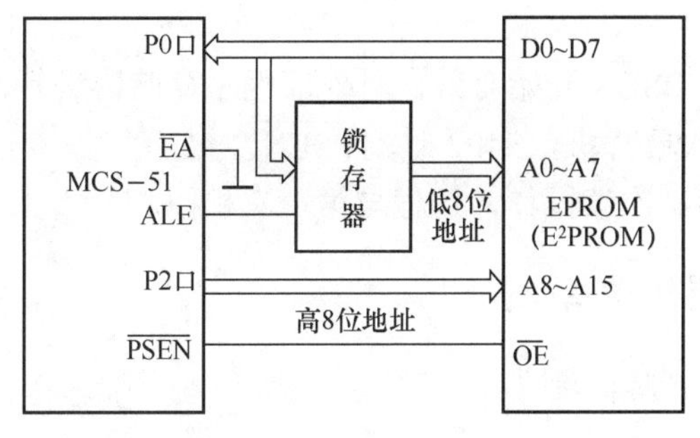

图 10.5　程序存储器扩展

2. 访问外部程序存储器的时序

CPU 访问外部程序存储器时，控制信号 ALE 上升为高电平后，P0 口输出地址低 8 位（PCL），P2 口输出地址高 8 位（PCH），由 ALE 的下降沿将 P0 口输出的低 8 位地址锁存到外部地址锁存器中。接着 P0 口由输出方式变为输入方式，即浮空状态，等待从程序存储器读出指令，而 P2 口输出的高 8 位地址信息不变。高位地址经译码后选择存储器芯片，存储器芯片对低位地址译码后选择存储单元。程序存储器选通信号 $\overline{\text{PSEN}}$ 变为低电平有效，被选中的存储器单元的内容传送到 P0 口，读到单片机内部。MCS-51 单片机的 CPU 在访问外部程序存储器时，在一个程序存储器读周期内，控制线 ALE 上出现两个正脉冲，程序存储器选通线 $\overline{\text{PSEN}}$ 上出现两个负脉冲，说明在一个机器周期内 CPU 访问两次外部程序存储器。对于时钟为 12MHz 的系统，$\overline{\text{PSEN}}$ 的宽度为 230ns，在选 EPROM 芯片时，除了考虑容量之外，还必须使 EPROM 的读取时间与 CPU 的时钟匹配。访问外部程序存储器的操作时序脉冲如图 10.6 所示。

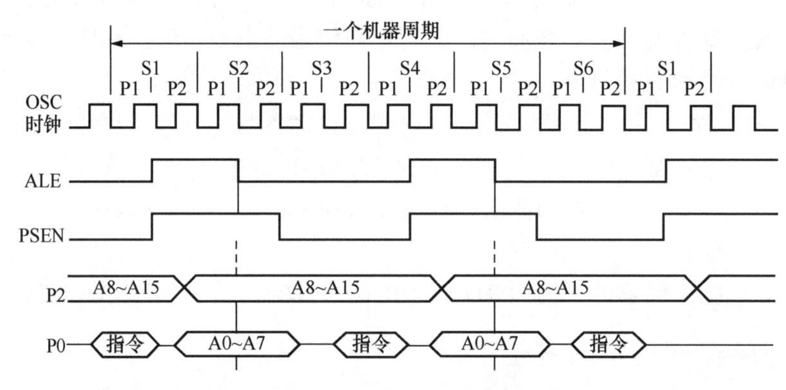

图 10.6　访问外部程序存储器时序脉冲

操作过程如下。

1）在 S1P2 时刻产生 ALE 信号。

2）由 P2P0 送出 16 位地址，由于 P0 口送出的低 8 位地址只保持到 S2P2，所以要利用 ALE 的下降沿将 P0 口送出的低 8 位地址信号锁存到地址锁存器中。而 P2 口送出的高 8 位地址在整个读指令的过程中始终有效，因此不需要对其进行锁存。从 S2P2 起，ALE 信号失效。

3）从 S3P1 开始，$\overline{\text{PSEN}}$ 开始有效，对外部程序存储器进行读操作，将选中单元中的指令代码从 P0 口读入单片机，S4P2 时刻 $\overline{\text{PSEN}}$ 失效。

4）从 S4P2 开始第二次读操作，过程与第一次相似。

10.2.2　程序存储器扩展举例

1. EPROM 程序存储器扩展

EPROM 芯片种类繁多，2716 是其中容量较小的一款，有 24 个引脚，如图 10.7 所示。3 根电源线（VCC、VPP、GND）、11 根地址线（A0～A10）、8 根数据输出线（O0～O7），其他两根为片选端 $\overline{CE}$ 和输出允许端 $\overline{OE}$ 。VPP 为编程电源端，在正常工作（读）时，也接到+5V，对芯片编程时（将程序写入芯片内部）时，VPP 提供 25V 的编程电压。大容量的 EPROM 芯片有 2732、2764、27128、27256，它们的引脚功能与 2716 类似。图 10.7 列出了它们的引脚分布。

引脚	27256	27128	2764	2732
1	VPP	VPP	VPP	
2	A12	A12	A12	
3	A7	A7	A7	A7
4	A6	A6	A6	A6
5	A5	A5	A5	A5
6	A4	A4	A4	A4
7	A3	A3	A3	A3
8	A2	A2	A2	A2
9	A1	A1	A1	A1
10	A0	A0	A0	A0
11	O0	O0	O0	O0
12	O1	O1	O1	O1
13	O2	O2	O2	O2
14	GND	GND	GND	GND

2716	引脚	引脚	2716
A7	1	24	VCC
A6	2	23	A8
A5	3	22	A9
A4	4	21	VPP
A3	5	20	$\overline{OE}$
A2	6	19	A10
A1	7	18	$\overline{CE}$
A0	8	17	O7
O0	9	16	O6
O1	10	15	O5
O2	11	14	O4
GND	12	13	O3

2732	2764	27128	27256	引脚
	VCC	VCC	VCC	28
	$\overline{PGM}$	$\overline{PGM}$	A14	27
VCC	未用	A13	A13	26
A8	A8	A8	A8	25
A9	A9	A9	A9	24
A11	A11	A11	A11	23
$\overline{OE}$/VPP	$\overline{OE}$	$\overline{OE}$	$\overline{OE}$	22
A10	A10	A10	A10	21
$\overline{CE}$	$\overline{CE}$	$\overline{CE}$	$\overline{CE}$	20
O7	O7	O7	O7	19
O6	O6	O6	O6	18
O5	O5	O5	O5	17
O4	O4	O4	O4	16
O3	O3	O3	O3	15

图 10.7 常用 EPROM 芯片引脚

【例 10.1】 单片程序存储器扩展。试在 8051 最小系统上扩展一片 EPROM2764。

2764 是 8K×8 位程序存储器，芯片的地址引线有 13 条，依次和单片机的地址线 A0～A12 相接。因只用一片 2764，片选信号 $\overline{CE}$ 可直接接地（常有效），所以高三位地址线 A13、A14、A15 可以不接。此时会有 2^3=8 个重叠的 8 KB 地址空间。连接电路如图 10.8 所示。

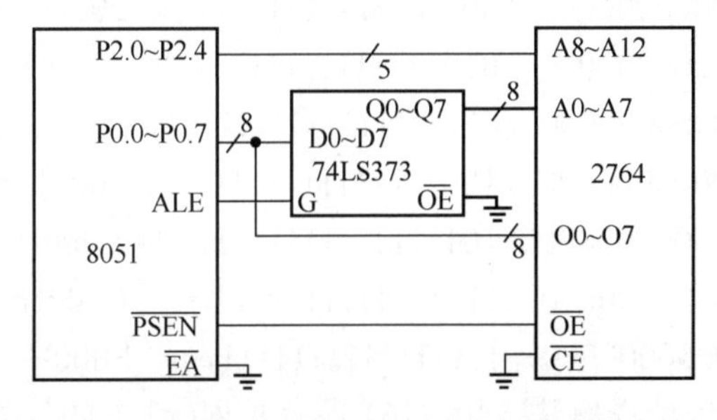

图 10.8 一片 2764 与 8051 单片机的连接电路

图 10.8 所示电路的八个重叠的地址范围如下：

0000000000000000～0001111111111111，即 0000H～1FFFH。

0010000000000000～0011111111111111，即 2000H～3FFFH。

0100000000000000～0101111111111111，即 4000H～5FFFH。

0110000000000000～0111111111111111，即 6000H～7FFFH。

1000000000000000～1001111111111111，即 8000H～9FFFH。

1010000000000000～1011111111111111，即 A000H～BFFFH。

1100000000000000～1101111111111111，即 C000H～DFFFH。

1110000000000000～1111111111111111，即 E000H～FFFFH。

共占用了 64KB 的存储空间，造成地址空间的重叠和浪费。

【例 10.2】 使用线选法，用两片 2764 扩展 16KB 的程序存储器。

扩展连接如图 10.9 所示。以 P2.7 作为片选信号，当 P2.7=0 时，选中 2764（1）；当 P2.7=1 时，选中 2764（2）。

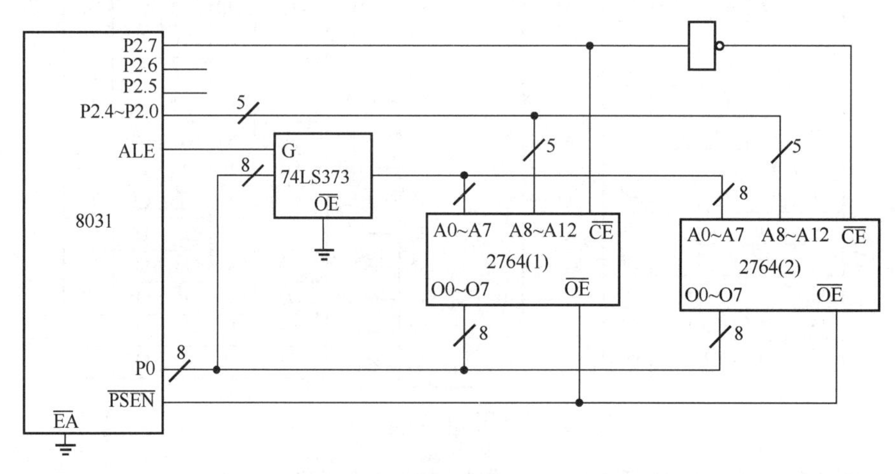

图 10.9 两片 EPROM2764 的扩展连接电路

因两根线（A13、A14）未用，故两个芯片各有 2^2=4 个重叠的地址空间。重叠的地址范围如下。

芯片 1：0000000000000000～0001111111111111，即 0000H～1FFFH。
0010000000000000～0011111111111111，即 2000H～3FFFH。
0100000000000000～0101111111111111，即 4000H～5FFFH。
0110000000000000～0111111111111111，即 6000H～7FFFH。

芯片 2：1000000000000000～1001111111111111，即 8000H～9FFFH。
1010000000000000～1011111111111111，即 A000H～BFFFH。
1100000000000000～1101111111111111，即 C000H～DFFFH。
1110000000000000～1111111111111111，即 E000H～FFFFH。

【例 10.3】 使用地址译码法，用 2764 芯片扩展 8031 的片外程序存储器，地址范围为 0000H～3FFFH。

本例要求的地址空间是唯一确定的，所以要采用全译码方法。由指定的地址范围可知：扩展的容量为 3FFFH-0000H+1=4000H=16（KB）。2764 有 13 根（A0～A12）片内地址线，为 8 K×8 位芯片，故需要两片。第一片的地址范围应为 0000H～1FFFH（8K），可见，A15A14A13 为 000；第二片的地址范围应为 2000H～3FFFH（8K），可见，A15A14A13

为 001。地址关系如表 10.3 所示。

表 10.3　地址关系

P2.7	P2.6	P2.5	P2.4	P2.3	P2.2	P2.1	P2.0	P0.7	P0.6	P0.5	P0.4	P0.3	P0.2	P0.1	P0.0
A15	A14	A13	A12	A11	A10	A9	A8	A7	A6	A5	A4	A3	A2	A1	A0
0	0	0	×	×	×	×	×	×	×	×	×	×	×	×	×
0	0	1	×	×	×	×	×	×	×	×	×	×	×	×	×

选用 74LS138 译码器译码高位地址，用输出 $\overline{Y0}$ 作为第 1 片的片选信号，$\overline{Y1}$ 作为第 2 片的片选信号。扩展连接电路如图 10.10 所示。

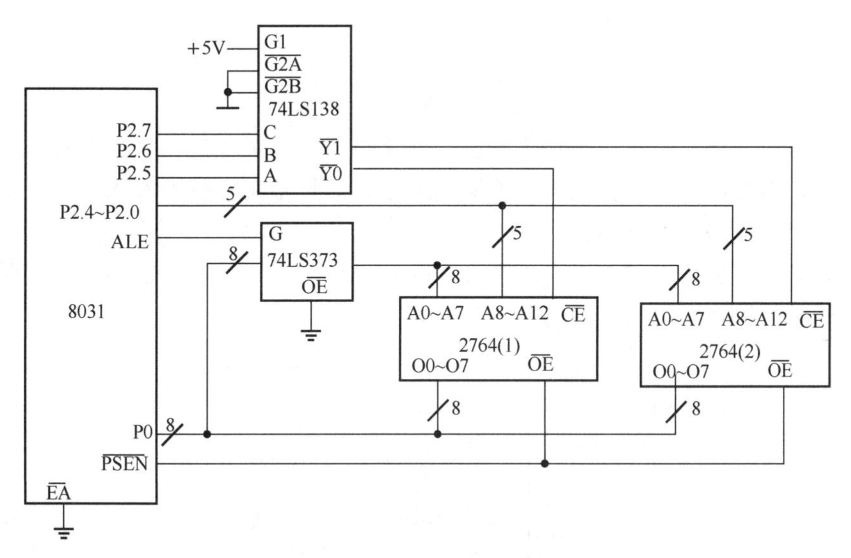

图 10.10　全译码 EPROM 扩展连接电路

2. E^2PROM 扩展

E^2PROM 是电可擦除只读存储器，其主要特点是能在线修改存储器内容，并能在断电的情况下保持修改的结果。因而在智能化仪器仪表、控制装置等领域得到普遍应用。2864A 是常用的 E^2PROM 芯片。2864A 的管脚排列和原理如图 10.11 所示。

E^2PROM 的工作方式主要有读出、写入和维持三种，如表 10.4 所示。

表 10.4　2864A 的工作方式

方式	控制脚			
	$\overline{CE}$	$\overline{OE}$	$\overline{WE}$	I/O0～I/O7
读出	L	L	H	输出信息
写入	L	H	L	数据输入
维持	H	×	×	高阻
禁止写	×	×	H	—

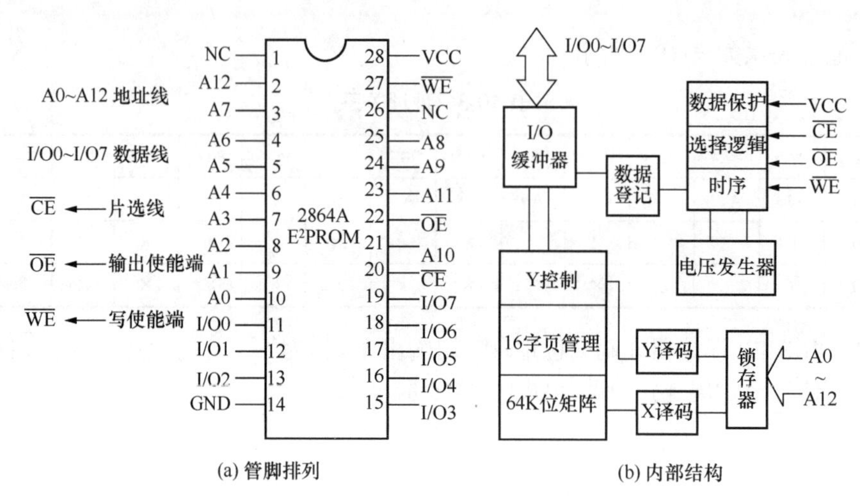

图 10.11　2864A 管脚排列及原理图

2864A 提供了两种数据写入操作方式，即字节写入和页面写入。字节写入每次只写入一个字节，而且需要使用查询方式判断写入是否已经结束。页面写入方式一次可以写入一个页，可以提高写入速度。

E^2PROM 既可作为 ROM 使用，也可作为 RAM 使用。如果将 E^2PROM 同时用做片外 ROM 和片外 RAM 用，连接电路如图 10.12 所示。

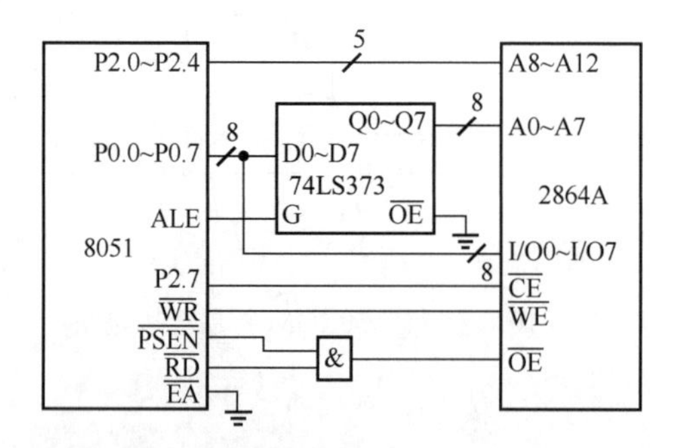

图 10.12　将 E^2PROM 作为片外 ROM 和片外 RAM 使用的连接电路

1）地址线、数据线仍按扩展外 ROM 的方式连接。

2）片选线一般由高位地址线控制，并决定 E^2PROM 的地址范围，此处由 P2.7 控制。

3）E^2PROM 用做外 ROM 时，执行 MOVC 指令，读选通由 $\overline{PSEN}$ 控制。

4）E^2PROM 用做外 RAM 时，执行 MOVX 指令，读选通由 $\overline{RD}$ 控制；写选通由 $\overline{WR}$ 控制。

读 E^2PROM 时，速度与 EPROM 相当，能满足 CPU 要求；写 E^2PROM 时，速度较慢，因此，不宜将 E^2PROM 当做一般 RAM 使用。一般每写入一个（页）字节，要延时 10ms 以上，使用时应予以注意。

10.3　数据存储器扩展

10.3.1　数据存储器扩展方法

MCS-51 单片机片内有 256B 的 RAM 存储器，它们可以作为工作寄存器、堆栈、标志和数据缓冲器等。CPU 对内部 RAM 有丰富的操作指令，因此这部分 RAM 是十分珍贵的资源，应充分发挥它的作用。当片内的 RAM 存储器不够用时，需要进行扩展。扩展时单片机与数据存储器的连接方法如图 10.13 所示。

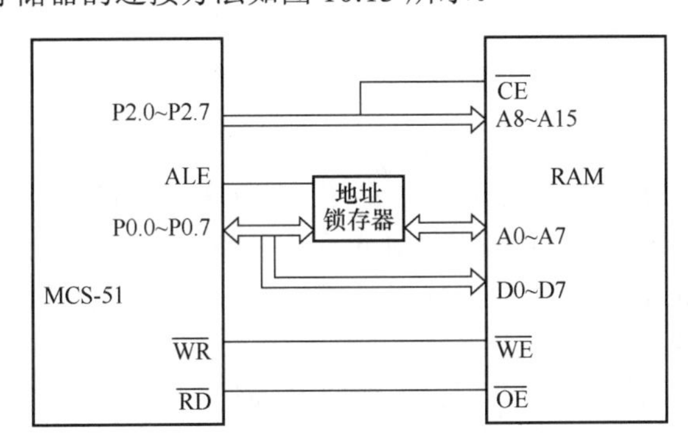

图 10.13　数据存储器扩展

P0 口分时传送 RAM 的低 8 位地址和数据，P2 口提供高 8 位地址线。在外部 RAM 读/写周期，CPU 产生 $\overline{RD}$ 、$\overline{WR}$ 信号。访问内部数据存储器时使用 MOV 指令，访问外部数据存储器时使用 MOVX 指令。

外部数据存储器有两种访问方式：

1）低 8 位地址寻址的外部数据区。此区域寻址空间为 256B。CPU 可以使用下列读写指令来访问此存储区。

读存储器数据指令：MOVX　A, @Ri

写存储器数据指令：MOVX　@Ri, A

值得注意的是：这种情况下对外部 RAM 进行操作时，需给 P2 口赋值，以确定块位置。

2）16 位地址寻址的外部数据区。当外部 RAM 容量较大，需要访问的 RAM 地址空间大于 256B 时，则要使用下列 16 位寻址指令。

读存储器数据指令：MOVX　A, @DPTR

写存储器数据指令：MOVX　@DPTR, A

由于 DPTR 为 16 位的地址指针，故可寻址 64KB 的 RAM 单元。

执行 MOVX 指令需要两个机器周期，第一个机器周期为取指令周期，即将 MOVX 的指令码从 ROM 中取出，第二个机器周期为指令执行周期，即存储器存取周期，如图 10.14 所示。

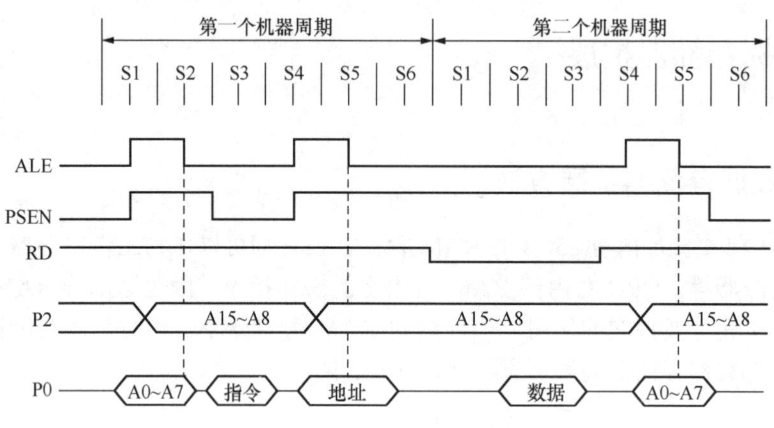

图 10.14 访问外部数据存储器时序

操作过程如下。

1）在第一次 ALE 有效时，P0 口送出外部 ROM 单元的低 8 位地址，P2 口送出外部 ROM 单元的高 8 位地址，读入外部 ROM 单元中的指令码。

2）在第二次 ALE 有效后，P0 口送出外部 RAM 单元的低 8 位地址，P2 口送出外部 RAM 单元高 8 位地址。

3）在第二个机器周期，从 P0 口读入选中 RAM 单元中的内容。

常用于单片机扩展的静态数据存储器芯片有 2114（1K×4 位）、6116（2K×8 位）、6264（8K×8 位）等，引脚排列如图 10.15 所示。

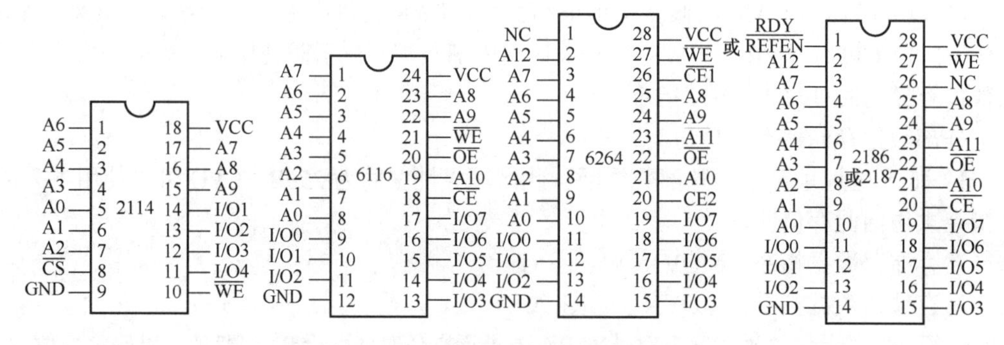

图 10.15 常用 RAM 芯片的引脚排列

6264 有两个片选端 $\overline{CE1}$、CE2。这是为用户使用提供方便，其作用是两个信号同时有效才能选中芯片。

数据存储器的 $\overline{OE}$、$\overline{WE}$ 信号线分别为输出允许和写允许控制端。2114 只有一个读写控制端 $\overline{WE}$。当 $\overline{WE}$=0 时，是写允许；当 $\overline{WE}$=1 时，是读允许。

A 为地址线，I/O 为数据输入/输出线。

数据存储器 RAM 有静态 RAM 和动态 RAM 之分，动态 RAM 虽然集成度高、成本低、功耗小，但需要刷新电路，单片机扩展中不如静态 RAM 方便。但集成动态随机存储器 iRAM，把刷新电路一并集成在芯片内部，用于扩展时与静态 RAM 一样方便。这种芯片有 2186、2187 等，它们都是 8K×8 位存储器，引脚排列如图 10.15 所示。2186 与

2187 的不同仅在于前者的引脚 1 是刷新控制端，后者的引脚 1 是刷新选通端，即刷新的控制方式不同。

10.3.2　数据存储器扩展举例

【例 10.4】　单片数据存储器的扩展。分别用 6116 和 6264 扩展片外数据存储器。

用 6116 和 6264 扩展片外数据存储器电路如图 10.16 和图 10.17 所示。

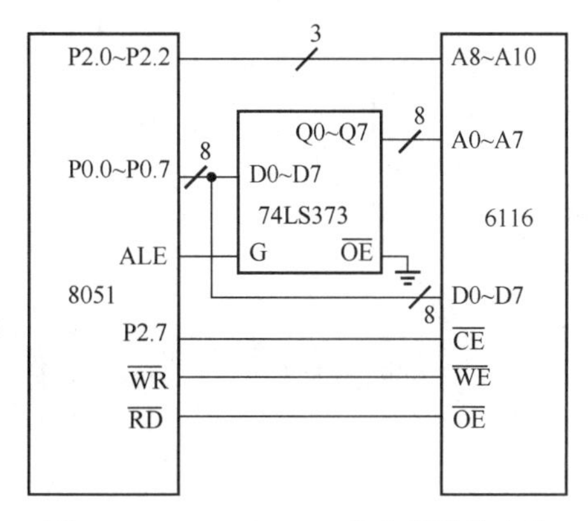

图 10.16　6116 与 8051 的典型连接电路

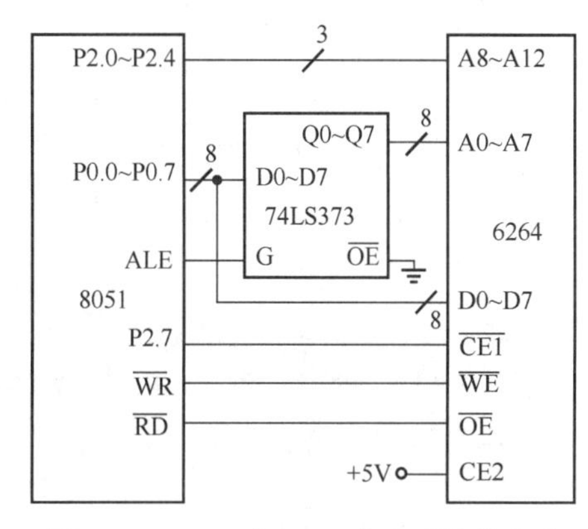

图 10.17　6264 与 8051 的典型连接电路

1）地址线：P0 口提供地址低 8 位，高位地址线视 RAM 芯片容量而定，6116 需三根，6264 需五根。

2）数据线：P0 口提供。

3）片选线：一般由高位地址线控制，并决定 RAM 的地址范围。

在图 10.16 和图 10.17 中，设无关位均为 1，则 6116 的地址范围是 7800H～7FFFH；6264 的地址范围是 6000H～7FFFH。

4）读写控制线：单片机的 $\overline{RD}$ 、 $\overline{WR}$ 分别与 RAM 芯片的 $\overline{OE}$ 、 $\overline{WE}$ 相接。

【例 10.5】　多片数据存储器的扩展。用四片 6116（2K×8 位）扩展 8KB 数据存储器，用地址译码法实现。

6116（2K×8 位）片内需要 11 根地址线（A0～A10），用两根地址线（A11、A12）经过译码后选择四个芯片。设无关位 A15 A14 A13 取 000，则四片 6116 的地址范围分别是：1800H～1FFFH，1000H～17FFH，0800H～0FFFH，0000H～03FFH。引脚分配如表 10.5 所示，引脚连接和译码电路如图 10.18 所示。

表 10.5　8051 与 6116 的连接

8051	6116	二四译码器译码形成		
P0 口经锁存器锁存 A0～A7	A0～A7	A	B	译码控制片选
P2.0、P2.1、P2.2	A8～A10	0	0	$\overline{Y0} \rightarrow \overline{CS4}$
D0～D7	D0～D7	0	1	$\overline{Y1} \rightarrow \overline{CS3}$
$\overline{RD}$	$\overline{OE}$	1	0	$\overline{Y2} \rightarrow \overline{CS2}$
$\overline{WR}$	$\overline{WE}$	1	1	$\overline{Y3} \rightarrow \overline{CS1}$

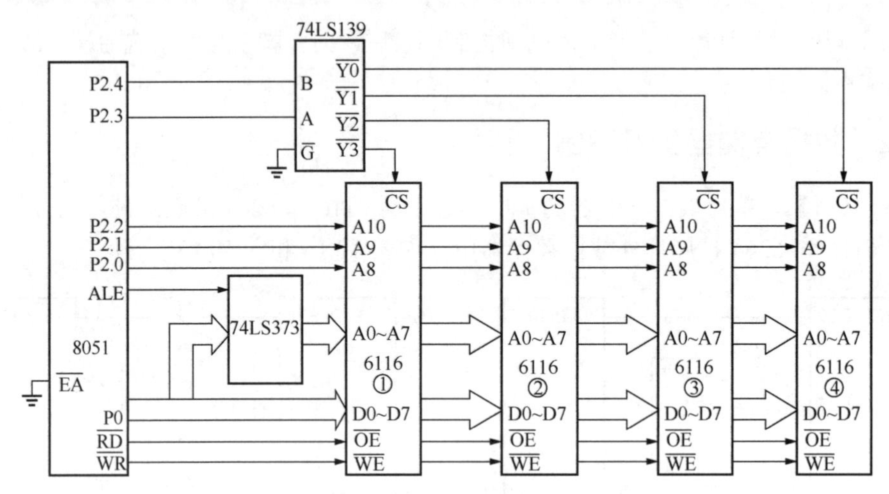

图 10.18　多片 RAM 的扩展电路

【例 10.6】 同时扩展 ROM 和 RAM。MCS-51 单片机同时扩展片外 ROM 和片外 RAM 的典型连接电路如图 10.19 所示。

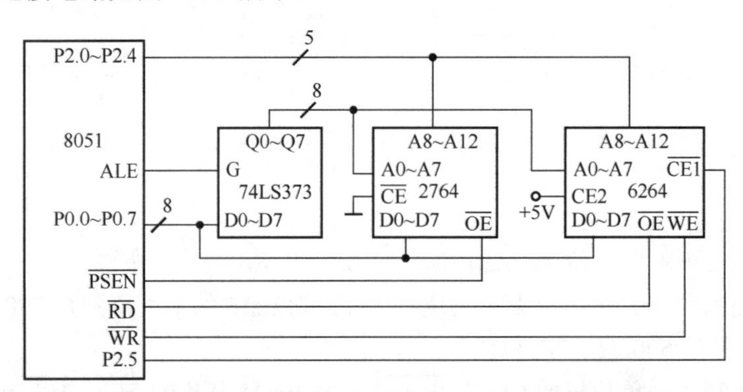

图 10.19　同时扩展片外 ROM 和片外 RAM 的连接电路

1）地址线：P0 口提供地址低 8 位，高位地址线视芯片容量而定。

2）数据线：P0 口提供。

3）片选线：因片外 ROM 只有一片，无需片选。2764 的 $\overline{\text{CE}}$ 端直接接地，始终有效。由于片外 RAM 只有一片，可以将它的片选信号直接接地。如果系统以后还要扩展，可以将 6264 的 $\overline{\text{CE1}}$ 接 P2.5，CE2 接 VCC，这样 6264 的地址范围为 C000H～DFFFH。P2.6、P2.7 可留做扩展芯片的片选信号。

4）读写控制。执行 MOVC 指令时，读片外 ROM，由 $\overline{\text{PSEN}}$ 控制 2764 的 $\overline{\text{OE}}$；执行 MOVX 指令读写片外 RAM 时，由 $\overline{\text{RD}}$ 控制 6264 的 $\overline{\text{OE}}$ 完成读操作；$\overline{\text{WR}}$ 控制 6264 的 $\overline{\text{WE}}$ 完成写操作。

思考题

1. 简述单片机并行扩展外部存储器时三总线连接的基本原则。
2. 12 根地址线可选多少个存储单元？32KB 存储单元需要几根地址线？
3. 什么是全译码法？什么是部分译码法？什么是线选法？各有什么特点？

练习题

1. 对 8031 单片机扩展一片 2764A（8K×8 位）EPROM，利用全译码法，画出电路图，并分析芯片的地址范围，并用 Proteus 仿真。

2. 用 6264 存储器芯片对 8051 单片机扩展 8KB 数据存储器，用全译码法，地址范围为 E000H～FFFFH，并用 Proteus 仿真。

第 11 章　输入/输出接口扩展

MCS-51 单片机有四个 8 位的并行口 P0、P1、P2 和 P3，如果已对系统进行了存储器扩展，那么由于 P0 口提供地址/数据总线，P2 口提供高 8 位地址总线，而 P3 口的第二功能也是经常用到的。这样，真正可以作为输入/输出（Input/Output，I/O）口应用的就只有 P1 口了。在实际应用中，多数情况下这是不够的，这就需要进行输入/输出接口的扩展。扩展的方法有三种：简单的输入/输出口扩展、利用串行口扩展并行口、可编程输入/输出接口芯片扩展。

11.1　输入/输出接口的功能

单片机应用系统中，输入/输出接口主要完成以下功能：

1）数据锁存。锁存数据线上瞬间出现的数据，以解决单片机与 I/O 设备的速度协调问题。

2）三态缓冲。外设传送数据时要占用总线，不传送数据时必须使总线呈高阻态。利用 I/O 接口的三态缓冲功能，可以实现 I/O 设备与数据总线的隔离，便于其他设备的总线连接。

3）信号转换。利用接口完成信号类型（数字与模拟、电流与电压）、信号电平（高与低、正与负）、信号格式（并行与串行）等的转换。

4）时序匹配。不同的 I/O 设备定时与控制逻辑是不同的，并往往与 CPU 的时序有些差异，这就需要 I/O 接口进行时序的协调、匹配。

11.2　简单输入/输出接口扩展

在 MCS-51 单片机中没有设置对输入/输出设备的独立操作指令和独立寻址空间，而是将输入/输出接口与外部数据存储器统一编址，即输入/输出接口地址是外部数据存储器地址空间的一部分，因此可以把单片机外部 64KB RAM 空间的一部分作为扩展 I/O 口的地址空间。这样，单片机即可像访问外部 RAM 存储单元那样访问外部的 I/O 接口，对 I/O 口进行读/写操作。

简单 I/O 口扩展，就是用 TTL/CMOS 锁存器/缓冲器实现接口扩展。具有体积小、成本低、配置灵活等特点，使用十分方便。常用的芯片有 74LS373、74LS277、74LS244、74LS273、74LS367 等。

根据扩展 I/O 口时数据线的连接方式，I/O 口扩展可分为总线扩展、独立端口扩展等。

1）总线扩展。数据线取自单片机的 P0 口，地址线取自单片机的 P2P0 口，如图 11.1 所示。这种扩展方法只分时占用 P0 口，并不影响 P0 口与其他扩展芯片的操作。因此，在单片机应用系统的 I/O 扩展中被广泛采用。用总线扩展法扩展一个 I/O 口，相当于占用一个片外 RAM 存储单元。CPU 对 I/O 口的访问，通过 MOVX 指令完成。

2）独立端口扩展。这种扩展方法是输入/输出数据线不通过 P0 口，而是通过单片机的其他端口。端口控制不是通过 P2P0 提供的地址线实现，如图 8.15 所示。因为在扩展片外 I/O 口的同时也占用了单片机的端口资源，所以使用较少。

图 11.1 所示为采用 74LS244 作为扩展输入、74LS273 作为扩展输出的 I/O 口扩展电路。

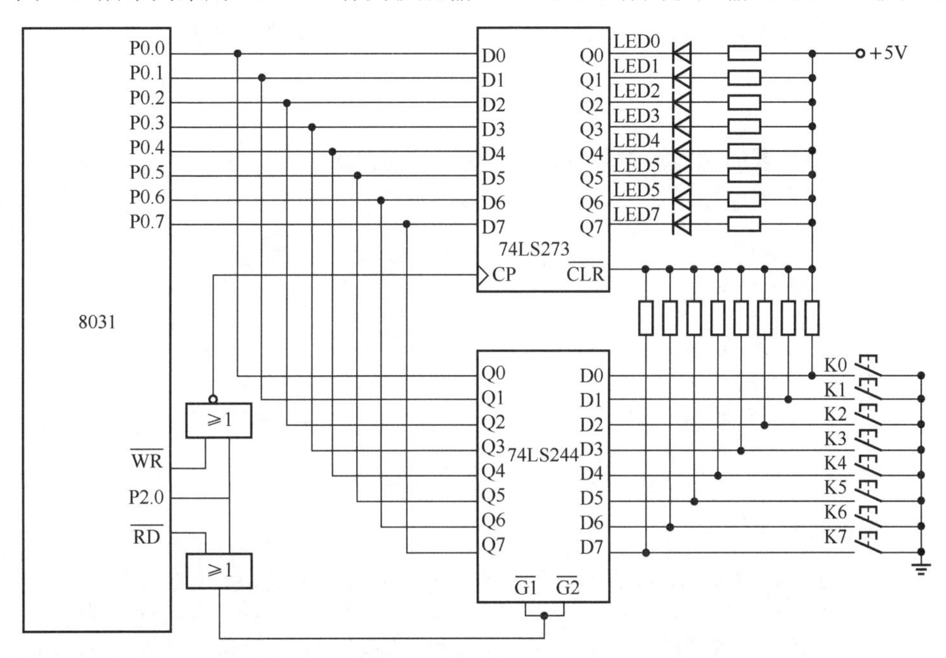

图 11.1　简单 I/O 口扩展

1. 芯片及连线

在图 11.1 中采用的芯片为 74LS244、74LS273。其中，74LS244 为 8 位缓冲驱动器（三态输出），$\overline{G1}$、$\overline{G2}$ 为低电平有效使能端。74LS273 为 8D 触发器，$\overline{CLR}$ 为低电平有效的清零端，当 $\overline{CLR}$=0 时，输出全为 0 且与其他输入端无关；CP 端是时钟信号，当 CP 由低电平向高电平跳变时，D 端输入数据传送到 Q 输出端。

P0 口作为双向 8 位数据口，既能够从 74LS244 输入数据，又能够从 74LS273 输出数据。输入控制信号由 P2.0 和 $\overline{RD}$ 相“或”后形成。当二者都为 0 时，74LS244 的控制端 $\overline{G1}$、$\overline{G2}$ 有效，选通 74LS244，按键的状态信息输入到 P0 数据总线上。当与 74LS244 相连的按键都没有按下时，输入全为 1，若按下某键，则它所在的线输入为 0。

输出控制信号由 P2.0 和 $\overline{WR}$ 相“或”后形成。当二者都为 0 时，74LS273 的脉冲控制端有效，选通 74LS273，P0 上的数据锁存到 74LS273 的输出端，控制发光二极管 LED，当某线输出为 0 时，相应的 LED 发光；当某线输出为 1 时，相应的 LED 灭。系统中，通过 74LS244 输入按键状态，通过 74LS273 控制 LED，从而实现按键控制 LED 发光的功能。74LS273 的清零端 $\overline{CLR}$ 接高电平，不清零。

2. I/O 口地址确定

因为 74LS244 和 74LS273 都是在 P2.0 为 0 时被选通的，所以二者的口地址都为 FEFFH（这个地址不是唯一的，只要保证 P2.0=0，其他地址位无关），即占有相同的地址空间。但是由于分别由 $\overline{RD}$ 和 $\overline{WR}$ 控制，而这两个信号不可能同时为 0（执行输入指令，如 MOVX A，@DPTR 或 MOVX A，@Ri 时，$\overline{RD}$ 有效；执行输出指令，如 MOVX @DPTR，A 或 MOVX @Ri，A 时，$\overline{WR}$ 有效），所以二者不会发生冲突。

3. 编程应用

下面的程序实现的功能是按下任意键，对应的 LED 发光。

汇编语言参考程序如下：

```
ORG  0000H                    ; 0000H 单元存储转移指令
   LJMP  LOOP                 ; 转至主程序
ORG  0100H                    ; 0100H 开始存放主程序
LOOP: MOV  DPTR, #0FEFFH      ; 数据指针指向 I/O 口地址
   MOVX  A, @DPTR             ; 从 74LS244 读入数据
   MOVX  @DPTR, A             ; 向 74LS273 输出数据，驱动 LED
   SJMP  LOOP                 ; 循环
END                           ; 汇编结束
```

C 语言参考程序如下：

```
#include <reg51.h>               //包含头文件，定义 SFR 寄存器
#include <absacc.h>              //包含头文件，定义绝对地址变量类型
#define  SPIO XBYTE[0xFEFF]      //声明 74LS244 和 74LS273 的 16 位地址
#define  uchar unsigned char     //定义无符号字符变量
void main()                      //主程序
{
   uchar temp;                   //声明一个 8 位变量
   while(1)                      //上电后一直循环执行下列程序语句
   {
      temp=SPIO;                 // 从 74LS244 读入数据
      SPIO=temp;                 // 将数据送至 74LS273，驱动外部连接的 LED
   }
}
```

简单 I/O 口扩展 Proteus 仿真如图 11.2 所示。

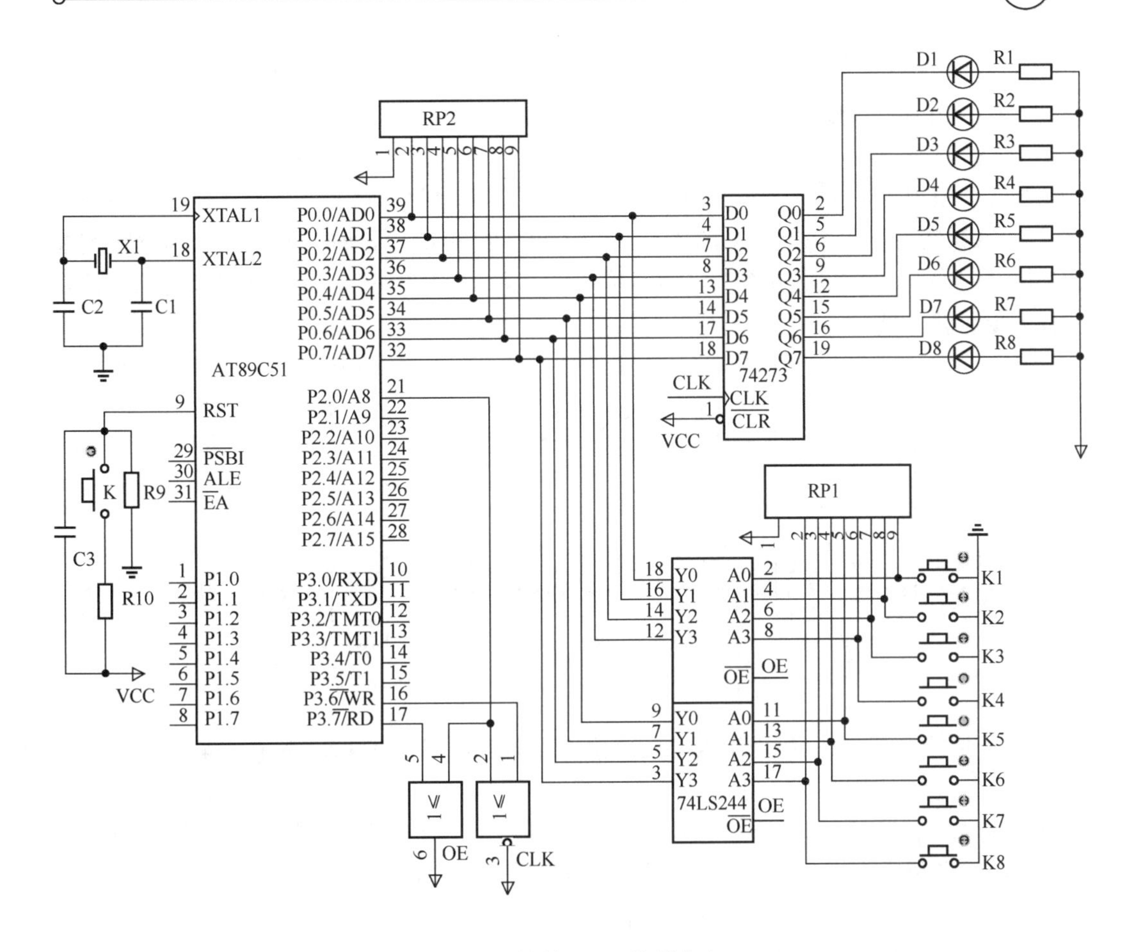

图 11.2　简单 I/O 口扩展仿真

独立端口扩展方法请参阅 8.2、8.3 节内容。此处不再赘述。

11.3　用串行口扩展并行口

MCS-51 单片机串行口工作于方式 0 时，串行口工作于同步移位寄存器方式。这时以 RXD（P3.0）端作为数据移位的输入端或输出端，而由 TXD（P3.1）端输出移位脉冲。如果把能实现“并入串出”或“串入并出”功能的移位寄存器与串行口配合使用，就可使串行口扩展为并行输入口或输出口使用。这种扩展方法只占用串行口，而且通过移位寄存器的级联可以扩展多个并行 I/O 口。对于不使用串行口的应用系统，可使用这种方法扩展并行口。但由于数据的输入/输出采用串行移位的方法，传输速度较慢。

扩展并行输入口时，可用并入串出移位寄存器芯片，如 CD4014 和 74LS165 芯片。CD4014 芯片的引脚排列如图 11.3（a）所示。D0～D7 是八个并行输入端；SIN 是串行数据输入端，用于扩展多个 CD4014；CLK 是时钟脉冲端，时钟脉冲用于串行移位，也用于数据的并行置入，上升沿有效；Q7、Q6、Q5 是移位寄存器高三位输出端；$P/\overline{S}$ 是并/串选择端，当 $P/\overline{S}$ 为高电平时，CLK 的上升沿将并行数据置入 CD4014；$P/\overline{S}$ 为低电平时，CD4014 串行移位。

74LS165 芯片的引脚排列如图 11.3（b）所示。A～H（D0～D7）为并行输入端。移位/置数端 SHIFT/$\overline{\text{LOAD}}$ 高电平时串行移位，低电平时并行输入；串行移位在时钟脉冲的上升沿时实现，但并行数据的置入与时钟无关；接口连接时，时钟禁止端 CLOCK INHIBIT 接低电平。S1 为串行输入端，用于扩展多个 74LS165 芯片。OH 为串行输出端，$\overline{\text{OH}}$ 为反相输出端。

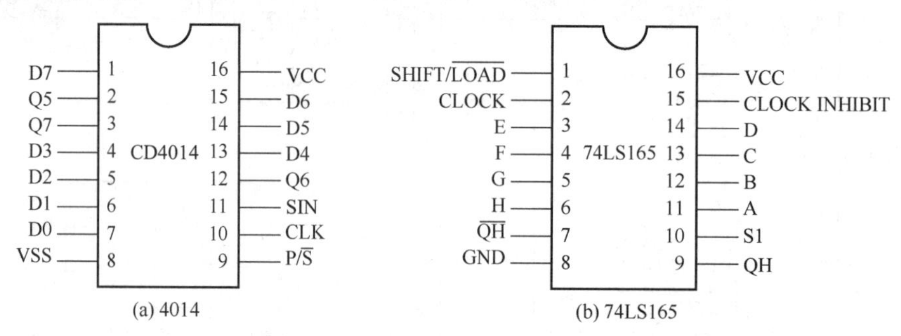

(a) 4014　　(b) 74LS165

图 11.3　4014 和 74LS165 芯片引脚排列

扩展并行输出口时，可用串入并出移位寄存器芯片，如 CD4094 和 CD74LS164 芯片。CD4094 芯片的引脚排列如图 11.4（a）所示。Q0～Q7 是八个并行输出端；DATA 是串行数据输入端；CLK 是时钟脉冲端，时钟脉冲既用于串行移位，也用于数据的并行输出；QS、$\overline{\text{QS}}$ 是移位寄存器最高位输出端，用于护展多个 CD4094 芯片；OE 是并行输出允许端；STB 是选通脉冲端，STB 高电平时，CD4094 选通移位，低电平时，CLK 上升沿将 CD4094 内的数据并行输出。

74LS164 的引脚排列如图 11.4（b）所示。Q0～Q7 为并行输出端。A、B 为串行输入端。CLR 为清零端，为 0 时，输出清零。CLK 为时钟输入端。数据通过两个输入端（A 与 B）之一串行输入；任一输入端可以用做高电平使能端，控制另一输入端的数据输入。两个输入端连接在一起，或者把不用的输入端接高电平，一定不要悬空。时钟（CLK）每次由低变高时，数据右移一位，输入到 Q0，Q0 是两个数据输入端（A 和 B）的逻辑与。清零（CLR）输入端上的一个低电平将使所有输入端都无效，同时非同步地清除输出寄存器，强制所有的输出为低电平。

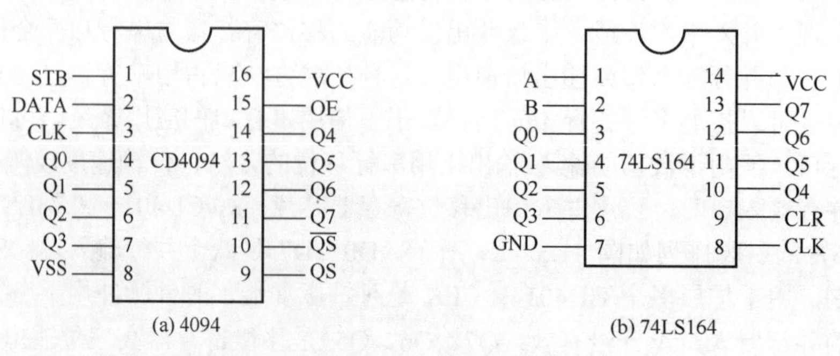

(a) 4094　　(b) 74LS164

图 11.4　4094 和 74LS164 芯片引脚排列

11.3.1　用串行口扩展并行输入口

图 11.5 所示是用 CD4014 芯片扩展并行输入口的典型电路。当 P/$\overline{S}$=1 时，数据并行输入 CD4014；当 P/$\overline{S}$=0 时，数据串行输入单片机。

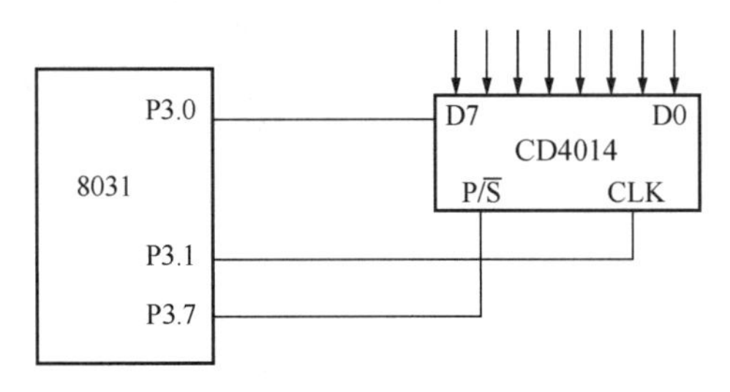

图 11.5　串行口扩展并行输入口

设 CD4014 输入端接八个按键，按键状态输入单片机，并从 P2 口输出，如图 11.6 所示。

汇编语言参考程序如下：

```
ORG  0000H                      ; 在 0000H 单元存放转移指令
   LJMP  KIN                    ; 转移到主程序
ORG  0100H                      ; 主程序从 0100H 开始
KIN: MOV SCON, #00H             ; 设定串行口为方式 0
   CLR  ES                      ; 禁止串行中断
   SETB  P3.7                   ; 锁存并行输入数据
   CLR  P3.1                    ; 并行置数，软件产生一个脉冲上升沿
   NOP
   SETB  P3.1
   CLR  P3.7                    ; 允许串行移位操作
   SETB  REN                    ; 允许并启动接收（TXD 发送移位脉冲）
   JNB  RI, $                   ; 等待接收完毕
   CLR  RI                      ; 接受完毕后清 RI 标志
   MOV  40H, SBUF               ; 存入 K1～K8 状态数据
LOOP1: MOV  A, 40H              ; 将(40H)暂存于 A 中
   MOV  P2, A                   ; 将 A 中的值送 P2 口显示
   LCALL  DELAY                 ; 调用延时
   LJMP  KIN                    ; 循环
DELAY: MOV   R5, #10            ; 延时程序，外循环控制
DEL1: MOV   R6, #10             ; 中循环控制
DEL2: MOV   R7, #15             ; 内循环控制
DEL3: DJNZ  R7, DEL3            ; 内循环体
   DJNZ  R6, DEL2               ; 中循环体
   DJNZ  R5, DEL1               ; 外循环体
   RET
END                             ; 汇编结束
```

C 语言参考程序如下：

```
#include  <reg51.h>                 //包含特殊功能寄存器
```

```
unsigned  char  b2;             //定义变量b2，将接收到的数据放到变量b2中
sbit  P3_7=P3^7;                //定义P3.7
sbit  P3_1=P3^1;                //定义P3.1
void DelayMS(unsigned int x)    //延时函数
{
    unsigned  char  i;          //定义变量i的数据类型
    while(x--)                  //外循环
    {
        for(i=0; i<120; i++);   //内循环
    }
}
void  main()                    //主函数
{
    while(1)                    //无限循环
    {
        P3_7=1;                 //锁存并行输入数据
        P3_1=0;                 //并行置数，软件产生一个脉冲上升沿
        P3_1=1;
        P3_7=0;                 //允许串行移位操作
        SCON=0x00;              //设定串行口为方式0
        REN=1;                  //允许接收
        while(!RI) {;}          //等待接收完毕
        RI=0;                   //清中断标志
        b2=SBUF;                //存入K1～K8状态数据
        P2=b2;                  //送P2口显示
        DelayMS(100);           //调用延时
    }
}
```

串行口扩展并行输入口的 Proteus 仿真如图 11.6 所示。

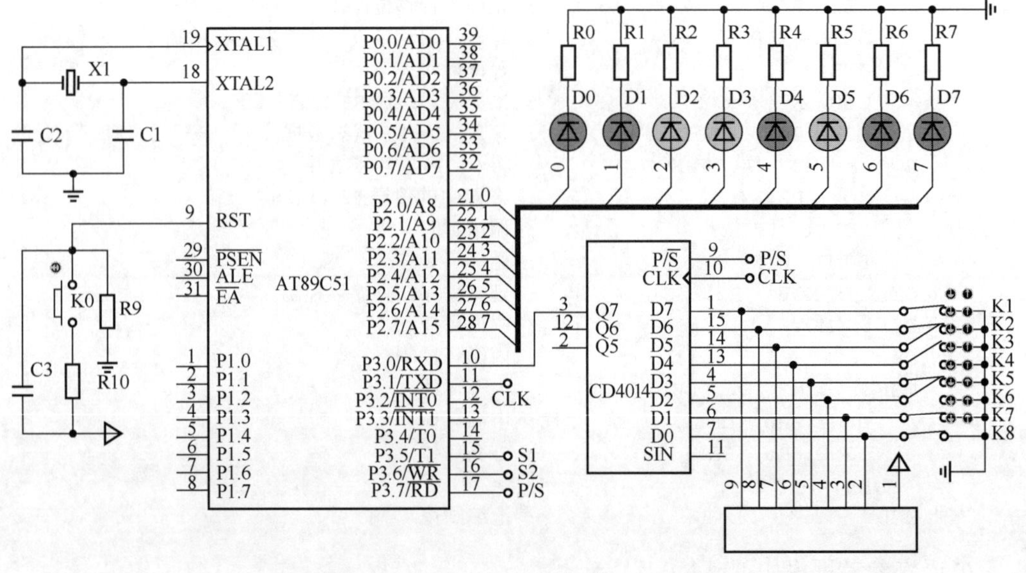

图 11.6　串行口扩展并行输入口仿真

11.3.2　用串行口扩展并行输出口

图 11.7 所示是利用 CD4094 芯片实现并行输出口扩展的典型电路。单片机串行口发送数据到 CD4094 中，然后，只要置 STB 端为低电平，在一个时钟上升沿的作用下，可将 8 位数据并行输出。

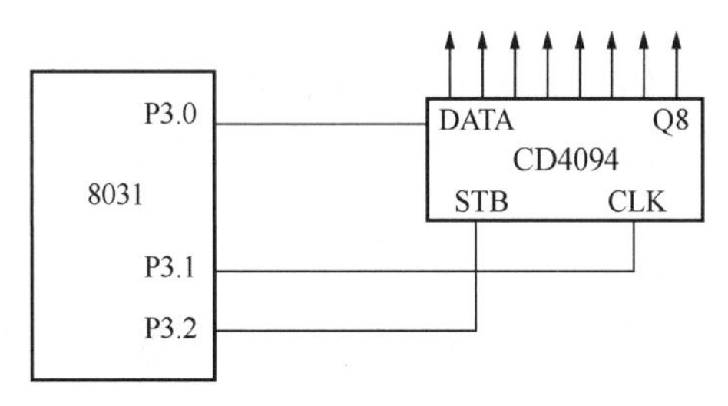

图 11.7　串行口扩展并行输出口

下面是将片内 RAM 30H 单元的内容送向扩展的 CD4094 输出，设 CD4094 输出端接八个 LED，如图 11.8 所示。

汇编语言参考程序如下：

```
ORG  0000H                  ; 0000H 存放转移指令
    LJMP  OUT               ; 跳转至主程序
ORG  0100H                  ; 0100H 存放主程序
OUT: MOV  31H, #7EH         ; 赋初始值
    SETB  P3.2              ; 置 CD4094 于串行移位工作方式
    MOV  SCON, #00H         ; 置单片机串口工作方式 0
    MOV  R0, #31H           ; 将发送数据地址送 R0
    MOV  SBUF, @R0          ; 将发送数据写入 SBUF，启动发送
    JNB  TI, $              ; 检测串行口发送数据是否完毕，未完等待
    CLR  TI                 ; 发送完毕后清 TI 标志
    CLR  P3.2               ; 置 CD4094 于并行输出工作方式
    CLR  P3.1               ; 串行口数据发送完毕，P3.1 上已停止同步移位脉冲
    SETB  P3.1              ; 为使 CD4094 并行输出数据，软件产生一个脉冲上升沿
    SJMP  $                 ; 循环等待
END                         ; 汇编结束
```

C 语言参考程序如下：

```
#include<reg51.h>                  // 包含头文件
#define uchar unsigned char        //定义无符号字符类型变量
sbit SL=P3^2;                      //位定义
sbit CLK=P3^1;
void main()                        //主程序
{
    uchar data_H;                  //输出数据临时存放处
    data_H=0x7E;                   //赋初值
    SL=1;                          //置 CD4094 于串行移位工作方式
    SCON=0x00;                     //置串行口于工作方式 0
    SBUF=data_H;                   //送出数据
```

```
    while(TI==0);              //检查是否传送完毕
    TI=0;                      //清除标志位
    SL=0;                      //置 CD4094 于并行输出工作方式
    CLK=0;
    CLK=1;                     //为使 CD4094 并行输出数据，软件产生一个脉冲上升沿
    while(1);                  //原地循环，相当于 SJMP  $
}
```

串行口扩展并行输出口的 Proteus 仿真如图 11.8 所示。

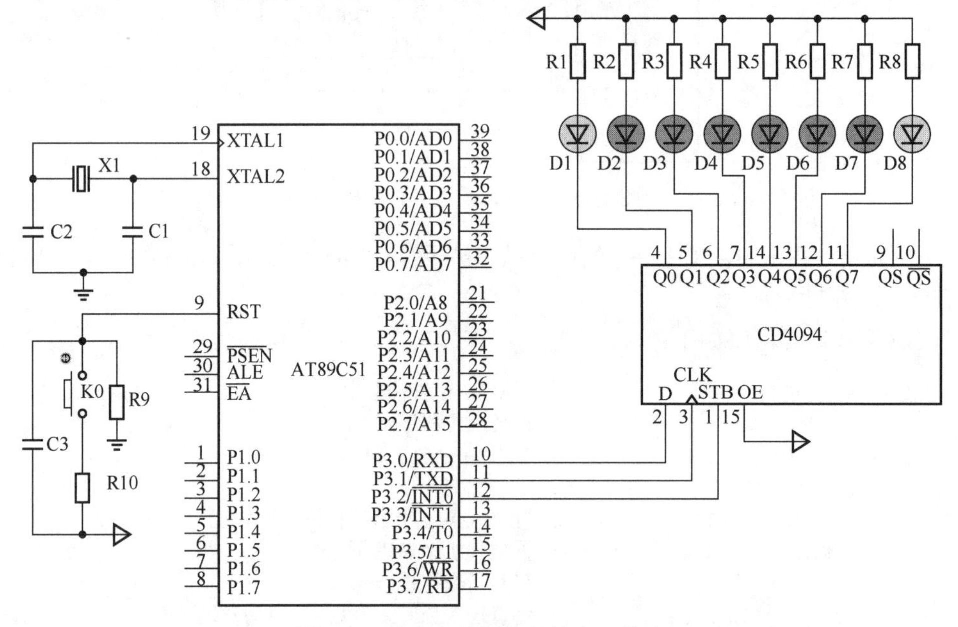

图 11.8　串行口扩展并行输出口仿真

11.4　用可编程接口芯片扩展输入/输出接口

可编程接口芯片是指其功能可由单片机控制改变的芯片。通过编制程序，可使一个可编程接口芯片执行多种不同的接口功能，使用灵活，功能强大。用它们扩展接口时，不需要或只需要很少的外加硬件。常用的可编程接口芯片主要有 8255（A、B、C 三个 8 位并行口）、8155（A、B、C 三个 8 位并行口、2048 位静态 RAM、一个 14 位减 1 计数器）、8251（通用同步异步接收发送器，Universal Synchronous Asynchronous Receiver and Transmitter，USART）、8253（三个可编程 16 位减 1 计数器/定时器）、8279（可编程键盘/显示器控制器）、8259（中断控制器，可扩展 8 个中断源，带优先级控制）等。限于篇幅，请读者参阅网上资料，此处不再赘述。

思考题

1. I/O 接口的主要功能是什么？

2. 在简单的 I/O 接口扩展中，通常用缓冲器扩展输入接口，用锁存器扩展输出口。常用的缓冲器有哪些？锁存器有哪些？

3. 用总线方式扩展 I/O 口时，怎么安排数据线、地址线？用什么指令读写 I/O 口？

练习题

1. 用 74LS138 芯片扩展 8 位并行输出口，驱动八个 LED 发光，并用 Proteus 仿真。

2. 用 CD4014 芯片和 CD4094 芯片设计一个输入/输出系统，将 8 位开关状态输出到 8 位 LED 上，并用 Proteus 仿真。

第12章　应用系统设计

单片机应用系统是以单片机为核心的智能系统，根据不同的应用目标，系统的构成、规模、功能、复杂程度都有差异，设计内容也不尽相同。但无论如何变化，单片机应用系统的逻辑结构都是相似的，设计方法是一致的。

12.1　单片机应用系统构成

虽然单片机应用领域广泛，应用系统功能各异，系统组成千变万化，但从逻辑结构上看，单片机应用系统主要由单片机、输入通道、输出通道、通信接口、人机接口等几个部分组成，如图12.1所示。

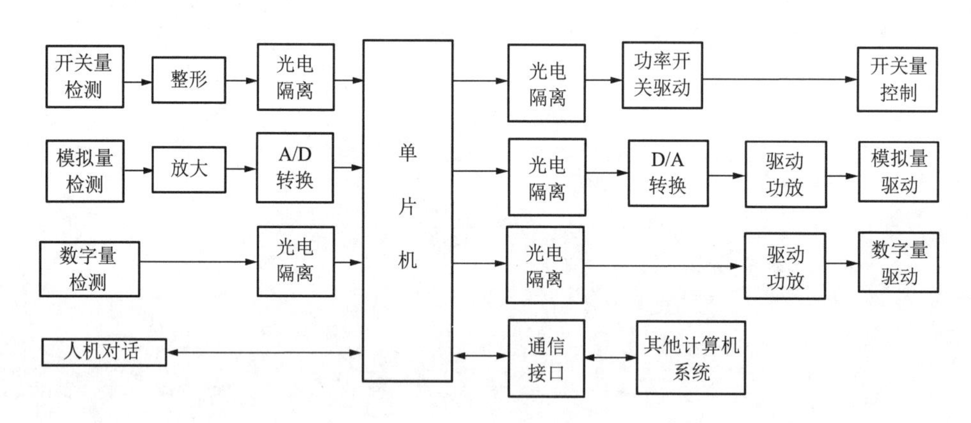

图12.1　单片机应用系统构成

1. 输入通道

输入通道是指将被测信号正确、合理地输入单片机所需的所有电路。它的主要任务是将被测信号转化为单片机可以接收的标准数字信号。由于被测信号的性质不同，所需的输入电路也不一样。对于数字量，经隔离后送入单片机；对于开关量，经过整形、隔离后送入单片机；对于模拟量，需要经过放大、A-D转换后送入单片机；对于频率信号，可以经隔离后送入单片机。在设计输入通道时应注意以下问题。

（1）信号形式多样

由于所采集的对象不同，信号形式也不相同。如开关量、模拟量、数字量等，往往不能直接满足单片机输入的要求，需要信号变换调节电路进行转换。如测量放大器、模拟-数字（A-D）转换、整形电路等。

（2）干扰信号多

输入通道往往处于生产现场，环境复杂、干扰源多，是现场干扰进入系统的主要通道，是整个系统抗干扰设计的重点部位。

（3）电路性质复杂

检测的对象不同时，转换电路也不相同。因此，输入通道往往是一个模拟、数字混合电路系统。

2. 输出通道

输出通道是指将单片机输出的数字信号转化为控制对象需要的信号形式所需的所有电路。根据输出控制对象的不同，输出电路可能是模拟电路或数字电路，输出信号可以是模拟信号或开关量。在设计输出通道时应注意以下问题。

（1）功率

由于单片机的输出信号是 TTL 或 CMOS 电平的数字量，而许多控制对象的执行机构要求的是具有较大驱动能力的模拟量，所以需用 D-A 转换器将数字量转换成模拟量，并用功率驱动电路进行功率放大。

（2）隔离

很多控制对象的功率远大于单片机，如伺服电机。这些大功率负荷产生的干扰很容易从输出通道进入单片机系统，使单片机不能正常工作或被毁坏。因此，输出通道的隔离对系统的可靠性影响极大。

（3）电路形式

根据输出控制对象的不同，输出通道电路有多种形式，如模拟电路、数字电路、开关电路等。输出信号形式也有电流输出、电压输出、开关量输出、数字量输出等。这就使得输出通道的电路形式复杂而多变。

3. 通信接口

在多机系统、网络系统中，通常配置有标准的 RS-232、RS-485 通信接口或 CAN 现场总线等通信接口。单片机一般都提供串行通信接口，选择合适的元器件就能方便地将单片机的串行通信接口扩展成相应的 RS-232、RS-485 接口。在设计通信接口时应注意以下问题。

（1）串行口通信协议

中、高档单片机大多设有串行口，为构成应用系统的串行通信提供了方便。但单片机本身的串行口只为相互通信提供了硬件基础和基本的通信协议，并没有提供标准的通信规程。故利用单片机进行串行口通信时，要配置完整的通信协议和应用软件。单片机本身没有串行口时，可以用软件模拟或硬件扩展。

（2）专用芯片

目前，市场上出售的专用通信芯片很多。用这些专用芯片可以方便地构成特定的通信接口，性能可靠，方便快捷。

（3）传输距离

如果控制对象距离较远，就需要解决长线传输的驱动、匹配、隔离等问题。

4. 人机对话接口

人机对话接口是“人-机”联系的主要手段。常用的人机对话部件有键盘、显示器、打印机等。通过键盘输入命令或参数，使用户可对系统进行干预。显示器用来输出、显示系统运行结果或提示信息。打印机可将数据或历史记录以定时或调用的方式打印记录，以便阅读或存档。在设计人机对话接口时应注意以下问题。

（1）设备规模

由于大多数单片机应用系统一般是小规模系统，因此，应用系统中的人机对话接口以及人机对话设备的配置都是小规模的，如微型打印机、功能键、LED/LCD 显示器等。若需高水平的人机对话配置，如通用打印机、CRT、硬盘、标准键盘等，则往往是将单片机应用系统通过总线与通用计算机相连，共享通用计算机的人机对话设备。

（2）电路形式

人机对话接口一般都是标准数字电路，结构简单，使用方便。

12.2 单片机应用系统设计方法

单片机应用系统设计过程一般包括需求分析、可行性分析、系统体系结构设计、软/硬件设计、综合调试等几个步骤，如图 12.2 所示。

12.2.1 需求分析

要开发一个产品时，首先要进行市场调查和用户需求分析，了解现有同类产品的性能特点及市场需求状况，掌握用户对产品的希望和要求。通过对需求信息的分析，判断市场和用户是否需要该产品，从而决定是否要开发该产品。需求分析主要包括以下内容。

1）现有产品的结构、功能、性能特点。

2）现有产品存在的问题。

3）现有产品发展趋势。

经过需求调查，整理出需求报告，作为产品可行性分析的主要依据。

12.2.2 可行性分析

可行性分析是从原理、技术、需求、资金、材料、环境、研发条件、生产条件等方面分析论证产品开发研制的必要性及可行性，论证产品的经济效益、社会效益和生态效益。从而决定产品的开发研制工作是否需要继续进行下去。可行性分析通常从以下几个方面进行论证。

1）市场或用户需求：说明市场或用户是否需要该产品。

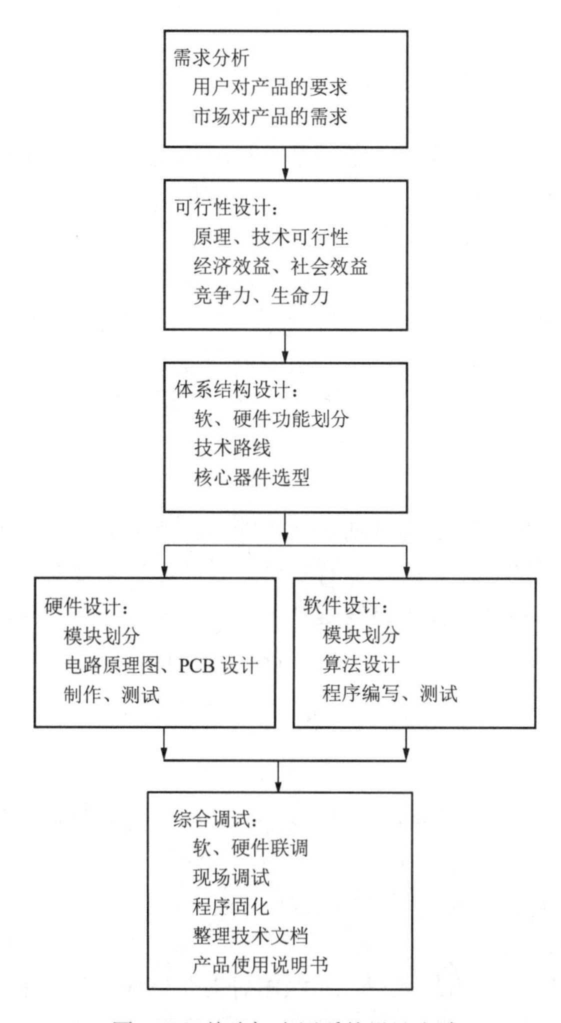

图 12.2　单片机应用系统设计方法

2）科学原理与技术：证明产品的工作原理是否正确可行，用现有的技术是否可以实现。

3）资金、材料及研发条件及生产条件：说明是否具有研发和生产资金来源，是否需要特殊材料及解决途径，是否具有研发和生产人员、设备、场地等条件。

4）经济效益、社会效益和生态效益：论证产品有多大的经济效益、有何社会效益、是否污染环境。

5）现在的竞争力与未来的生命力：说明产品的优势和发展潜力。

12.2.3　系统体系结构设计

系统体系结构是指产品由哪些功能模块构成，实现哪些功能，怎样实现这些功能。主要包括软硬件功能分配、技术路线、核心器件的选型等内容。系统体系结构决定产品的综合性能，要从正确性、可行性、先进性、可用性和经济性等多个角度综合考虑。体系结构可以用逻辑框图明确表述。体系结构设计时应注意以下问题。

1. 硬件和软件功能划分

单片机应用系统中硬件和软件紧密联系，相辅相成，且有一定的互换性。有些功能既可用硬件实现，也可以用软件完成。多用硬件，可以提高单片机应用系统的研制速度、减少编制软件的工作量、争取时间和商机，但这样会增加产品的单位成本，对于以价格为竞争手段的产品不一定合适。相反，多用软件，可以降低成本，提高仿制难度，但增加了系统软件的复杂性，软件编制的工作量大，研制周期可能会加长，同时系统运行的速度可能会降低。因此，应综合分析多方面因素，根据产品的实际需求合理地制定硬件和软件的功能分配。以确定哪些功能由硬件实现，哪些功能由软件实现。

2. 技术路线

所谓技术路线是指实现产品指定功能及性能指标所采取的技术手段、关键问题解决方法和途径。一个产品的技术路线往往有多个，设计者应反复对比，认真研究，选择最适合该产品要求的技术路线。技术路线是产品开发的具体操作步骤，应尽可能详尽。每个步骤的关键点要阐述清楚，并具有可操作性。技术路线可以用流程图、示意图表述，以达到一目了然的效果。

3. 核心器件的选择

在单片机应用系统中，最核心的器件就是单片机。目前单片机种类繁多，性能、价格差异较大，在选型时，应从以下几方面考虑。

1）开发工具。单片机自身并无开发能力，必须借助开发工具来开发。良好的开发工具是系统开发的基础。

2）专用还是通用。目前市场上已经有很多针对特殊应用领域的专用单片机，引脚定义和功能设置都有很强的针对性，在构成特定应用系统时很方便。

3）货源。单片机的供货渠道要畅通，质量要有保障，而且能享受较好的售后服务。

4）性能。单片机是否有系统所需要的I/O口、中断源、定时器、存储容量、外围接口等。不同的单片机，I/O引脚功能定义差异很大，同一单片机的不同I/O引脚功能也不完全相同。因此，在选择单片机时，要充分考虑I/O引脚的适用性。

12.2.4 硬件设计

硬件设计的任务主要包括硬件功能模块划分、电路原理图设计、系统仿真、印制电路板（Printed Circuit Broad，PCB）绘制、元器件的焊接与测试。

硬件系统设计应采用模块化，将硬件系统划分为若干个功能模块，以便于多人并行设计。系统原理图的设计是硬件设计最重要的一步，原理图中存在的缺陷将对整个产品产生重要影响。因此，原理图设计完成后，一定要进行仿真分析。通过仿真分析，发现、解决大部分问题。在PCB设计过程中要充分考虑元器件安装位置的合理性，以提高系统的抗干扰能力。在产品开发时，IC芯片多采用焊接插座的方法，便于线路修改。如果是批量生产，除了易损坏的 IC 芯片外，为了确保电路的可靠性，应把 IC 芯片直接焊在 PCB 上。硬件电路焊接完成后即可进行测试。最好的测试方法是分模块进行，每个功能模块都测试完成后，再进行综合调试。

1. 硬件设计原则

硬件电路设计一般采用模块化方式，主要包括电路原理设计、元器件选择、调试等内容，设计过程应遵从以下原则。

1）尽可能选择典型通用的电路，并符合单片机的常规用法。为硬件系统的标准化、模块化奠定良好的基础。

2）系统的扩展与外部设备配置应在满足应用系统当前功能的同时，留有适当余地，便于以后产品升级和功能扩充。

3）硬件结构应结合软件方案一并考虑。

4）元器件性能要匹配。例如，选用频率较高的晶体振荡器时，存储器的存取时间就短，应选择存取速度较快的芯片；选择 CMOS 单片机时，系统中的其他芯片也应该选择低功耗产品。如果系统中相关的元器件性能差异较大，系统综合性能将会降低，甚至不能正常工作。

5）单片机外围电路较多时，必须考虑驱动能力。驱动能力不足时，系统工作不可靠。解决的办法是增加总线驱动器或者减少芯片功耗，降低总线负载。

6）设计一个较复杂的系统时，要考虑把硬件系统设计成模块化结构，即对 CPU 单元、I/O 接口、人机接口、通信接口等进行分块设计，然后把各模块连接起来构成一个完整的系统。

7）电源系统采用稳压、隔离、滤波、屏蔽和去耦措施。采用交流稳压器，以防止电网欠压或过压；采用低通滤波器，以除去电网中的高次谐波；滤波器要加屏蔽外壳，以防止感应和辐射耦合；在电源的不同部分（如每个芯片的电源）配置去耦电容，消除从各种途径进入电源的高频干扰。

8）选择可靠性高的专用器件。

9）对输入/输出通道进行光电隔离，以防止干扰信号从 I/O 通道进入系统而导致系统程序跑飞（死机）。另外，对于闲置的 I/O 口或输入引脚，不要悬空，可直接接地或接电源。

2. PCB 设计原则

印制电路板布线密度高、焊点分布密度大，往往需要双面，甚至多层板才能满足电路要求。在设计 PCB 时，需要遵循下列原则。

1）晶振尽可能靠近 CPU 的晶振引脚，且晶振电路下方不要走线，最好在晶振电路下方放置一个与地线相连的屏蔽层。晶振外壳接地，时钟线应尽量短。

2）在双面印制电路板上，电源线和地线应安排在不同的面上，且平行走线，这样寄生电容将起滤波作用。对于功耗较大的数字电路芯片，如 CPU、驱动器等应采用单点接地方式，即这类芯片电源、地线应单独走线，并直接接到印制电路板电源、地线入口处。

电源线和地线宽度尽可能大一些。模拟信号和数字信号不能共地，即采用单点接地方式。

3）在中低频应用系统（晶振频率小于 20 MHz）中，走线转角可取 45°；在高频系统中，必要时可选择圆角模式；避免使用 90° 转角。

4）对于输入信号线，走线尽可能短，必要时在信号线两侧放置地线屏蔽，防止可能出现的干扰；不同信号线避免平行走线，上下两面的信号线最好交叉走线，使干扰减到最小。

5）合理分区。系统电路可以分为三类：模拟电路、数字电路和功率驱动电路。进行 PCB 区域划分时，要将模拟电路和数字电路分开，以降低数字信号对敏感的模拟电路的耦合；功率驱动电路多为大功率电路，噪声能量大，应与模拟和数字电路分开。

6）I/O 驱动器件和功率放大器件尽量放在电路板边缘，靠近引出接插件。

7）在单面板和双面板设计中，电源线和地线尽量粗些，以确保能通过大电流。

3. 元器件选择原则

硬件系统设计时，元器件选择是基础，应尽可能选择集成度高、功能完备的芯片。这样做，不仅可以使整个系统所用的元器件数目减少，缩小 PCB 面积，更重要的是减少焊接点和连线，从而大大减少故障率和受干扰的概率，使系统的可靠性大大提高。对于需要大批量生产的产品，一定要选用通用性强、供货充足的元器件。因为对能完成同样功能的元器件，大路货往往要比冷门货便宜好几倍。另外，整个系统中相关的器件要尽可能做到性能匹配。选择元器件时应遵从以下原则。

1）性能参数和经济性。在选择元器件时必须按照元器件手册所提供的各种参数（如工作条件、电源要求、逻辑特性等）综合考虑，不能单纯追求高速度、高精度、高性能。

2）通用性。在应用系统中，尽量采用通用的大规模集成电路芯片，这样可大大简化系统的设计、安装和调试，也有助于提高系统的可靠性。

3）速度匹配。单片机时钟频率一般可在一定范围内选择，在不影响系统性能的前提下，时钟频率选低些好。这样可降低对系统内其他元器件的速度要求，从而降低成本和提高系统的可靠性。

4）电路类型。系统内尽量选用同一类型的元器件，以降低系统设计难度和复杂程度。例如，低功耗应用系统，应采用 CHMOS 或 CMOS 芯片，如 74HC 系列、CD4000 系列等。

4. 硬件电路调试方法

硬件设计完成后，要进行调试。硬件调试的任务是排查硬件电路故障，包括设计性错误和工艺性故障。硬件调试可按静态调试和动态调试两步进行。

静态调试是系统未联机前的硬件检查过程。在联机之前，一般要先排除硬件可能出现的比较明显的故障，否则，有可能烧坏在线仿真器，甚至导致应用系统崩溃。静态调试方法如下。

1）不加电检查。元器件焊接好之后，应对照原理图，检查电路板上的线路和元器件是否有连线错误、开路及短路现象，特别是电源部分的短路故障要重点检查。另外要仔细核对元器件型号。通过目测查出一些明显的安装及连接错误。

2）加电检查。将所有可插拔元器件拔掉。开启电源后，检查所有 IC 芯片插座上的电源电压是否正常。然后，在断电状态下将各个芯片逐个插入相应的插座上，并仔细检查各部分电路是否有异常情况。若无异常，则可进行动态调试。

静态调试只是对一些明显的硬件故障进行排除，而各部件内部存在的故障和部件之间的逻辑错误必须靠联机动态调试才能发现。动态调试方法如下。

1）把硬件系统按功能分为若干模块，并逐一调试。注意把与调试模块无关的芯片全部拔下。

2）编制相应模块的测试程序，并在开发系统上运行测试程序，观察被调模块电路工作是否正常。经独立模块调试后，大部分的硬件故障基本可以排除。

12.2.5 软件设计

软件设计的任务主要包括编程语言的选择、软件功能划分、算法设计、程序编写与调试等。单片机的编程语言不仅有汇编语言，还有一些高级语言。常用的高级语言有 C 语言、PL/M 语言、BASIC 语言等；编制软件到底用哪种语言，要视具体情况而定。采用汇编语言，占用内存空间小，实时性强；但编程麻烦，可读性差，修改不方便。因此，汇编语言往往用在系统实时性要求较高且运算不太复杂的场合。高级语言具有丰富的库函数，编程简单，能使开发周期大大缩短，程序可读性强，便于修改；但程序冗余大，速度慢，实时性差。一般来说，单片机应用系统常采用汇编语言、高级语言混合编程模式。

开发软件的明智选择是尽可能采用模块化结构。根据系统软件的总体构思，按照先粗后细的方法，把整个系统软件划分成多个功能独立、大小适当的模块。各模块间的接口信息要简单、完备、统一。

1. 软件设计原则

软件设计不仅仅是一个编写程序的过程，也是一个充分利用软硬件资源、不断优化系统的过程。设计单片机应用系统软件时应遵从以下原则。

1）结构清晰、简捷。

2）功能程序模块化。

3）程序存储区、数据存储区规划合理，这样既能节约存储容量，又能给操作带来方便。

4）运行状态标志化。各个功能程序的运行状态、运行结果以及运行需求都设置状态标志以便查询。程序的转移、控制都可通过状态标志来查询。

5）程序规范化，去除修改“痕迹”。规范化的程序便于交流、借鉴，也为今后的软件模块化、标准化打下基础。

2. 软件调试方法

软件设计完成后要进行软件调试。软件调试的任务是通过对系统应用程序的汇编、连接、执行来发现程序中的语法及逻辑错误，并加以纠正。由于大多数程序的运行依赖于硬件，因此，应用程序必须在联机状态下进行仿真调试。

（1）先单步/断点，后连续

在联机调试过程中，准确发现各程序模块和硬件错误的最有效方法是采用单步运行方式。单步运行可以方便地观察程序中每条指令执行的情况，从而确定是硬件错误、数据错误还是程序设计错误。当然，对于一个较长的程序，若用单步运行查找错误，就太费时间了。设计者可将较长的程序分为多个程序段，在每段的结束处设置断点，利用断点调试。

（2）先独立，后联合

在软件设计中，一般都采用模块化结构设计。因此，可将各个软件模块独立仿真调试。当各个程序模块都调试成功后，再将所有模块连接起来进行联调，以解决程序模块之间可能出现的逻辑错误。

12.2.6 综合调试

软硬件设计完成后，还要进行综合调试。对于单片机应用系统而言，大多数程序模块的运行依赖于硬件，没有相应的硬件支持，软件的功能将荡然无存。

系统软件、硬件独立调试成功后，可将程序固化到程序存储器中，用单片机芯片替换仿真器，进行系统脱机综合运行，检查系统软硬件的结合错误。若综合测试正常，则可进行产品的安装运行。

综合调试完成后，可将样机拿到工作现场进行测试，进一步暴露问题。现场测试主要考察样机对现场环境的适应能力、抗干扰能力。然后还需进行较长时间的连续运行考机老化，以充分考察系统的稳定性和可靠性。

经过现场运行、调试后，确认系统工作稳定、可靠，并已达到设计要求，产品即可定型。可以整理资料，编写技术说明书，产品使用说明书，进行产品鉴定或验收。投入批量生产、销售。

12.3 温度监控系统设计

设计目标：设计一个温度监控系统，用于室内温度控制，如办公室、农业温室大棚、机房等温度控制。

功能要求：实时检测环境温度，温度范围为-50～100℃。根据温度值，控制电动机的转速，以示调节温度。温度在0～25℃，电动机不转；温度低于0℃，电动机反转；温度高于25℃，电动机正转；温度超过50℃，电动机全速运转。显示器实时显示环境温度。

性能指标：测温精度为0.5℃，重量要小于0.5kg，体积小于15cm×10cm×2cm，工作电压为5V。

12.3.1 需求分析

温度控制系统广泛应用于人们生活的各个领域，如家电、汽车、工业、农业、军事、航空等，与人们的日常生活紧密相关，用途广泛，市场需求大。

目前，温度监控系统多种多样，性能、价格差异很大。有的精度很高，价格很贵；有的体积大，不便于携带。精度适中、价格低廉、携带方便、使用简单的温度监控系统并不多见。这正是本设计的追求目标。

12.3.2 可行性分析

本温度监控系统是基于单片机AT89C51设计的，所涉及的所有技术都是成熟的，所需元器件价格便宜，不需任何特殊材料，因此，不存在技术障碍。

系统采用价格便宜的数字温度传感器DS18B20检测环境温度。因其内部集成了A-D转换器，使得电路结构更加简单，而且减少了温度测量转换时的精度损失，使得测量温度更加精确。数字温度传感器DS18B20只用一个引脚即可与单片机进行通信，大大减少了接线的复杂程度，使得单片机更加具有扩展性。由于DS18B20芯片的小型化和单总线结构，故可以把数字温度传感器DS18B20做成探头，探入到狭小的地方，增加了实用性。另外，还可以将多个数字温度传感器DS18B20串接构成网络，进行大范围的温度检测。因此该温度监控系统还具有良好的经济效益和社会效益。本系统不产生环境污染。

12.3.3 系统体系结构设计

本温度监控系统主要由单片机、温度传感器、显示器、电动机驱动电路组成，如图12.3所示。首先通过温度传感器DS18B20采集环境温度，经过单片机处理后在LCD显示器上显示。其次，根据不同的温度值，驱动电动机以不同的方式转动，以示加温或降温。当温度低于0℃时，电动机反转，转动速度与温度成反比关系，以示加温；当温度在0～25℃范围时，电动机不转动表示不加温、不降温；当温度在25～50℃范围时，电动机正转，转动速度与温度成正比关系以示降温；当温度大于50℃时，电动机全速转动以示快速降温。

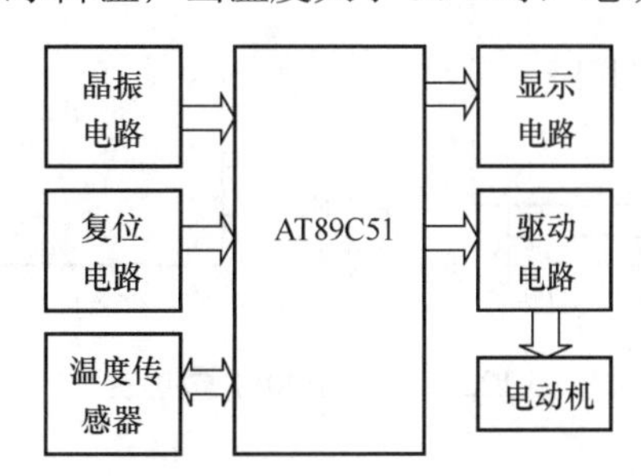

图12.3 温度监控系统框图

12.3.4 硬件设计

1. 单片机

系统采用AT89C51单片机。因为目前AT89C51芯片比较流行，资料丰富，价格便宜。AT89C51最小系统如图12.4所示。工作原理，请读者参阅本书前面相关章节内容，此处不再赘述。

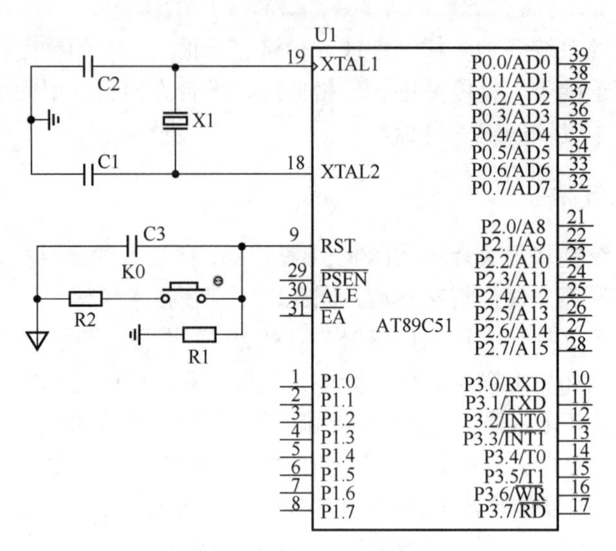

图 12.4 AT89C51 最小系统

2. 温度传感器

系统采用 DS18B20 数字温度传感器，如图 12.5 所示。DS18B20 是美国 DALLAS 公司生产的数字温度传感器，具有结构简单、体积小、功耗小、抗干扰能力强、使用方便等优点。由于 DS18B20 芯片输出的温度信号是数字信号，因此简化了系统设计，提高了测量效率。每个 DS18B20 芯片的 ROM 中都存有唯一的标识码，特别适合与单片机构成多点温度测控系统。

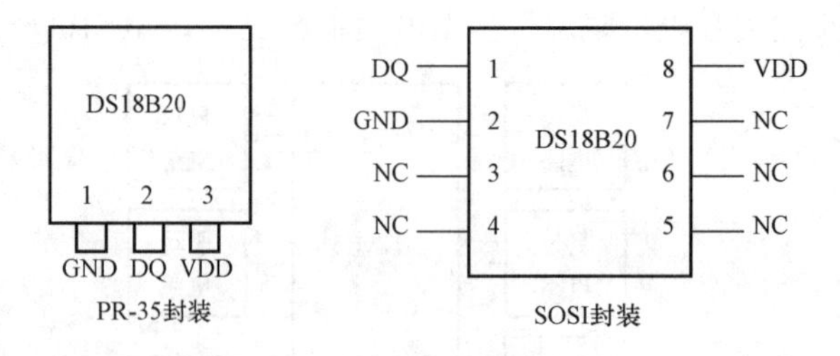

图 12.5 DS18B20 引脚封装

DS18B20 引脚定义如下。

1）DQ：数字信号输入/输出端。

2）GND：电源地。

3）VDD：外接供电电源输入端（在寄生电源接线方式时接地）。

DS18B20 的主要性能特点如下。

1）工作电压范围：3.0～5.5V。

2）测温范围：-55～+125℃，精度为±0.5℃。

3）独特的单线接口，仅需要一个引脚进行通信。

4）多个 DS18B20 可以组网，实现多点温度检测。

5）零待机功耗。

6）用户可设定报警温度。

7）通过编程可设置分辨率为 9～12 位，对应的转换分辨温度分别为 0.5℃、0.25℃、0.125℃和 0.0625℃。

8）负压特性：电源极性接反时，芯片不会因发热而烧毁，但不能正常工作。

DS18B20 内部结构：DS18B20 内部结构主要由四部分组成，即 64 位光刻 ROM，温度传感器，非挥发的温度报警触发器 TH 和 TL，高速暂存器，如图 12.6 所示。

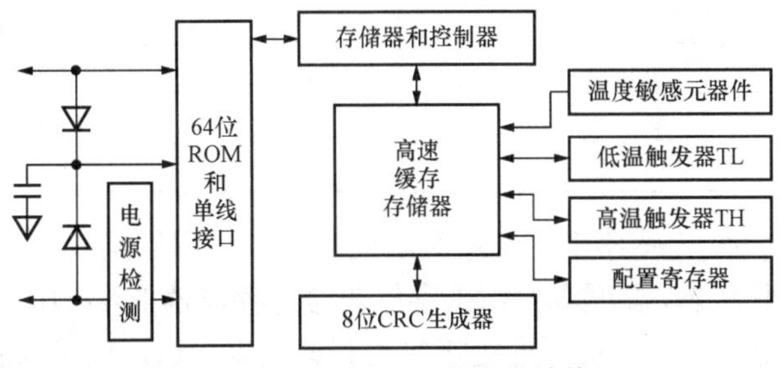

图 12.6　DS18B20 的内部结构

64 位光刻 ROM 是出厂前被光刻好的，它可以看做是该 DS18B20 的地址序列号。不同的器件地址序列号不同。

低温触发器存放低温报警温度值，高温触发器存放高温报警温度值。

温度传感器对环境温度实时测量，并将温度值以两字节补码形式存放在高速暂存存储器的第 0 个和第 1 个字节。单片机可通过单线接口读到该数据，读取时低位在前，高位在后。对应关系如表 12.1 所示。

表 12.1　DS18B20 测量温度与输出数据对应关系

温度/℃	数字输出（二进制）	数字输出（十六进制）
+125	0000 0111 1101 0000	07D0h
+85	0000 0101 0101 0000	0550h
+25.0625	0000 0001 1001 0001	0191h
+10.125	0000 0000 1010 0010	00A2h
+0.5	0000 0000 0000 1000	0008h
0	0000 0000 0000 0000	0000h
-0.5	1111 1111 1111 1000	FFF8h
-10.125	1111 1111 0101 1110	FF5Eh
-25.0625	1111 1110 0110 1111	FE6Fh
-55	1111 1100 1001 0000	FC90h

DS18B20 温度传感器内部存储器包括一个高速缓冲存储器 RAM 和一个非易失性的可电擦除的 E^2PROM，后者又包括高温度触发器 TH、低温度触发器 TL 和配置寄存器。

缓冲存储器包含了 9 个连续字节，如表 12.2 所示。前两个字节是测得的温度信息，以二进制补码形式表示；第一个字节的内容是温度的低八位，第二个字节是温度的高八位，数据格式如图 12.7 所示。第三个和第四个字节是 TH、TL 的拷贝，第五个字节是配置寄存器的拷贝，这三个字节的内容在每一次上电复位时按照 E^2PROM 中的内容刷新。第六、七、八个字节用于内部计算。第九个字节是冗余检验字节。

表 12.2　DS18B20 缓冲存储器结构

地址	内容	地址	内容
0	测量温度低字节	5	保留
1	测量温度高字节	6	计数剩余值
2	高温触发器 TH	7	每度计数值
3	低温触发器 TL	8	CRC 校验
4	配置寄存器		

DS18B20 中的温度传感器用于完成对温度的测量，测量精度可以配置成 9 位、10 位、11 位或 12 位四种状态，温度测量结果存储在缓冲存储器 RAM 中的测量温度低字节、测量温度高字节单元中。单片机可通过接口读到该数据，读取时低位在前，高位在后。温度数据的存储格式如图 12.7 所示，以 12 位为例。

2^3	2^2	2^1	2^0	2^{-1}	2^{-2}	2^{-3}	2^{-4}	LSB

MSB　（unit=℃）　LSB

S	S	S	S	S	2^6	2^5	2^4	MSB

图 12.7　温度数据格式

高字节中的前 5 位是符号位，如果测得的温度大于 0，这 5 位为 0，只要将测到的数值乘于 0.0625 即可得到实际温度；如果测得的温度小于 0，这 5 位为 1，测到的数值需要取反加 1 后再乘于 0.0625 即可得到实际温度。

配置寄存器的内容如表 12.3 所示。

表 12.3　配置寄存器内容

D7	D6	D5	D4	D3	D2	D1	D0
TM	R1	R0	1	1	1	1	1

低五位都是 1，TM 是测试模式位，用于设置 DS18B20 在工作模式（TM=0）还是在测试模式（TM=1）。DS18B20 出厂时，该位被设置为 0，用户不要去改动。R1 和 R0 用来设置分辨率，如表 12.4 所示。DS18B20 出厂时被设置为 12 位。

根据 DS18B20 的通信协议，单片机控制 DS18B20 进行温度测量时，有严格的时序要求，也设置了规定的操作命令。一般来说，操作需要经过三个步骤：

表 12.4　DS18B20 转换分辨率设置

R1	R0	分辨率/位	温度最大转换时间/ms
0	0	9	93.75
0	1	10	187.5
1	0	11	375
1	1	12	750

1）初始化。每一次读写之前都要对 DS18B20 进行初始化。

2）发 ROM 命令。发送一条 ROM 指令，进行芯片状态检测。

3）发 RAM 命令。发送一条 RAM 指令，进行功能操作。

DS18B20 芯片 ROM 指令有以下几条。

Read ROM（读 ROM）[33H]。这个命令允许总线控制器读到 DS18B20 的 64 位序列号。只有当总线上只存在一个 DS18B20 时才可以使用此指令，如果挂接不止一个，当通信时将会发生数据冲突。

Match ROM（匹配芯片）[55H]。这个指令后面紧跟着由控制器发出的 64 位序列号，当总线上有多只 DS18B20 时，只有与控制器发出的序列号相同的芯片才可以做出反应，其他芯片将等待下一次复位。这条指令既适用于单个 DS18B20 芯片构成的系统，又适用于多个 DS18B20 芯片构成的系统。

Skip ROM（忽略 ROM）[CCH]。这条指令使芯片不对 ROM 序列号做匹配操作，在单 DS18B20 芯片系统中，为了节省时间则可以选用此指令。如果在多芯片挂接时使用此指令将会出现数据冲突，导致错误。

Search ROM（搜索芯片）[F0H]。在芯片初始化后，搜索指令对总线上挂接的多个芯片的 64 位 ROM 序列号进行识别，以得到芯片的数目和型号。

Alarm Search（报警搜索）[ECH]。在多芯片挂接的情况下，报警搜索指令只对符合温度高于 TH 或小于 TL 报警条件的芯片做出反应。只要芯片不掉电，报警状态将被保持，直到再一次测得温度达不到报警条件为止。

DS18B20 芯片 RAM（功能）指令有以下几条。

Write Scratchpad（写 RAM）[4EH]。这是向 RAM 中写入数据的指令，随后写入的两个字节的数据将会被存到地址 2（报警 RAM 的 TH）和地址 3（报警 RAM 的 TL）。写入过程中可以用复位信号中止写入。

Read Scratchpad（读 RAM）[BEH]。此指令将从 RAM 中读数据，读地址从地址 0 开始，一直可以读到地址 8，完成整个 RAM 数据的读出。芯片允许在读过程中用复位信号中止读取，即可以不读后面不需要的字节以减少读取时间。

Copy Scratchpad（复制 RAM）[48H]。此指令将 RAM 中的 TH、TL、配置寄存器中的数据存入 EEPROM 中，以使数据在掉电后也不丢失。此后由于芯片忙于 EEPROM 存储处理，当控制器发一个读时间隙时，总线上输出“0”，当存储工作完成时，总线将输出“1”。在寄生工作方式时必须在发出此指令后立刻起用强上拉并至少保持 10ms，来维持芯片工作。

Convert T（温度转换）[44H]。此命令启动一次温度测量。收到此指令后芯片将进行一次温度测量，将测量的温度值放入 RAM 的第 1、2 地址。此后由于芯片忙于温度转换处理，当控制器发一个读时间隙时，总线上输出“0”，当存储工作完成时，总线将输出“1”。在寄生工作方式时，必须在发出此指令后立刻选用强上拉并至少保持 500ms 以维持芯片工作。

Recall EEPROM（召回 EEPROM）[B8H]。此指令将 EEPROM 中的报警值、配置寄存器值复制到 RAM 中的第 3、4、5 个字节里。由于芯片忙于复制处理，当控制器发一个读时间隙时，总线上输出“0”，当存储工作完成时，总线将输出“1”。另外，此指令将在芯片上电复位时将被自动执行。这样 RAM 中的两个报警字节将始终为 EEPROM 中数据的镜像。

Read Power Supply（读电源状态）[B4H]。此指令发出后，控制器发出读时间隙，芯片会返回它的电源状态字，“0”为寄生电源状态，“1”为外部电源状态。

本系统中，DS18B20 采用单总线结构，如图 12.8 所示，单片机通过 P1.7 与 DS18B20 进行信息交换。

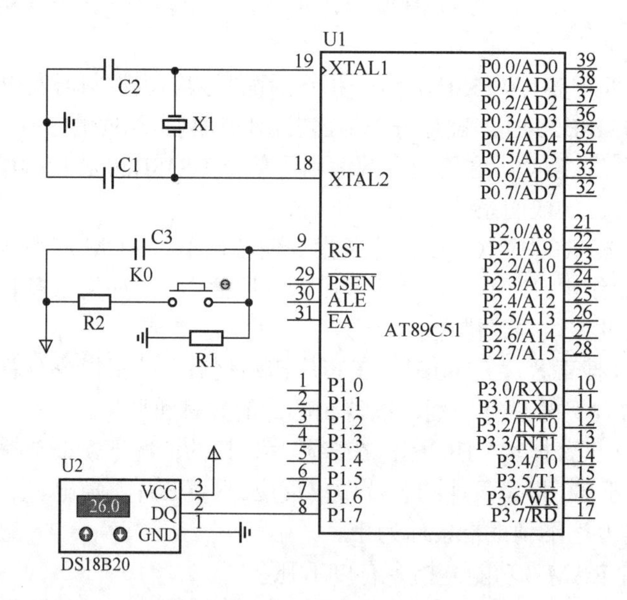

图 12.8　DS18B20 单总线结构

3. 显示电路

系统采用液晶显示模块 LCD1602 显示温度值，如图 12.9 所示，环境温度实时显示在 LCD 上。与数码管相比较，液晶显示具有功耗低，体积小，与单片机连接方便，显示信息多等优点。LCD1602 的工作原理，请读者参阅 8.6 节。

4. 电动机驱动电路

由于本设计只驱动一个直流电动机，并且电动机的驱动电流不大，选择用晶体管组成的驱动电路，如图 12.10 所示。它具有结构简单、功耗小、抗干扰能力强、使用方便等优点。驱动电路工作原理，请读者参阅本书 9.3 节的内容。

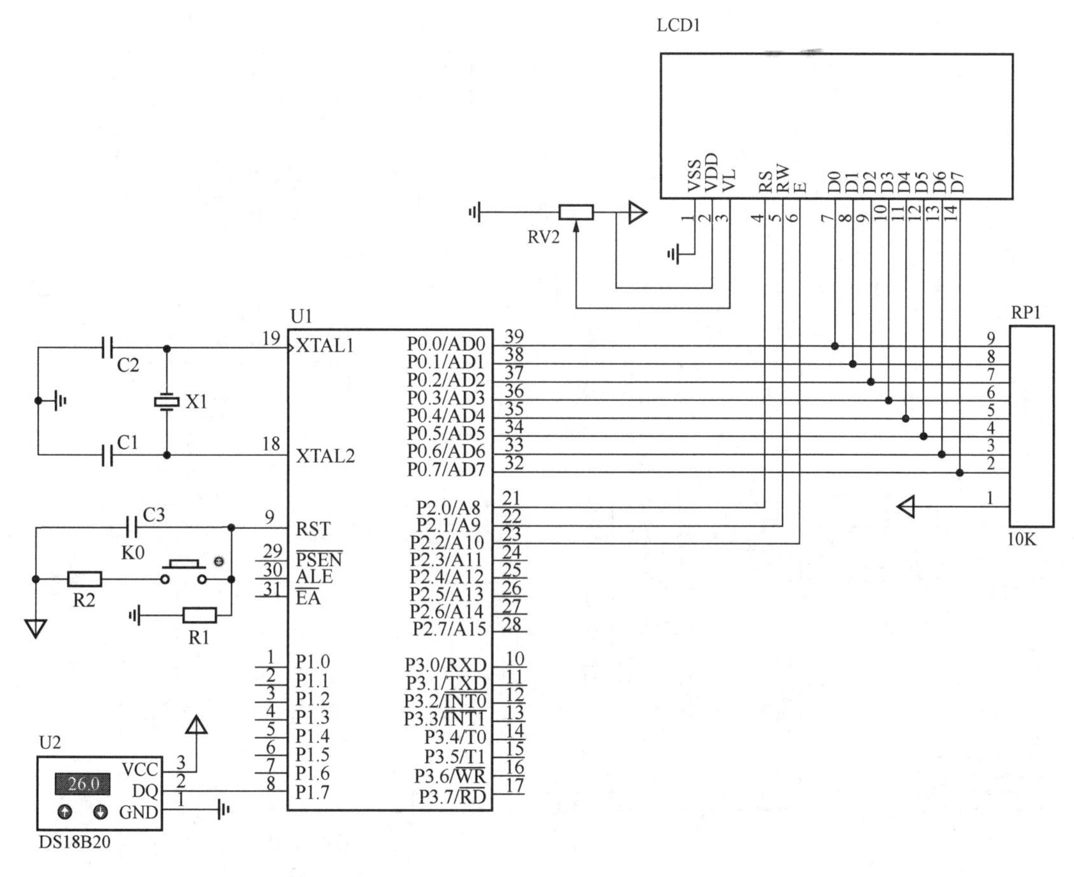

图 12.9　温度显示电路

12.3.5　软件设计

1. 主程序

系统程序采用模块化设计，如图 12.11 所示。系统上电后，首先进行变量定义、程序初始化、液晶显示初始化操作，然后启动 DS18B20 及 LCD 初始化界面。启动 DS18B20 成功后，读取温度值，经过转化后，通过 LCD 显示出来。判断温度值，根据不同的温度值，驱动电动机转动。

2. 读取温度

DS18B20 是可编程器件，在使用时必须经过以下三个步骤：初始化、写命令操作、读数据操作。每一次读写操作之前都要先将 DS18B20 初始化复位，复位成功后才能对 DS18B20 进行预定的操作，三个步骤缺一不可。

在编写相应的应用程序时，必须先掌握 DS18B20 的通信协议和时序控制要求。由于 DS18B20 是在一根 I/O 线上读写数据，因此，对读写的数据位有着严格的时序要求。DS18B20 有严格的通信协议来保证各位数据传输的正确性和完整性。该协议由几种单

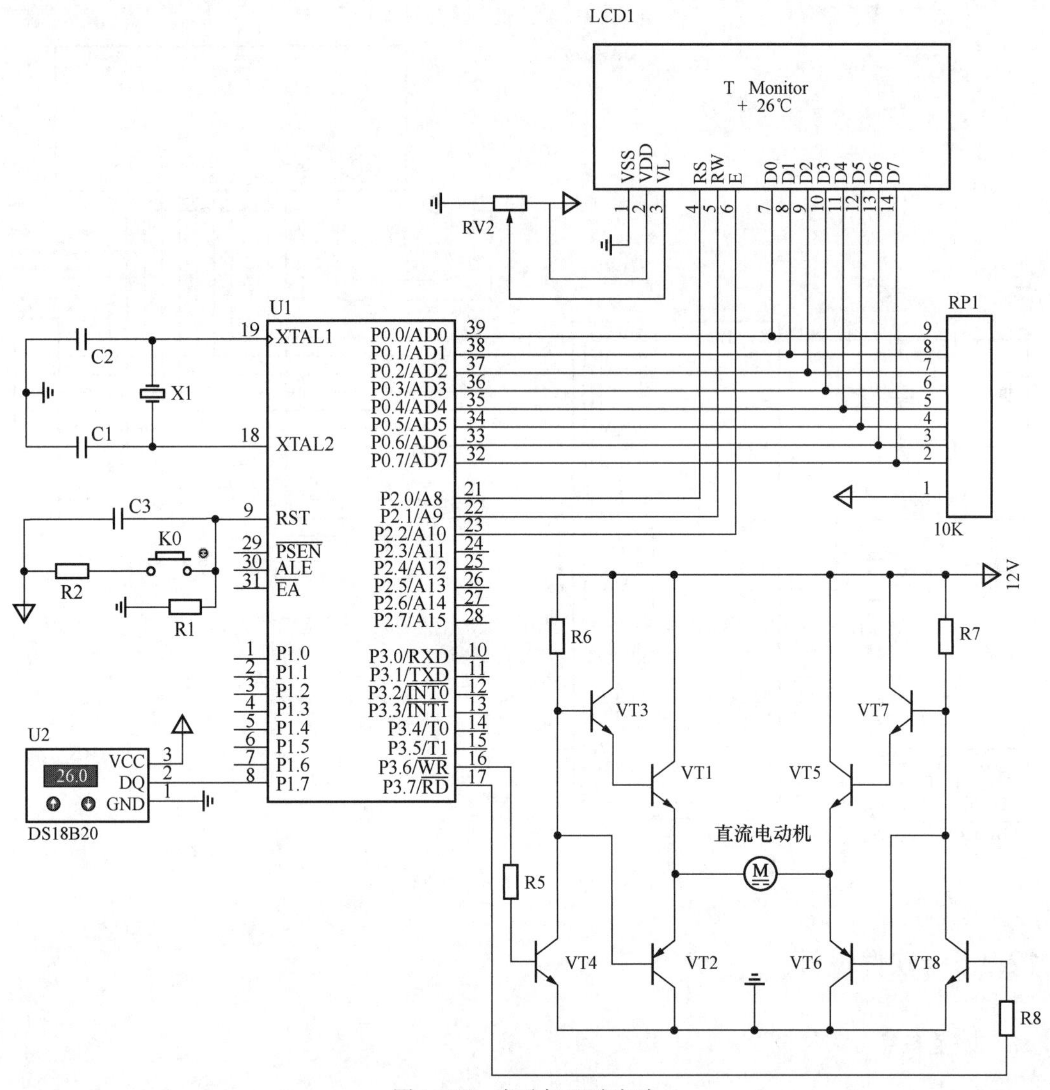

图 12.10　电动机驱动电路

线上的信号类型组成：复位脉冲，存在脉冲，写0，写1，读0和读1。读取温度值的流程如图12.12所示。

（1）DS18B20初始化

DS18B20的初始化有严格的时序要求，如图12.13所示。单片机在 *t*0 时刻应先向DS18B20发送一个复位脉冲，最短为480μs，低电平有效，即由单片机将数据线DQ拉低并保持480～960μs，接着在 *t*1 时刻释放总线并进入接收状态。DS18B20在检测到总线的上升沿之后等待15～60μs，接着DS18B20在 *t*2 时刻发出存在脉冲，低电平，持续60～240μs；然后在 *t*3 时刻释放总线。初始化在 *t*4 时刻结束。

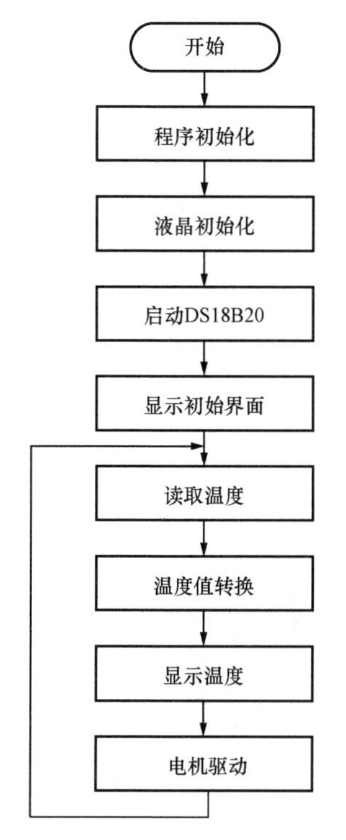

图 12.11　主程序流程图

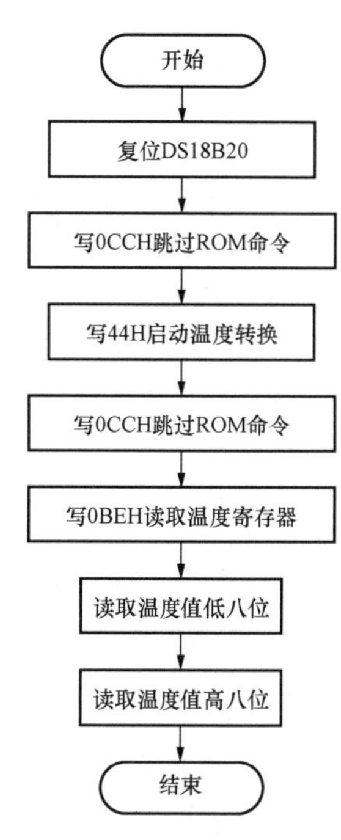

图 12.12　读取温度值的流程图

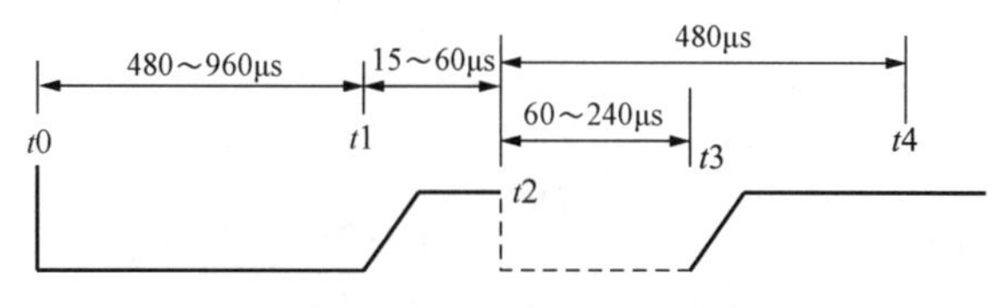

图 12.13　DS18B20 初始化时序

DS18B20 初始化程序流程如图 12.14 所示。

初始化汇编语言参考程序如下：

```
;-----------------------DS18B20 初始化子程序-----------------------
Set_DS18B20: SETB    DQ          ; 数据线拉高
         NOP
         CLR     DQ              ; 赋值数据线低电平
         MOV     R2, #255        ; 主机发出延时 500μs 的复位低脉冲
         DJNZ    R2, $
         SETB    DQ              ; 拉高数据线
         MOV     R2, #30
         DJNZ    R2, $           ; 延时 60μs 等待 DS18B20 回应
         JNB     DQ, INIT1       ; 低电平，DS18B20 有响应
         JMP     Set_DS18B20     ; 超时而没有响应，重新初始化
INIT1:   MOV     R2, #120
         DJNZ    R2, $           ; 延时 240μs
         JB      DQ, INIT2       ; 数据变高，初始化成功
```

```
        JMP    Set_DS18B20    ; 初始化失败，重新初始化
INIT2:  MOV    R2, #240       ; 初始化成功，延时
        DJNZ   R2, $
        RET
```

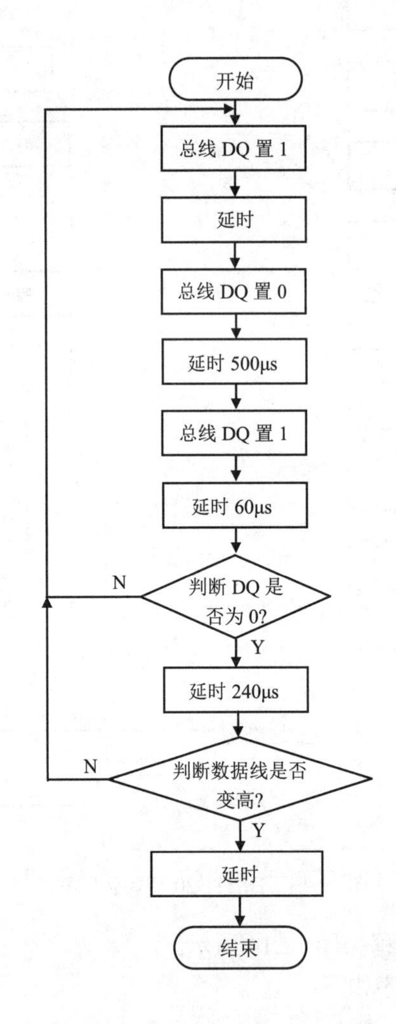

图 12.14　DS18B20 初始化程序流程

（2）DS18B20 写操作

DS18B20 的写时序分为写 0 时序和写 1 时序两个过程，如图 12.15 所示当单片机总线 *t*0 时刻从高拉至低电平时，就产生写时间隙。DS18B20 在 *t*0 后 15～60μs 间对总线采样。若是低电平，写入的位是 0；若是高电平写入的位是 1。连续写 2 位间的间隙应大于 1μs。

写程序流程如图 12.16 所示。

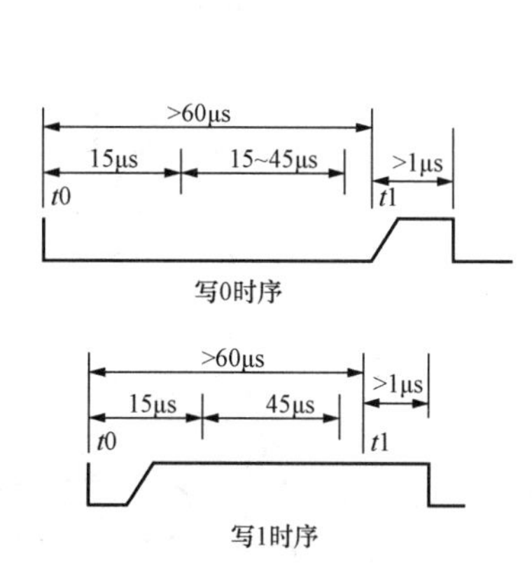

图 12.15　DS18B20 写时序

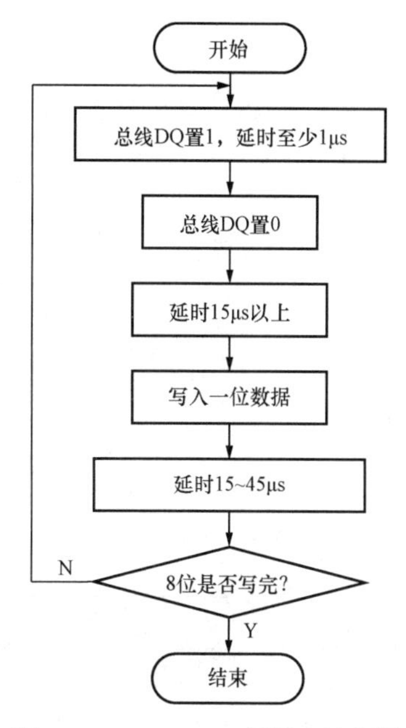

图 12.16　DS18B20 写程序流程图

写操作汇编语言参考程序如下：

```
; -----------------DS18B20 写子程序-----------------
WRITE_1820:
        MOV     R2, #8          ; 写一个字节，8 位数据
WR0:    CLR     DQ              ; 开始写入 DS18B20 总线要处于低电平
        MOV     R3, #6          ; 总线低电平保持 15μs 以上
        DJNZ    R3, $
        RRC     A               ; 把一个字节分成 8 个 BIT 移位给 C
        MOV     DQ, C           ; DS18B20 采样数据线
        MOV     R3, #20         ; 等待 40μs
        DJNZ    R3, $
        SETB    DQ              ; 释放总线
        NOP
        NOP
        DJNZ    R2, WR0         ; 判断 8 位写是否结束，未结束，写入下一位
        SETB    DQ              ; 8 位数据写结束，退出写周期
        RET
```

（3）DS18B20 读操作

DS18B20 读时序如图 12.17 所示。总线在 *t*0 时刻从高拉至低电平，至少保持低电平 1μs，之后在 *t*1 时刻将总线拉高，产生读时间隙。读时间隙在 *t*1 时刻后 *t*2 时刻前有效。*t*2 距 *t*0 为 15μs，也就是说，*t*2 时刻前单片机必须完成读操作。在读时间隙，DS18B20 通过拉高总线发送“1”，拉低总线发送“0”。一个完整的读时间隙至少要大于 60μs。两个读时间隙之间要有 1μs 恢复时间。

读子程序流程如图 12.18 所示。

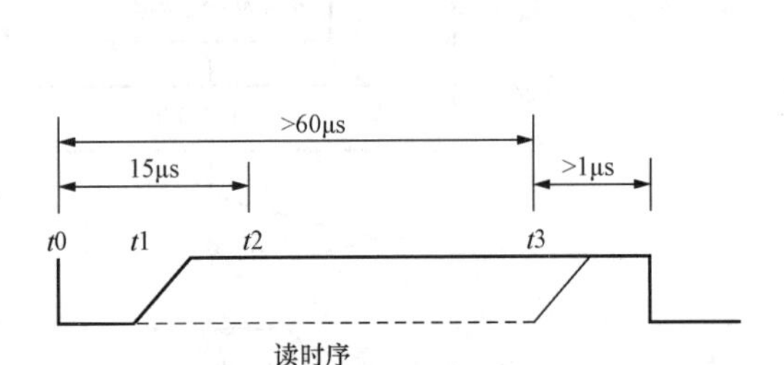

图 12.17 DS18B20 读时序

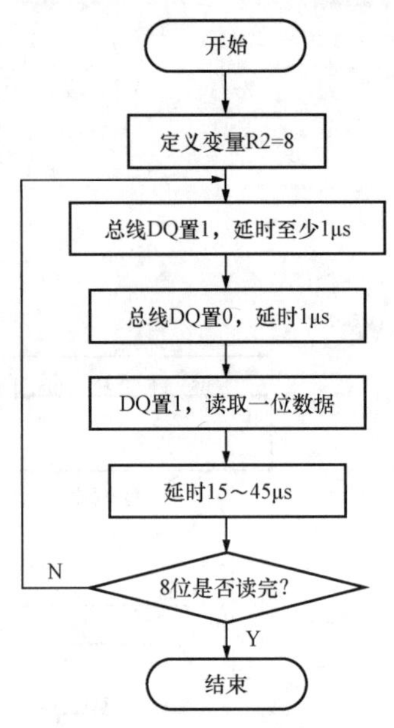

图 12.18 DS18B20 读子程序流程图

读操作的汇编语言参考程序如下：

```
-----------------从 DS18B20 中读两个字节的温度数据-----------------
READ_1820:
        MOV     R4, #2              ; 读温度高位和低位 2 个字节
        MOV     R1, #TEMPER_L       ; 低位存入 TEMPER_L
RE0:    MOV     R2, #8              ; 一个字节 8 位数据
RE1:    SETB    DQ                  ; 数据总线拉高
        NOP
        NOP
        CLR     DQ                  ; 读前总线保持为低
        NOP
        NOP
        SETB    DQ                  ; 开始读，总线释放
        MOV     R3, #4              ; 延时一段时间
        DJNZ    R3, $
        MOV     C, DQ               ; 从 DS18B20 总线读得一位
        RRC     A                   ; 把读得的位值移位给 A
        MOV     R3, #30             ; 延时一段时间
        DJNZ    R3, $
        DJNZ    R2, RE1             ; 读下一位
        MOV     @R1, A              ; 保存数据
        DEC     R1                  ; 读温度高字节
        DJNZ    R4, RE0
        RET
```

3. 温度转换

当温度值从 DS18B20 读出后，以两字节补码形式存放在指定位置。单片机需要将其

转换成十进制数，然后显示。

对应的温度计算：当符号位 C=0 时，表示测得的温度值为正值，可直接将二进制数转换为十进制数；当 C=1 时，表示测得的温度值为负值，要先将补码变为原码，再转换成十进制数，如图 12.19 所示。

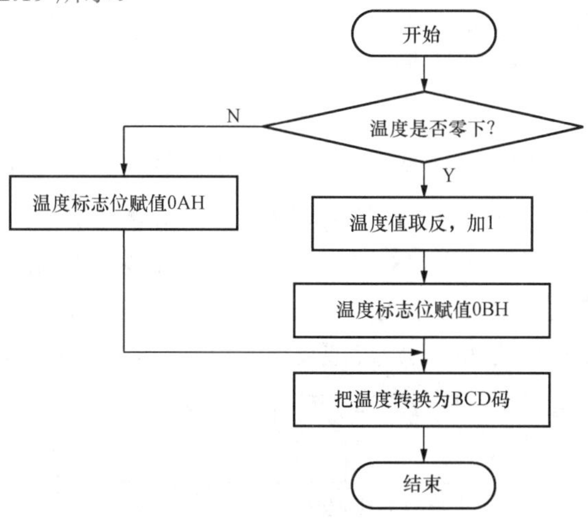

图 12.19　温度转换流程图

温度转换的汇编语言参考程序如下：

```
; ---------------------温度转换子程序--------------------------
CONVTEMP: MOV  A, TEMPER_H     ; 判断温度是否零下
          ANL  A, #80H
          JZ  TEMPC1           ; 温度非零下，跳转到 TEMPC1
          CLR  C               ; 零下温度
          MOV  A, TEMPER_L     ; 温度的低字节求补
          CPL  A               ; 取反
          ADD  A, #01H         ; 加 1
          MOV  TEMPER_L, A
          MOV  A, TEMPER_H     ; 温度的高字节求补
          CPL  A               ; 取反
          ADDC  A, #00H        ; 加低字节的进位
          MOV  TEMPER_H, A
          MOV   TEMPHC, #0BH   ; 负温度标志
          LJMP  TEMPC11        ; 跳转到 TEMPC11
TEMPC1:  MOV  TEMPHC, #0AH     ; 正温度标志
TEMPC11: MOV  A, TEMPER_L
          ANL  A, #0F0H        ; 取出高 4 位
          SWAP  A
          MOV  TEMPER_L, A
          MOV  A, TEMPER_H     ; 取出低 4 位
          ANL  A, #0FH
          SWAP  A
          ORL  A, TEMPER_L     ; 把温度的高字节和低字节重新组合为一个字节
          MOV  T_INTEGER, A    ; 把组合成的字节存于 T_INTEGER
          MOV B, #100          ; 把温度整数部分化为 BCD 码
```

```
DIV AB
MOV T_IN_BAI, A
MOV A, B
MOV B , #10
DIV AB
MOV T_IN_SHI, A
MOV T_IN_GE, B
RET
```

4. 电动机驱动

根据不同的温度值，电动机以不同的速度转动。当温度为0～25℃时，电动机不转动，表示不需要加温或降温；当温度为 25～50℃，电机正转，表示降温，电动机的速度与温度成正比的关系；当温度大于50℃，电动机全速正转，表示快速降温；当温度低于0℃时，电机反转，表示加温，电动机的速度与温度成反比的关系。程序流程如图12.20所示。

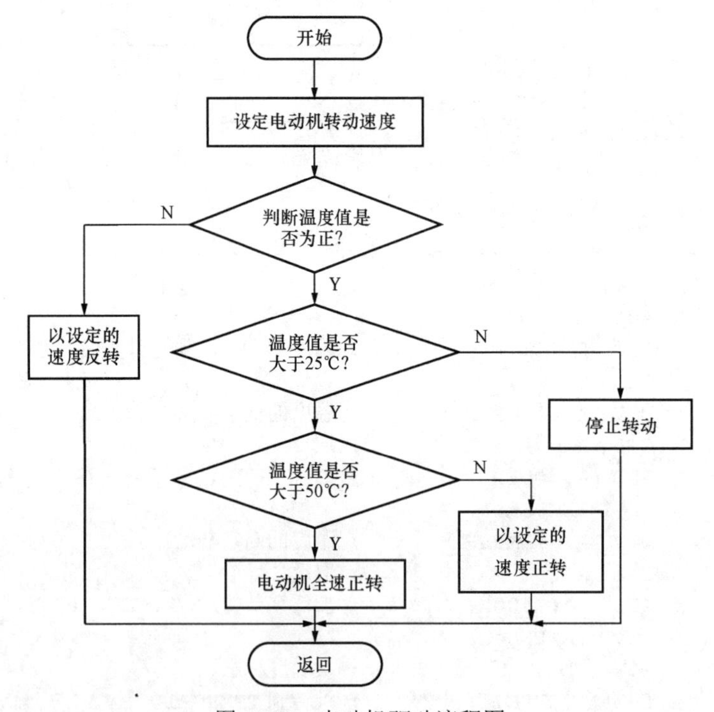

图12.20　电动机驱动流程图

电动机驱动的汇编语言参考程序如下：

```
; ------------------------电动机驱动子程序-----------------------
MOTOR:  MOV A, T_INTEGER        ; 温度转化的整数暂存于A中
        MOV B, #5               ; 给寄存器赋值立即数5
        MUL AB                  ; 整数×5，提高转速的占空比
        MOV SPEED, A
        MOV A, TEMPHC           ; 把正、负温度值标记暂存于A中
        CJNE A, #0AH, NEG       ; 判断温度值标记是正还是负
```

```
         CLR C                      ; 温度为正
WIN:     MOV A, T_INTEGER           ; 温度转化的整数暂存于A中
         SUBB A, #25                ; 判断温度是否超过25℃
         JNC POS                    ; 温度大于25℃，跳转到POS
         SETB D                     ; 方向控制端置1
         SETB PWM                   ; PWM端置1，电动机停止转动
         JMP REND
POS:     MOV A, T_INTEGER           ; 温度转化的整数暂存于A中
         SUBB A, #50                ; 判断温度是否大于50℃
         JNC POS2                   ; 温度大于50℃，跳转到POS2
POS1:    SETB D                     ; 方向控制端置1
         CLR PWM                    ; 正转，PWM=0
         MOV A,  SPEED              ; 时间常数为SPEED
         LCALL  DELAY_MOTOR         ; 调用电动机转动延时子程序
         SETB  PWM                  ; 电动机停止转动，PWM=1
         MOV A,  #255               ; 时间常数为255-TMP
         SUBB A,  SPEED
         LCALL  DELAY_MOTOR         ; 调用电动机延时子程序
         JMP REND
POS2:    MOV SPEED, #250            ; SPEED赋值为250，全速正转
         JMP POS1                   ; 跳转到POS1
NEG:     CLR   D                    ; 方向控制端置0
         SETB  PWM                  ; 反转，PWM=1
         MOV A,  SPEED              ; 时间常数为SPEED
         LCALL  DELAY_MOTOR         ; 调用电动机延时子程序
         CLR PWM
         MOV A,  #255               ; 时间常数为255-TMP
         SUBB A,  SPEED
         LCALL  DELAY_MOTOR         ; 调用延时子程序
REND:    RET                        ; 子程序返回
; --------------------电动机转动延时子程序-------------------------
DELAY_MOTOR: MOV R6,  #5            ; 设循环次数
D1:      DJNZ R6,  D1               ; 循环等待
         DJNZ ACC, D1               ; 循环等待
         RET                        ; 子程序返回
```

5. 液晶显示

液晶显示有两部分，一部分是显示系统初始界面，另一部分是显示温度值。

（1）初始界面

在第一行显示 T Monitor，其对应的 ASCII 码存入 M_1 表中。程序流程如图 12.21 所示。

液晶初始界面的汇编语言参考程序如下：

```
; ******** 液晶初始界面子程序 ***************
MENU:       MOV  DPTR, #M_1          ; 指针指到显示信息表
LINE1:      MOV  A, #80H             ; 设置 LCD 的第一行地址
```

```
          LCALL  WRC                  ; 写入命令
FILL:     CLR  A                      ; 填入字符
          MOVC  A, @A+DPTR            ; 由信息区取出字符
          CJNE  A, #0, LC1            ; 判断是否为结束码
          JMP RET_END                 ; 子程序返回
LC1:      LCALL  WRD                  ; 写入数据
          INC  DPTR                   ; 指针加1
          JMP  FILL                   ; 继续填入字符
RET_END:  RET
M_1       DB  "   T Monitor    ", 0
```

（2）显示温度

在LCD1602液晶第二行显示温度值，如图12.22所示。

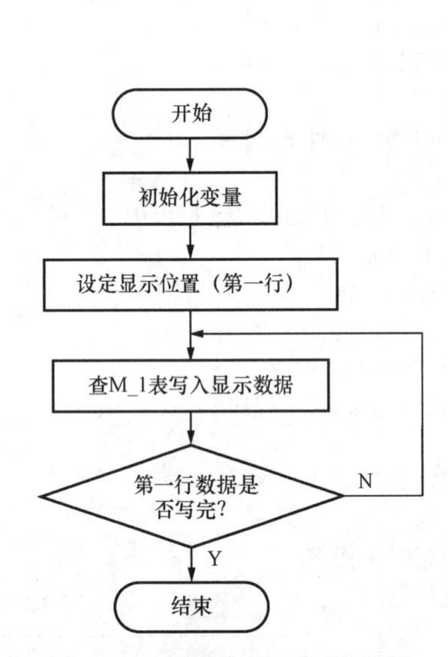

图12.21　液晶初始界面流程图

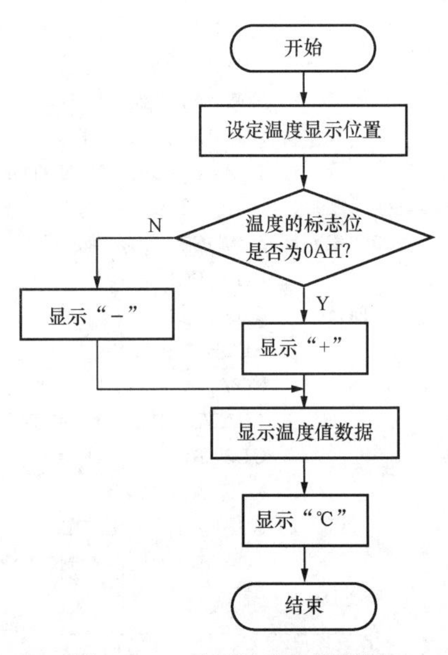

图12.22　显示温度值流程图

LCD1602温度显示的汇编语言参考程序如下：

```
; --------------LCD1602温度显示子程序----------------------
DISPLAY:   MOV A, #0C4H           ; 设定显示位置，第2行、第4列
           LCALL WRC              ; 调用写入命令程序
           MOV A,  TEMPHC         ; 判断温度是正还是负
           CJNE A, #0BH, FZ       ; 如果温度是负，顺序执行；是正，跳转到FZ
           MOV  A, #2DH           ;  “-”号显示
           AJMP  WDA              ; 跳转到WDA
FZ:        MOV  A, #2BH           ;  “+”号不显示
WDA:       LCALL WRD              ; 写数据
           MOV R0, #T-|N-BA1      ; 显示温度的百位、十位、个位
WDA1:      MOV A, @R0
           ADD A, #30H            ; 转换成ASCII码
           LCALL WRD              ; 写数据
           INC R0
```

```
        CJNE R0, #38H, WDA1  ; 判断温度是否显示完
        MOV A, #0C9H         ; 设定显示位置
        LCALL WRC            ; 写入命令
        MOV A, #0DFH         ; “°”的ASCII码
        LCALL WRD            ; 写数据
        MOV A, #043H         ; “C”的ASCII码
        LCALL WRD            ; 写数据
        RET                  ; 子程序返回
```

6. 系统程序

将上述程序模块按照一定次序组合调用，即可构成系统应用程序。

温度监控系统的汇编语言参考程序如下：

```
TEMPER_L    EQU    31H          ; 用于保存读出温度的低字节
TEMPER_H    EQU    30H          ; 用于保存读出温度的高字节
T_INTEGER   EQU    32H          ; 温度的整数部分（integer）
T_IN_BAI    EQU    35H          ; 温度的百位
T_IN_SHI    EQU    36H          ; 温度的十位
T_IN_GE     EQU    37H          ; 温度的个位
FLAG        BIT    33H          ; 标志位
TEMPHC      EQU    34H          ; 正、负温度值标记
SPEED       EQU    45H          ; 电动机的速度调节位
RW          BIT    P2.1         ; LCD1602RW引脚由P2.1引脚控制
RS          BIT    P2.0         ; LCD1602RS引脚由P2.0引脚控制
E           BIT    P2.2         ; LCD1602E引脚由P2.2引脚控制
DQ          BIT    P1.7         ; DS18B120数据线
PWM         BIT    P3.6         ; 定义速度控制位PWMP3.6
D           BIT    P3.7         ; 定义方向控制位P3.7
            ORG    0000H        ; 在0000H单元存放转移指令
            SJMP   MAIN         ; 转移到主程序
            ORG    0060H        ; 主程序从0060H开始
MAIN:       LCALL  DELAY20ms    ; 系统延时20ms启动
            LCALL  INIT         ; 调用LCD初始化函数
            LCALL  MENU         ; 调用液晶初始界面显示
            LCALL  READ_TEM     ; 开启DS18B20
            LCALL  DELAY1S      ; 调用1s延时，使DS18B20能完全启动
LOOP:       LCALL  READ_TEM     ; 读取温度，温度值存放
            LCALL  CONVTEMP     ; 调用温度转换程序
            LCALL  DISPLAY      ; 调用温度显示程序
            LCALL  MOTOR        ; 调用电动机驱动
            LJMP   LOOP         ; 循环调用
DELAY1S:    MOV    R5, #10      ; 1s延时程序，外循环控制
DEL1:       MOV    R6, #200     ; 中循环控制
DEL2:       MOV    R7, #250     ; 内循环控制
DEL3:       DJNZ   R7, DEL3     ; 内循环体
            DJNZ   R6, DEL2     ; 中循环体
            DJNZ   R5, DEL1     ; 外循环体
            RET                 ; 子程序返回
```

```
; ------------------------电动机转动程序----------------------
MOTOR:  MOV A, T_INTEGER     ; 温度转化的整数暂存于 A 中
        MOV B, #5            ; 给寄存器赋值立即数 5
        MUL AB               ; 整数×5，提高转速的占空比
        MOV SPEED, A
        MOV A, TEMPHC        ; 把正、负温度值标记暂存于 A 中
        CJNE A, #0AH, NEG    ; 判断温度值标记是正还是负，如果是正，就顺序
                             ; 执行；否则，跳转到 NEG
        CLR C                ; 温度≥0，把进位清零
WIN:    MOV A, T_INTEGER     ; 温度转化的整数暂存于 A 中
        SUBB A, #25          ; 判断温度是否超过 25℃
        JNC POS              ; 温度大于 25℃，跳转到 POS
        SETB D               ; 0℃≤温度≤25℃方向控制端置 1
        SETB PWM             ; PWM 端置 1，电动机停止转动
        JMP REND             ; 子程序返回
POS:    MOV A, T_INTEGER     ; 温度>25℃温度转换的整数暂存于 A 中
        SUBB A, #50          ; 判断温度是否大于 50℃
        JNC POS2             ; 温度大于 50℃，跳转到 POS2
POS1:   SETB D               ; 25℃<温度≤50℃方向控制端置 1
        CLR PWM              ; 正转，PWM=0
        MOV A,  SPEED        ; 时间常数为 SPEED
        LCALL  DELAY_MOTOR   ; 调用电动机转动延时子程序
        SETB  PWM            ; 电动机停止转动，PWM=1
        MOV A,  #255         ; 时间常数为 255-TMP
        SUBB A,  SPEED
        LCALL  DELAY_MOTOR   ; 调用电动机延时子程序
        JMP REND             ; 子程序返回
POS2:   MOV SPEED, #250      ; 温度>50℃ SPEED 赋值为 250
        JMP POS1             ; 跳转到 POS1
NEG:    CLR   D              ; 温度<0℃方向控制端置 0
        SETB  PWM            ; 反转，PWM=1
        MOV A,  SPEED        ; 时间常数为 SPEED
        LCALL  DELAY_MOTOR   ; 调用电动机延时子程序
        CLR PWM              ; PWM=0
        MOV A,  #255         ; 时间常数为 255-TMP
        SUBB A,  SPEED
        LCALL  DELAY_MOTOR   ; 调用延时子程序
REND:   RET                  ; 子程序返回
; ---------------------电动机转动延时子程序--------------------------
DELAY_MOTOR:  MOV R6,  #5      ; 设循环次数
D1:           DJNZ R6,  D1     ; 循环等待
              DJNZ ACC, D1     ; 循环等待
              RET              ; 子程序返回
; ------------------------温度转化程序------------------------------
CONVTEMP:  MOV  A, TEMPER_H    ; 判断温度是否为零下
           ANL  A, #08H
           JZ  TEMPC1          ; 温度没有零下，跳转到 TEMPC1
           CLR  C              ; 进位清零
           MOV  A, TEMPER_L    ; 温度的低字节二进制数求补
```

```
            CPL  A              ; 取反
            ADD  A, #01H        ; 加 1
            MOV  TEMPER_L, A
            MOV  A, TEMPER_H    ; 温度的高字节二进制数求补（双字节）
            CPL  A              ; 取反
            ADDC  A, #00H
            MOV  TEMPER_H, A
            MOV   TEMPHC, #0BH  ; 负温度标志
            LJMP  TEMPC11       ; 跳转到 TEMPC11
TEMPC1:     MOV  TEMPHC, #0AH   ; 正温度标志
TEMPC11:    MOV  A, TEMPER_L
            ANL  A, #0F0H       ; 取出高 4 位
            SWAP  A
            MOV  TEMPER_L, A
            MOV  A, TEMPER_H    ; 取出低 4 位
            ANL  A, #0FH
            SWAP  A
            ORL  A, TEMPER_L    ; 把温度的高字节和低字节重新组合为一个字节
            MOV  T_INTEGER, A   ; 把组合字节存于 T_INTEGER
            MOV B, #100         ; 把温度整数部分化为 BCD 码
            DIV AB
            MOV T_IN_BAI, A
            MOV A, B
            MOV B , #10
            DIV AB
            MOV T_IN_SHI, A
            MOV T_IN_GE, B
            RET
; -------------------------读温度程序------------------------------
READ_TEM:   LCALL       Set_DS18B20        ; DS18B20 初始化
            MOV         A, #0CCH           ; 跳过 ROM 匹配
            LCALL       WRITE_DS18B20      ; 写 DS18B20 的子程序
            MOV         A, #44H            ; 发出温度转换命令
            LCALL       WRITE_18B120       ; 写 DS18B20 的子程序
            LCALL       Set_18B120         ; 准备读温度前先初始化
            MOV         A, #0CCH           ; 跳过 ROM 匹配
            LCALL       WRITE_18B120       ; 写 DS18B20 的子程序
            MOV         A, #0BEH           ; 发出读温度命令
            LCALL       WRITE_18B20        ; 写 DS18B20 的子程序
            LCALL       READ_18B20         ; 读 DS18B20 的测量温度
            RET                            ; 子程序返回
; ---------------------DS18B20 初始化程序--------------------------
Set_DS18B20:   SETB    DQ              ; 数据线拉高
               NOP
               CLR     DQ              ; 赋值数据线低电平
               MOV     R2, #255        ; 主机发出延时 500μs 的复位低脉冲
               DJNZ    R2, $
               SETB    DQ              ; 拉高数据线
               MOV     R2, #30
```

```
            DJNZ    R2, $            ; 延时 60μs 等待 DS18B20 回应
            JNB     DQ, INIT1
            JMP     Set_18B20        ; 超时而没有响应，重新初始化
INIT1:      MOV     R2, #120
            DJNZ    R2, $            ; 延时 240μs
            JB      DQ, INIT2        ; 数据变高，初始化成功
            JMP     Set_18B20        ; 初始化失败，重新初始化
INIT2:      MOV     R2, #240
            DJNZ    R2, $
            RET
; ------------------------写 DS18B20 的子程序-----------------------
WRITE_DS18B20:
        MOV     R2, #8               ; 一共 8 位数据
WR0:    CLR     DQ                   ; 开始写入 DS18B20 总线要处于复位
        MOV     R3, #6               ; 总线复位保持 14μs 以上
        DJNZ    R3, $
        RRC     A                    ; 把一个字节分成 8 个 BIT 环移给 C
        MOV     DQ, C
        MOV     R3, #20              ; 等待 40μs
        DJNZ    R3, $
        SETB    DQ                   ; 释放总线
        NOP
        NOP
        DJNZ    R2, WR0              ; 写入下一位
        SETB    DQ
        RET
; --------读 DS18B20 的程序，从 DS18B20 中读出两个字节的温度数据----------
READ_DS18B20:
         MOV       R4, #2            ; 将温度高字节和低字节从 DS18B20 中读出
         MOV       R1, #TEMPER_L     ; 低字节存入 31H(TEMPER_L)
RE0:     MOV       R2, #8
RE1:     SETB      DQ                ; 数据总线拉高
         NOP
         NOP
         CLR       DQ                ; 读前总线保持为低
         NOP
         NOP
         SETB      DQ                ; 开始读总线释放
         MOV       R3, #4            ; 延时一段时间
         DJNZ      R3, $
         MOV       C, DQ             ; 从 DS18B20 总线读得一位
         RRC       A                 ; 把读得的位循环移给 A
         MOV       R3, #30           ; 延时一段时间
         DJNZ      R3, $
         DJNZ      R2, RE1           ; 读下一位
         MOV       @R1, A
         DEC       R1                ; 高字节存入 30H(TEMPER_H)
         DJNZ      R4, RE0
         RET
```

```
; ------------------------------显示程序----------------------
DISPLAY:    MOV A, #0C4H          ; 设定显示位置
            LCALL WRC             ; 调用写入命令程序
            MOV A,  TEMPHC        ; 判断温度是正还是负
            CJNE A, #0BH, FZ      ; 如果温度是负，顺序执行；是正，跳转到 FZ
            MOV  A, #2DH          ; “-”号显示
            AJMP  WDA             ; 跳转到 WDA
FZ:         MOV  A, #2BH          ; “+”号不显示
WDA:        LCALL WRD             ; 写数据
            MOV R0, #35H          ; 显示温度的百位、十位、个位
WDA1:       MOV A, @R0
            ADD A, #30H           ; 转换成 ASCII 码
            LCALL WRD             ; 写数据
            INC R0
            CJNE R0, #38H, WDA1   ; 判断温度是否显示完
            MOV A, #0C9H          ; 设定显示位置
            LCALL WRC             ; 写入命令
            MOV A, #0DFH          ; “。”的 ASCII 码
            LCALL WRD             ; 写数据
            MOV A, #043H          ; “C”的 ASCII 码
            LCALL WRD             ; 写数据
            RET                   ; 子程序返回
; ******** 显示第一行信息子程序 ***************
MENU:       MOV  DPTR, #M_1       ; 指针指到显示消息
LINE1:      MOV  A, #80H          ; 设置 LCD 的第一行地址
            LCALL  WRC            ; 写入命令
FILL:       CLR  A                ; 输入字符
            MOVC  A, @A+DPTR      ; 由消息区取出字符
            CJNE  A, #0, LC1      ; 判断是否为结束码
            JMP RET_END           ; 子程序返回
LC1:        LCALL  WRD            ; 写入数据
            INC  DPTR             ; 指针加 1
            JMP  FILL             ; 继续填入字符
RET_END:    RET
M_1:        DB  " T Monitor ", 0
; ---------------液晶初始化程序-----------------
INIT:   MOV A, #01H         ; 清屏
        LCALL WRC           ; 调用写命令子程序
        MOV A, #38H         ; 8 位数据, 2 行,5×8 点阵
        LCALL WRC           ; 调用写命令子程序
        MOV A, #0cH         ; 开显示和光标, 字符不闪烁
        LCALL WRC           ; 调用写命令子程序
        MOV A, #06H         ; 字符不动, 光标自动右移 1 格
        LCALL WRC           ; 调用写命令子程序
        RET                 ; 子程序返回
; ---------------忙检查子程序-------------
CBUSY:  PUSH                ; 将 A 的值暂存于堆栈
        PUSH DPH            ; 将 DPH 的值暂存于堆栈
        PUSH DPL            ; 将 DPL 的值暂存于堆栈
```

```
        PUSH PSW            ; 将 PSW 的值暂存于堆栈
WEIT:   CLR RS              ; RS=0，选择指令寄存器
        SETB RW             ; RW=1，选择读模式
        CLR E               ; E=0，禁止读/写 LCD
        SETB E              ; E=1，允许读/写 LCD
        NOP
        MOV A, P0           ; 读操作
        CLR E               ; E=0，禁止读/写 LCD
        JB ACC.7, WEIT      ; 忙碌循环等待
        POP PSW             ; 从堆栈取回 PSW 的值
        POP DPL             ; 从堆栈取回 DPL 的值
        POP DPH             ; 从堆栈取回 DPH 的值
        POP ACC             ; 从堆栈取回 A 的值
        LCALL DELAY         ; 延时
        RET                 ; 子程序返回
; --------------------写子程序-----------------
WRC:    LCALL CBUSY         ; 写入命令子程序
        CLR E               ; E=0，禁止读/写 LCD
        CLR RS              ; RS=0，选择指令寄存器
        CLR RW              ; RW=0，选择写模式
        SETB E              ; E=1，允许读/写 LCD
        MOV P0, A           ; 写操作
        CLR E               ; E=0，禁止读/写 LCD
        LCALL DELAY         ; 延时
        RET                 ; 子程序返回
WRD:    LCALL CBUSY         ; 写入数据子程序
        CLR E               ; E=0，禁止读/写 LCD
        SETB RS             ; RS=1，选择数据寄存器
        CLR RW              ; RW=0，选择写模式
        SETB E              ; E=1，允许读/写 LCD
        MOV P0, A           ; 写操作
        CLR E               ; E=0，禁止读/写 LCD
        LCALL DELAY         ; 延时
        RET                 ; 子程序返回
; -----------------延时程序--------------------
DELAY20ms:  MOV R7, #20             ; 延时程序 20ms
            D2: MOV R6, #248
            DJNZ R6, $
            DJNZ R7, D2
            RET
DELAY:      MOV R7, #5              ; 延时程序
LP1:        MOV R6, #0F8H
            DJNZ R6, $
            DJNZ R7, LP1
            RET
            END                     ; 汇编结束
```

温度监控系统的 C 语言参考程序如下：

```
#include<reg51.h>                   //预处理命令，定义 SFR 头文件
```

```
#include <math.h>                      //定义数学运算头文件
#define uchar unsigned char            //定义缩写字符 uchar
#define uint  unsigned int             //定义缩写字符 uint
#define lcd_data P0                    //定义 LCD1602 数据口 P0
sbit DQ =P1^7;                         //将 DQ 位定义为 P1.7 引脚
sbit lcd_RS=P2^0;                      //将 RS 位定义为 P2.0 引脚
sbit lcd_RW=P2^1;                      //将 RW 位定义为 P2.1 引脚
sbit lcd_EN=P2^2;                      //将 EN 位定义为 P2.2 引脚
sbit PWM=P3^7;                         //将 PWM 定义为 P3.7 引脚
sbit  D=P3^6;                          //将 D 定义为 P3.6 引脚，转向选择位
uchar t[2], speed, temperature;        //用来存放温度值
uchar DS18B20_is_ok;
uchar TempBuffer1[12]={0x20, 0x20, 0x20, 0x20, 0xdf, 0x43, '\0'};
uchar tab[16]={0x20, 0x20, 0x20, 0x54, 0x20, 0x4d, 0x6f, 0x6e, 0x69,
0x74, 0x6f, 0x72, '\0'};               //显示"T Monitor"
/**********lcd 显示子程序************/
void delay_20ms(void)                  /*延时 20ms 函数*/
{
    uchar i, temp;                     //声明变量 i，temp
    for(i = 20; i > 0; i--)            //循环
    {
        temp = 248;                    //给 temp 赋值 248
        while(--temp);                 //temp 减 1，不等于 0，继续执行
        temp = 248;                    //给 temp 赋值 248
        while(--temp);                 //temp 减 1，不等于 0，继续执行
    }
}
void delay_38μs(void)                  /*延时 38μs 函数*/
{   uchar temp;                        //声明变量 temp
    temp = 18;                         //给 temp 赋值
    while(--temp);                     //temp 减 1，不等于 0，继续执行该行
}
void delay_1520μs(void)                /*延时 1520μs 函数*/
{   uchar i, temp;                     //声明变量 i，temp
    for(i = 3; i > 0; i--)             //循环
    {
    temp = 252;                        //给 temp 赋值
    while(--temp);                     //temp 减 1，不等于 0，继续执行该行
    }
}
uchar lcd_rd_status()                  /*读取 lcd1602 的状态，主要用于判断忙*/
{
 uchar tmp_sts;                        //声明变量 tmp_sts
 lcd_data = 0xff;                      //初始化 P3 口
 lcd_RW = 1;                           //RW =1 读
 lcd_RS = 0;                           //RS =0 命令，合起来表示读命令（状态）
 lcd_EN = 1;                           //EN=1，打开 EN，LCD1602 开始输出命令
                                         数据，100ns 之后命令数据有效
 tmp_sts = lcd_data;                   //读取命令到 tmp_sts
```

```
 lcd_EN = 0;                        //关掉LCD1602
 lcd_RW = 0;                        //把LCD1602设置成写
 return tmp_sts;                    //函数返回值tmp_sts
}
void lcd_wr_com(uchar command)      /*写一个命令到LCD1602*/
{
   while(0x80&lcd_rd_status());     //写之前先判断LCD1602是否忙
   lcd_RW = 0;
   lcd_RS = 0;                      //RW=0，RS=0 写命令
   lcd_data = command;              //把需要写的命令写到数据线上
   lcd_EN = 1;
   lcd_EN = 0;                      //EN输出高电平脉冲，命令写入
}
void lcd_wr_data(uchar sjdata)      /*写一个显示数据到lcd1602*/
{
   while(0x80&lcd_rd_status());     //写之前先判断lcd1602是否忙
   lcd_RW = 0;
   lcd_RS = 1;                      //RW=0，RS=1 写显示数据
   lcd_data = sjdata;               //把需要写的显示数据写到数据线上
   lcd_EN = 1;                      //EN输出高电平脉冲，命令写入
   lcd_EN = 0;
   lcd_RS = 0;
}
void Init_lcd(void)                 /*初始化lcd1602*/
{
   delay_20ms();                    //调用延时
   lcd_wr_com(0x38);                //设置16*2格式，5*8点阵，8位数据接口
   delay_38μs();                    //调用延时
   lcd_wr_com(0x0c);                //开显示，不显示光标
   delay_38μs();                    //调用延时
   lcd_wr_com(0x01);                //清屏
   delay_1520us();                  //调用延时
   lcd_wr_com(0x06);                //显示一个数据后光标自动+1
}
void GotoXY(uchar x, uchar y)       //设定位置，x为行，y为列
{
   if(y==0)                         //如果y=0，则显示位置为第一行
      lcd_wr_com(0x80|x);
   if(y==1)
      lcd_wr_com(0xc0|x);           //如果y=1，则显示位置为第二行
}
void Print(uchar *str)              //显示字符串函数
{
   while(*str!='\0')                //判断字符串是否显示完
   {
      lcd_wr_data(*str);            //写数据
      str++;
   }
}
```

```
void LCD_Print(uchar x,  uchar y,  uchar *str)
                              //x 为行值，y 为列值，str 是要显示的字符串
{
   GotoXY(x, y);              //设定显示位置
   Print(str);                //显示字符串
}
/*****************系统显示子函数****************/
void covert1()               //温度转化程序
{
   uchar x=0x00;             //变量初始化
   if(t[1]>0x07)             //判断正负温度
   {
      TempBuffer1[0]=0x2d;   //0x2d 为"-"的 ASCII 码
      t[1]=~t[1];            //负数的补码
      t[0]=~t[0];            //换算成绝对值
      x=t[0]+1;              //加 1
      t[0]=x;                //把 x 的值送入 t[0]
      if(x>255)              //如果 x 大于 255
      t[1]++;                //t[1]加 1
   }
   else
   TempBuffer1[0]=0x2b;      //0xfe 为变"+"的 ASCII 码
   t[1]<<=4;                 //将高字节左移 4 位
   t[1]=t[1]&0x70;           //取出高字节的三个有效数字位
   x=t[0];                   //将 t[0]暂存到 X，因为取小数部分还要用到它
   x>>=4;                    //右移 4 位
   x=x&0x0f;                 //和前面两句就是取出 t[0]的高 4 位
   t[1]=t[1]|x;              //将高低字节的有效值的整数部分拼成一个字节
   temperature=t[1];
   TempBuffer1[1]=t[1]/100+0x30;   //加 0x30，转换成 0～9 的 ASCII 码
   if(TempBuffer1[1]==0x30)                 //如果百位为 0
   TempBuffer1[1]=0xfe;                     //百位数消隐
   TempBuffer1[2]=(t[1]%100)/10+0x30;       //分离出十位
   TempBuffer1[3]=(t[1]%100)%10+0x30;       //分离出个位
}
/******************DS18B20 函数*********************/
void delay_DS18B20(uint i)   //延时程序
{
   while(i--);
}
void Init_DS18B20(void)      //DS18B20 初始化函数
{
   uchar x=0;
   DQ = 1;                   //DQ 复位
   delay_18B20(8);           //稍做延时
   DQ = 0;                   //单片机将 DQ 拉低
   delay_DS18B20(80);        //精确延时大于 480μs
   DQ = 1;                   //拉高总线
   delay_DS18B20(14);
```

```
    x=DQ;                       //稍做延时后 如果x=0则初始化成功 x=1则初始化失败
    delay_DS18B20(20);
}
uchar ReadOneChar(void)        //DS18B20 读一个字节函数
{
    unsigned char i=0;
    unsigned char dat0 = 0;
    for(i=8; i>0; i--)
    {
        DQ = 0;                 //读前总线保持为低
        dat0>>=1;
        DQ = 1;                 //开始读总线释放
        if(DQ)                  //从 DS18B20 总线读得一位
        dat0|=0x80;
        delay_DS18B20(4);       //延时一段时间
    }
    return(dat0);               //返回数据
}
void WriteOneChar(uchar dat1)  //DS18B20 写一个字节函数
{
    uchar i=0;
    for(i=8;  i>0;  i--)
    {
        DQ = 0;                 //开始写入 DS18B20 总线要处于复位（低）状态
        DQ = dat1&0x01;         //写入下一位
        delay_DS18B20(5);
        DQ = 1;                 //重新释放总线
        dat1>>=1;               //把一个字节分成 8 个 BIT 循环移给 DQ
    }
}
void ReadTemperature()         //读取 DS18B20 当前温度
{
    delay_DS18B20(80);          //延时一段时间
    Init_DS18B20();
    WriteOneChar(0xCC);         // 跳过读序列号的操作
    WriteOneChar(0x44);         // 启动温度转换
    delay_18B20(80);            // 延时一段时间
    Init_DS18B20();             //DS18B20 初始化
    WriteOneChar(0xCC);         //跳过读序列号的操作
    WriteOneChar(0xBE);//读取温度值（共可读 9 个字节，前两个就是温度值）
    delay_18B20(80);            //延时一段时间
    t[0]=ReadOneChar();         //读取温度值低位
    t[1]=ReadOneChar();         //读取温度值高位
}
void delay_motor(uchar i)      //延时函数
{
    uchar j, k;                 //变量 i、k 为无符号字符数据类型
    for(j=i; j>0; j--)          //循环延时
    for(k=200; k>0; k--);       //循环延时
```

```
}
/******************电动机转动程序******************/
 void motor(uchar tmp)
{
    uchar x;
    if(TempBuffer1[0]==0x2b)    //温度为正数
    {
        if(tmp<25)              //温度小于 25℃
        {
            D=0;                //电动机停止转动
            PWM=0;
        }
        else if(tmp>50)         //温度大于 50℃，全速转动
        {
            D=0;                //D 置 0
            PWM=1;              //正转，PWM=1
                x=250;          //时间常数为 x
                delay_motor(x); //调延时函数
            PWM=0;              //PWM=0
                x=5;            //时间常数为 x
                delay_motor(x); //调延时函数
        }
        else                    //0℃≤温度≤25℃
        {
            D=0;                //D 置 0
            PWM=1;              //正转，PWM=1
                x=5*tmp;        //时间常数为 x
                delay_motor(x); //调延时函数
            PWM=0;              //PWM=0
                x=255-5*tmp;    //时间常数为 255-x
                delay_motor(x); //调延时函数
        }
    }
    else if(TempBuffer1[0]==0x2d)   //温度小于 0℃，反转
    {
        D=1;
        PWM=0;                  //PWM=0
            x=5*tmp;            //时间常数为 tmp
            delay_motor(x);     //调延时函数
        PWM=1;                  //PWM=1
            x=255-5*tmp;        //时间常数为 255- tmp
            delay_motor(x);     //调延时函数
    }
}

void delay(unsigned int x)      //延时函数名
{
    unsigned char i;            //定义变量 i 的类型
```

```
    while(x--)                     //x自减1
    {
       for(i=0; i<123; i++){;} //控制延时的循环
    }
}

/************************main主程序********************/
void main(void)
{
    delay_20ms();                  //系统延时20ms启动
    ReadTemperature();             //启动DS18B20
    Init_lcd();                    //调用LCD初始化函数
    LCD_Print(0, 0, tab);          //液晶初始显示
    delay(1000);                   //延时一段时间
    while(1)
    {
       ReadTemperature();      //读取温度，温度值存放在一个两个字节的数组中
       delay_18B20(100);
       covert1();                          //数据转化
       LCD_Print(4, 1, TempBuffer1);       //显示温度
       motor(temperature);                 //电动机转动
    }
}
```

12.3.6 综合调试

1. 元器件测试

先将单片机最小系统焊接完成，测试最小系统是否正常工作。完成后，添加一个模块，测试一个模块，每一次只添加一个模块，逐个模块调试。用万用表测试所有芯片的电源和地是否确实接电源和接地了，测试各个芯片是否处于正常的工作电压，并测试电路是否有短路、断路、虚焊，有无接错线，同时要特别注意过孔是否连接正确。

2. 加电测试

各个模块独立测试完成后，系统整体加电测试。观察电路是否有异常，用手背触摸一下芯片看是否发烫，防止芯片被烧坏。

3. 加载程序

按照功能模块，一次加载一个程序模块，看各项功能是否正常实现，分析未实现的原因。

4. 功能测试

给系统一个高温或低温值，观察电动机转动情况。将系统放在不同温度的环境下，

分别为空调房（温度 26℃）、太阳下和冰箱内。测得所在环境的温度，并记录下来。同时，观察电动机的转动情况，看是否会根据温度的不同而变化。

5. 程序固化

将程序固化到单片机，系统即可运行。

6. 整理技术资料

形成文档，编写用户使用手册。

思考题

1. 什么是产品需求分析？为什么要进行产品需求分析？
2. 什么是可行性分析？为什么要进行可行性分析？
3. 什么是模块化程序设计？程序设计为什么要模块化？

练习题

按照单片机应用系统设计方法设计一个单片机应用实例。

附　　录

附录 A　ASCII 表

行	列	0	1	2	3	4	5	6	7
	位 654→ ↓ 3210	000	001	010	011	100	101	110	111
0	0000	NUL	DLE	SP	0	@	P	、	p
1	0001	SOH	DC1	!	1	A	Q	a	q
2	0010	STX	DC2	“	2	B	R	b	r
3	0011	ETX	DC3	#	3	C	S	c	s
4	0100	EOT	DC4	$	4	D	T	d	t
5	0101	ENQ	NAK	%	5	E	U	e	u
6	0110	ACK	SYN	&	6	F	V	f	v
7	0111	BEL	ETB	'	7	G	W	g	w
8	1000	BS	CAN	(	8	H	X	h	x
9	1001	HT	EM	)	9	I	Y	i	y
A	1010	LF	SUB	*	:	J	Z	j	z
B	1011	VT	ESC	+	;	K	[	k	{
C	1100	FF	FS	,	<	L	\	l	|
D	1101	CR	GS	-	=	M	]	m	}
E	1110	SO	RS	.	>	N	Ω	n	~
F	1111	SI	US	/	?	O	—	o	DEL

注：

NUL	空字符	DLE	数据链路转义
SOH	标题开始	DC1	设备控制 1
STX	正文开始	DC2	设备控制 2
ETX	本文结束	DC3	设备控制 3
EOT	传输结束	DC4	设备控制 4
ENQ	请求	NAK	否定
ACK	确认回应	SYN	空转同步
BEL	报警符（可听见的信号）	ETB	信息组传送结束
BS	退一格	CAN	作废
HT	横向列表（穿孔卡片指令）	EM	纸尽
LF	换行	SUB	替换
VT	垂直制表	ESC	溢出
FF	走纸控制	FS	文字分隔符
CR	回车	GS	组分隔符
SO	移位输出	RS	记录分隔符
SI	移位输入	US	单元分隔符
SP	空格符	DEL	删除

附录 B　MCS-51 单片机指令系统表

表 B.1　数据传送指令

助记符	十六进制代码	功能	标志位				字节数	晶振周期数
			P	OV	AC	CY		
MOV A，Rn	E8~EF	A←Rn	√	×	×	×	1	12
MOV A，direct	E5	A←(direct)	√	×	×	×	2	12
MOV A，@Ri	E6,E7	A←((Ri))	√	×	×	×	1	12
MOV A，#data	74	A←data	√	×	×	×	2	12
MOV Rn, A	F8~FF	Rn←A	×	×	×	×	1	12
MOV Rn, direct	A8~AF	Rn←(direct)	×	×	×	×	2	24
MOV Rn, #data	78~7F	Rn←data	×	×	×	×	2	12
MOV direct, A	F5	direct←A	×	×	×	×	2	12
MOV direct, Rn	88~8F	direct←Rn	×	×	×	×	2	24
MOV direct1, direct2	85	direct1←(direct2)	×	×	×	×	3	24
MOV direct, @Ri	86,87	direct←((Ri))	×	×	×	×	2	24
MOV direct, #data	75	direct←data	×	×	×	×	3	24
MOV @Ri, A	F6,F7	(Ri)←A	×	×	×	×	1	12
MOV @Ri, direct	A6,A7	(Ri)←(direct)	×	×	×	×	2	24
MOV @Ri, #data	76,77	(Ri)←data	×	×	×	×	2	12
MOV DPTR, #data16	90	DPTR←data16	×	×	×	×	3	24
MOV C, bit	A2	CY←(bit)	×	×	×	×	2	12
MOV bit, C	92	bit←CY	×	×	×	×	2	24
MOVC A, @A+DPTR	93	A←((A+DPTR))	√	×	×	×	1	24
MOVC A, @A+PC	83	A←((A+PC))	√	×	×	×	1	24
MOVX A, @Ri	E2,E3	A←((Ri))	√	×	×	×	1	24
MOVX A, @DPTR	E0	A←((DPTR))	√	×	×	×	1	24
MOVX @Ri, A	F2,F3	(Ri)←A	×	×	×	×	1	24
MOVX @DPTR, A	F0	(DPTR)←A	×	×	×	×	1	24
PUSH direct	C0	SP←SP+1 (SP)←(direct)	×	×	×	×	2	24
POP direct	D0	direct←((SP)) SP←SP-1	×	×	×	×	2	24
XCH A, Rn	C8~CF	A↔Rn	√	×	×	×	1	12
XCH A, direct	C5	A↔(direct)	√	×	×	×	2	12
XCH A, @Ri	C6,C7	A↔((Ri))	√	×	×	×	1	12
XCHD A, @Ri	C6,D7	A3~0↔((Ri))3~0	√	×	×	×	1	12

表 B.2　算术运算类指令

助记符	十六进制代码	功能	标志位影响				字节数	晶振周期数
			P	OV	AC	CY		
ADD　A，Rn	28~2F	A←A+Rn	√	√	√	√	1	12
ADD　A, direct	25	A←A+(direct)	√	√	√	√	2	12
ADD　A, @Ri	26,27	A←A+((Ri))	√	√	√	√	1	12
ADD　A, #data	24	A←A+data	√	√	√	√	2	12
ADDC A, Rn	38~3F	A←A+Rn+CY	√	√	√	√	1	12
ADDC A, direct	35	A←A+(direct)+CY	√	√	√	√	2	12
ADDC A,@Ri	36,37	A←A+((Ri))+CY	√	√	√	√	1	12
ADDC A, #data	34	A←A+data+CY	√	√	√	√	2	12
SUBB A, Rn	98~9F	A←A-Rn-CY	√	√	√	√	1	12
SUBB A, direct	95	A←A-(direct)-CY	√	√	√	√	2	12
SUBB A, @Ri	96,97	A←A-((Ri))-CY	√	√	√	√	1	12
SUBB A, #data	94	A←A-data-CY	√	√	√	√	2	12
INC　A	04	A←A+1	√	×	×	×	1	12
INC　Rn	08~0F	Rn←Rn+1	×	×	×	×	1	12
INC　direct	05	direct←(direct)+1	×	×	×	×	2	12
INC　@Ri	06,07	(Ri)←((Ri))+1	×	×	×	×	1	12
INC　DPTR	A3	DPTR←DPTR+1	×	×	×	×	1	24
DEC　A	14	A←A-1	√	×	×	×	1	12
DEC　Rn	18~1F	Rn←Rn-1	×	×	×	×	1	12
DEC　direct	15	direct←(direct)-1	×	×	×	×	2	12
DEC　@Ri	16,17	(Ri)←((Ri))-1	×	×	×	×	1	12
MUL　AB	A4	B, A←A×B	√	√	×	√	1	48
DIV　AB	84	A, B←A÷B	√	√	×	√	1	48
DA　A	D4	对A中的内容进行十进制调整	√	√	√	√	1	12

表 B.3　逻辑运算类指令

助记符	十六进制代码	功能	标志位影响				字节数	晶振周期数
			P	OV	AC	CY		
ANL　A, Rn	58~5F	A←A∧Rn	√	×	×	×	1	12
ANL　A, direct	55	A←A∧(direct)	√	×	×	×	2	12
ANL　A, @Ri	56,57	A←A∧((Ri))	√	×	×	×	1	12
ANL　A, #data	54	A←A∧data	√	×	×	×	2	12
ANL　direct, A	52	direct←(direct)∧A	×	×	×	×	2	12

续表

助记符	十六进制代码	功能	标志位影响				字节数	晶振周期数
			P	OV	AC	CY		
ANL　direct, #data	53	direct←(direct)∧data	×	×	×	×	3	24
ORL　A, Rn	48~4F	A←A∨Rn	√	×	×	×	1	12
ORL　A, direct	45	A←A∨(direct)	√	×	×	×	2	12
ORL　A, @Ri	46,47	A←A∨((Ri))	√	×	×	×	1	12
ORL　A, #data	44	A←A∨data	√	×	×	×	2	12
ORL　direct, A	42	direct←(direct)∨A	×	×	×	×	2	12
ORL　direct, #data	43	direct←(direct)∨data	×	×	×	×	3	24
XRL　A, Rn	68~6f	A←A⊕Rn	√	×	×	×	1	12
XRL　A, direct	65	A←A⊕(direct)	√	×	×	×	2	12
XRL　A, @Ri	66,67	A←A⊕((Ri))	√	×	×	×	1	12
XRL　A, #data	64	A←A⊕data	√	×	×	×	2	12
XRL　direct, A	62	direct←(direct)⊕A	×	×	×	×	2	12
XRL　direct, #data	63	direct←(direct)⊕data	×	×	×	×	3	24
CLR　A	E4	A←0	√	×	×	×	1	12
CPL　A	F4	A←$\overline{A}$	×	×	×	×	1	12
RL　A	23	A 循环左移一位	×	×	×	×	1	12
RLC　A	33	A, CY 循环左移一位	√	×	×	√	1	12
RR　A	03	A 循环右移一位	×	×	×	×	1	12
RRC　A	13	A, CY 循环右移一位	√	×	×	√	1	12
SWAP A	C4	A 半字节交换	×	×	×	×	1	12
CLR　C	C3	CY←0	×	×	×	√	1	12
CLR　bit	C2	bit←0	×	×	×	×	2	12
SETB C	D3	CY←1	×	×	×	√	1	12
SETB bit	D5	bit←1	×	×	×	×	2	12
CPL　C	B3	CY←$\overline{(CY)}$	×	×	×	√	1	12
CPL　bit	B2	bit←$(\overline{bit})$	×	×	×	×	2	12
ANL　C,bit	82	CY←CY∧(bit)	×	×	×	√	2	24
ANL　C, /bit	B0	CY←CY∧$(\overline{bit})$	×	×	×	√	2	24
ORL　C, bit	72	CY←CY∨(bit)	×	×	×	√	2	24
ORL　C, /bit	A0	CY←CY∨$(\overline{bit})$	×	×	×	√	2	24

表B.4 控制转移类指令

助记符	十六进制代码	功能	标志位影响				字节数	晶振周期数
			P	OV	AC	CY		
AJMP addr11	Y1	PC←PC+2 PC10～0←addr11	×	×	×	×	2	24
LJMP addr16	02	PC←addr16	×	×	×	×	3	24
SJMP rel	80	PC←PC+2 PC←PC+rel	×	×	×	×	2	24
JMP @A+DPTR	73	PC←A+DPTR	×	×	×	×	1	24
JZ rel	60	PC←PC+2 若A= 0，则 PC←PC+rel	×	×	×	×	2	24
JNZ rel	70	PC←PC+2 若A≠0，则 PC←PC+rel	×	×	×	×	2	24
JC rel	40	PC←PC+2 若CY=1，则 PC←PC+rel	×	×	×	×	2	24
JNC rel	50	PC←PC+2 若CY=0，则 PC←PC+rel	×	×	×	×	2	24
JB bit, rel	20	PC←PC+3 若(bit)=1,则 PC←PC+rel	×	×	×	×	3	24
JNB bit, rel	30	PC←PC+3 若 (bit)=0,则 PC←PC+rel	×	×	×	×	3	24
JBC bit, rel	10	PC←PC+3 若（bit）=1,则（bit）←0 PC←PC+rel	×	×	×	×	3	24
CJNE A, direct, rel	B5	PC←PC+3 若A≥(direct)，则 PC←PC+rel, CY←0 若A＜(direct)，则 PC←PC+rel, CY←1	×	×	×	√	3	24
CJNE A, #data, rel	B4	PC←PC+3 若A≥data，则 PC←PC+rel, CY←0 若A＜data，则 PC←PC+rel, CY←1	×	×	×	√	3	24

续表

助记符	十六进制代码	功能	标志位影响				字节数	晶振周期数
			P	OV	AC	CY		
CJNE Rn, #data, rel	B8~BF	PC←PC+3 若 Rn≥data，则 PC←PC+rel, CY←0 若 Rn<data，则 PC←PC+rel, CY←1	×	×	×	√	3	24
CJNE @Ri, #data, rel	B6,B7	PC←PC+3 若((Ri))≥data，则 PC←PC+rel, CY←0 若((Ri))<data，则 PC←PC+rel, CY←1	×	×	×	√	3	24
DJNZ Rn, rel	D8~DF	PC←PC+2 Rn←Rn-1 若 Rn≠0，则 PC←PC+rel	×	×	×	×	2	24
DJNZ direct, rel	D5	PC←PC+3 direct ←(direct)-1 若(direct) ≠0，则 PC←PC+rel	×	×	×	×	3	24
ACALL　addr11	Y2	PC←PC+2 SP←SP+1 (SP) ←PCL SP←SP+1 (SP) ←PCH PC10～0←addr11	×	×	×	×	2	24
LCALL　addr16	12	PC←PC+3 SP←SP+1 (SP) ←PCL SP←SP+1 (SP) ←PCH PC←addr16	×	×	×	×	3	24
RET	22	PCH←((SP)) SP←SP-1 PCL←((SP)) SP←SP-1	×	×	×	×	1	24
RETI	32	PCH←((SP)) SP←SP-1 PCL←((SP)) SP←SP-1 清中断优先权标志	×	×	×	×	1	24
NOP	00	PC←PC+1，空操作	×	×	×	×	1	12

注：Y1=A10A9A8 0001 A7～0，Y2=A10A9A8 1001 A7～0，×表示不受影响，√表示受影响。

附录 C　Proteus 使用简介

Proteus 是英国 Labcenter electronics 公司出版的 EDA（Electronic Design Automation，电子设计自动化）工具软件，运行于 Windows 操作系统，元器件库丰富，易学易用。是目前非常优秀的单片机系统仿真软件之一。

Proteus 主要由 ISIS 和 ARES 两部分组成，ISIS 的主要功能是原理图设计及电路原理图的交互仿真，ARES 主要用于印制电路板设计。

Proteus 实现了单片机仿真和 SPICE 电路仿真的完美结合。它提供了 30 个元器件库，数千种元器件。还可以通过内部原型或使用厂家的 SPICE 文件自行设计仿真器件，Labcenter 公司也在不断地发布新的仿真器件，也可导入第三方发布的仿真器件。元器件涉及数字电路和模拟电路、交流电路和直流电路等多种类型。具有模拟电路仿真、数字电路仿真、单片机及其外围电路仿真等功能。

Proteus 提供多种激励源，包括直流、正弦、脉冲、分段线性脉冲、音频（使用 wav 文件）、指数信号、数字时钟等，还支持文件形式的信号输入。

Proteus 提供丰富的虚拟仪器，面板操作逼真。如示波器、逻辑分析仪、信号发生器、直流电压/电流表、交流电压/电流表、数字图案发生器、频率计/计数器、逻辑探头、虚拟终端、SPI 调试器、I^2C 调试器等。

Proteus 提供生动的仿真显示。用色点显示引脚的数字电平，导线以不同颜色表示其对地电压大小，结合动态器件（如电机、显示器件、按钮）的使用可以使仿真更加直观、生动。

Proteus 提供高级图形仿真功能 ASF（Advanced Streaming Format，高级串流格式）。基于图标的分析可以精确分析电路的多项指标，包括工作点、瞬态特性、频率特性、传输特性、噪声、失真、傅里叶频谱分析等，还可以进行一致性分析。

Proteus 支持通用外设模型。如字符 LCD 模块、图形 LCD 模块、LED 点阵、LED 七段显示模块、键盘/按键、直流/步进/伺服电机、RS-232 虚拟终端、电子温度计等，其 COMPIM（COM 口物理接口模型）还可以使仿真电路通过 PC 串口和外部电路实现双向异步串行通信。

Proteus 支持多种单片机系统仿真。目前，支持的单片机类型有 68000 系列、8051 系列、AVR 系列、PIC12 系列、PIC16 系列、PIC18 系列、Z80 系列、HC11 系列等。

Proteus 提供多种调试功能。具有全速、单步、设置断点等调试功能，同时可以观察各个变量、寄存器的当前状态。

Proteus 支持第三方的软件编译和调试环境，如 Keil C51 uVision2 等软件。

Proteus 具有原理图到 PCB 的快速通道。原理图设计完成后，一键便可进入 ARES 的 PCB 设计环境，实现从概念到产品的完整设计。

Proteus 提供先进的自动布局/布线功能。支持器件的自动/人工布局；支持无网格自动布线或人工布线；支持引脚交换/门交换功能，使 PCB 设计更为合理。

Proteus 具有完整的 PCB 设计功能。最多可设计 16 个铜箔层，两个丝印层，4 个机械层（含板边），灵活的布线策略供用户设置，自动设计规则检查，3D 可视化预览。

由于 Proteus 提供了实验室无法相比的元器件库，提供了修改电路设计的灵活性、提供了实体实验室在数量、质量上难以相比的虚拟仪器、仪表，因而也提供了培养学生实践精神、创新精神的平台。

下面以“流水灯”为例介绍在 Proteus 下仿真单片机应用系统的方法。

C.1　电路原理图设计

1. 打开 Proteus

双击桌面上的 ISIS 7 Professional 图标或者选择“开始”→“程序”→Proteus 7 Professional→ISIS 7 Professional 选项，出现如图 C.1 所示界面，随后就进入了 Proteus ISIS 集成环境。

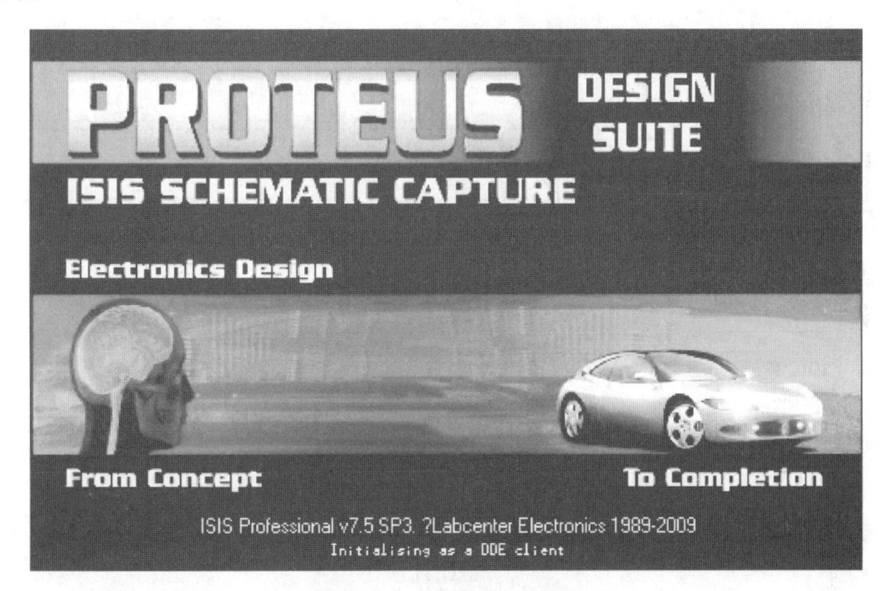

图 C.1　Proteus 启动界面

2. 工作界面

Proteus ISIS 的工作界面是标准的 Windows 界面，如图 C.2 所示。它主要包括标题栏、主菜单、标准工具栏、绘图工具栏、状态栏、对象选择按钮、预览对象方位控制按钮、仿真进程控制按钮、预览窗口、对象选择器窗口和图形编辑窗口等。

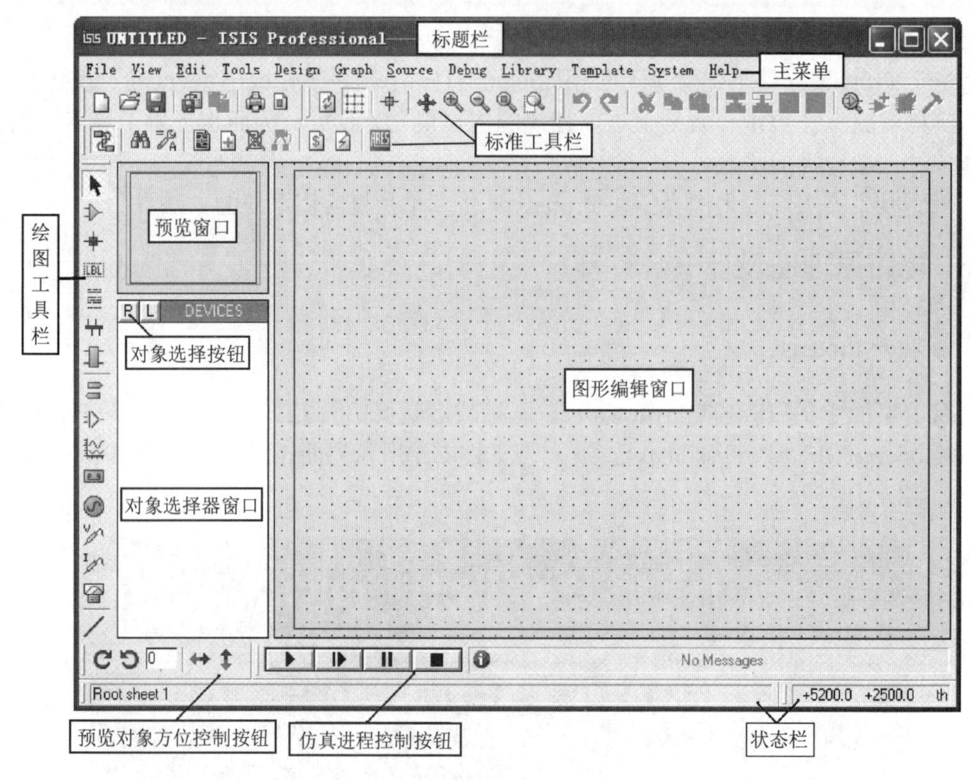

图 C.2　Proteus ISIS 的工作界面

3. 用 Proteus 画“流水灯”电路原理图

“流水灯”电路原理图如图 C.3 所示。

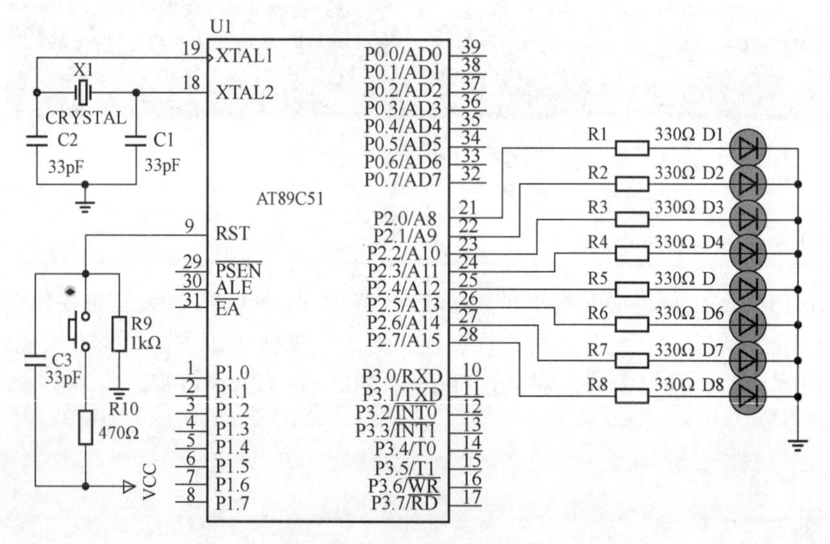

图 C.3　流水灯电路原理图

1）将所需元器件加入到对象选择器窗口 Picking Components into the Schematic。单

击对象选择器按钮 P，弹出 Pick Devices 页面，如图 C.4 所示。

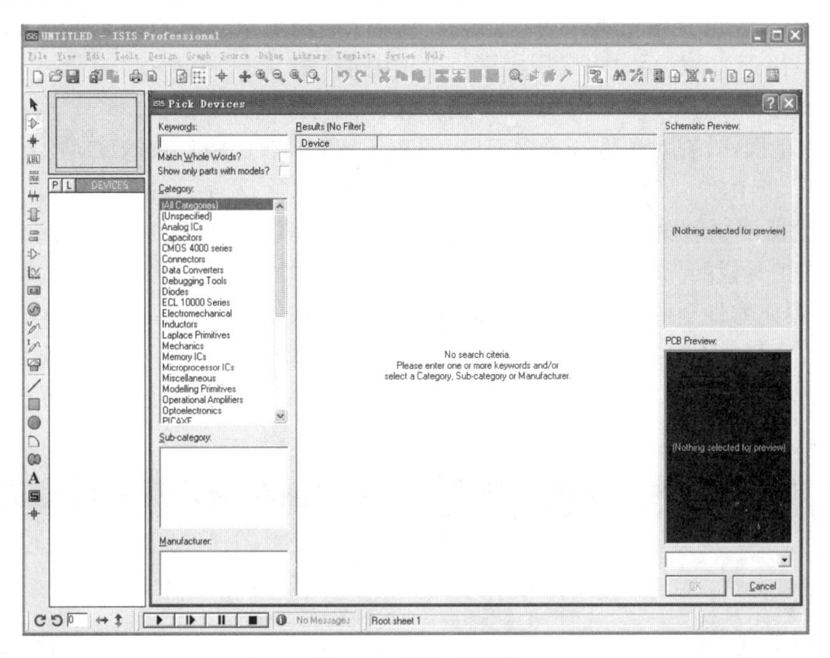

图 C.4　添加元器件

在 Keywords 栏中输入 AT89C51，系统在对象库中进行搜索查找，并将搜索结果显示在 Results 栏中，如图 C.5 所示。

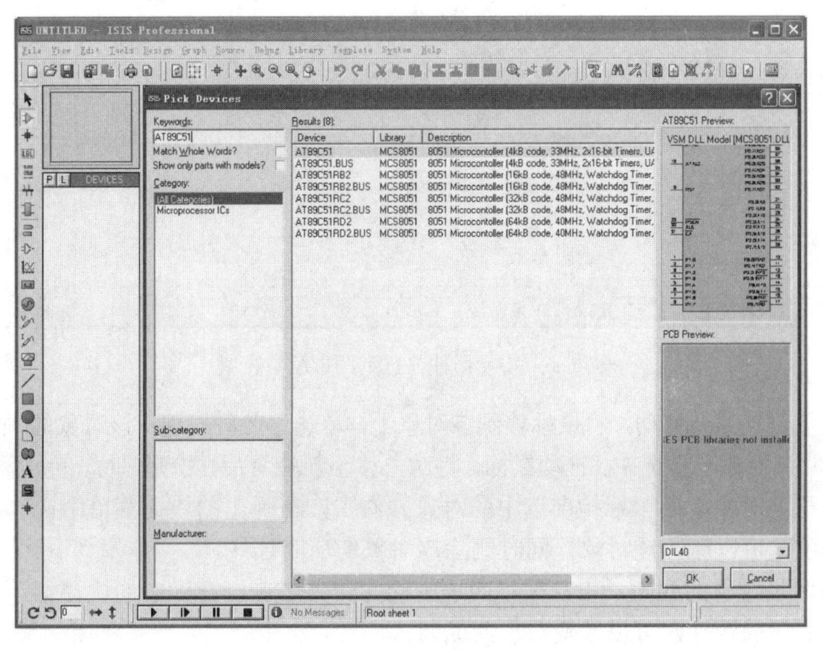

图 C.5　搜索查找元器件

在 Results 栏中的列表项中，双击“AT89C51”选项，则可将“AT89C51”添加至对象选择器窗口。

接着在 Keywords 栏中重新输入 LED，双击 LED-BLUE，则可将 LED-BLUE（蓝色 LED 发光二极管）添加至对象选择器窗口。使用同样的方法，把 RES（电阻）、CRYSTAL（晶振）、CAP（电容），BUTTON（按键）添加至对象选择器窗口。

经过以上操作，在对象选择器窗口中，已有了 AT89C51、BUTTON、CAP、CRYSTAL、LED-BLUE 和 RES 六个元器件对象。若单击 AT89C51 选项，在预览窗口中，可见到 AT89C51 的器件原理图，单击其他几个元器件选项，都能浏览到该元器件的原理图。此时，在绘图工具栏的元器件按钮处于选中状态。

2）放置元器件至图形编辑窗口 Placing Components onto the Schematic。在对象选择器窗口中，选择“AT89C51”选项，将鼠标置于图形编辑窗口中单击，对象颜色变成粉红色，然后在该对象的欲放位置，单击完成放置。同理，将其他元器件放置到图形编辑窗口中，如图 C.6 所示。

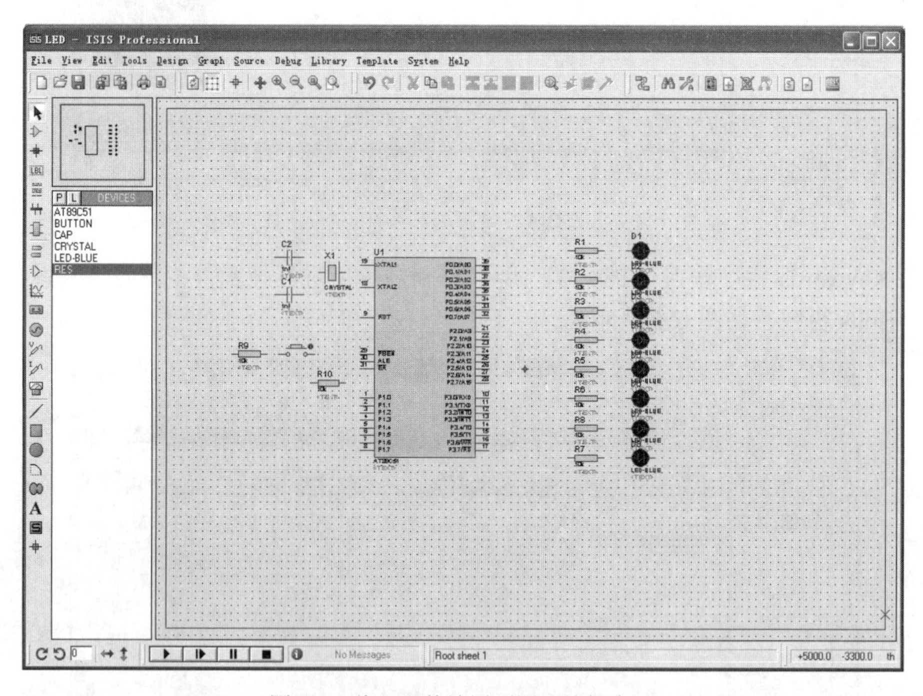

图 C.6　将元器件放置到图形编辑窗口

若对象位置需要移动，将鼠标移到该对象上，单击，此时发现，该对象的颜色已变成红色，表明该对象已被选中。拖动鼠标，将对象移至新位置后，松开鼠标，完成移动操作。

若要删除对象，用鼠标指向选中的对象并右击，在弹出的快捷菜单中，选择 Delete Object 选项，可以删除该对象，同时删除该对象的所有连线。

若要调整对象的朝向，用鼠标指向选中的对象并右击，在弹出的快捷菜单中，选择如图 C.7 所示的图标，可以改变对象的朝向。

3）添加电源和地。在绘图工具栏中选中 Terminals Mode 选项，在对象选择器窗口中选择 POWER 选项，将鼠标置于图形编辑窗口中并单击，对象颜色变成粉红色，然后

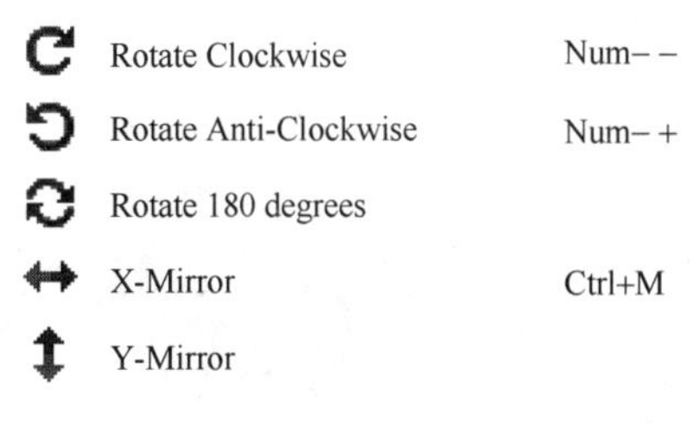

图 C.7　调整对象朝向选项

在该对象的欲放位置，单击完成放置。以同样方法放置地 GROUND。

4）编辑元器件属性。以编辑电阻 R1 的属性为例，将鼠标靠近 R1 后，双击，弹出编辑窗口，如图 C.8 所示。可按设计要求修改阻值等属性。

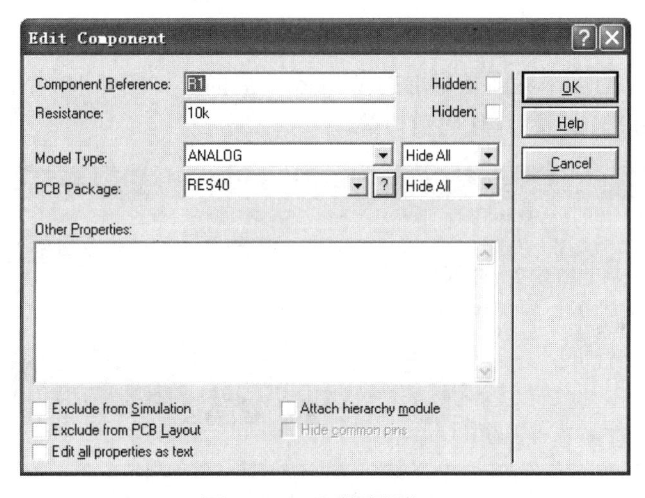

图 C.8　元器件编辑窗口

5）元器件之间的连线 Wiring Up Components on the Schematic。下面，将电阻 R1 的上端连接到 D1 发光二极管下端。当鼠标的指针靠近 R1 上端的连接点时，跟着鼠标的指针就会出现一个红色“□”号，表明找到了 R1 的连接点，单击并移动鼠标（不用拖动鼠标），将鼠标的指针靠近 D1 的下端的连接点时，跟着鼠标的指针又会出现一个红色“□”号，表明找到了 D1 的连接点，单击，ISIS 自动定出走线路径。另一方面，如果用户想自己决定走线路径，只需在想要拐点处单击即可。

同理，可以完成其他连线。在此过程的任何时刻，都可以按 Esc 键或者右击来放弃画线。

至此，便完成了“流水灯”电路图的绘制，如图 C.3 所示。

C.2　C 语言程序设计

1. 打开 Keil 软件

双击桌面上的 Keil uVision3 图标或者选择屏幕左下方的“开始”→“程序”→Keil uVision3 选项，出现如图 C.9 所示界面，随后就进入了 Keil uVision3 集成环境。

图 C.9　启动 Keil uVision3 时的界面

2. 工作界面

Keil uVision3 的工作界面是标准的 Windows 界面，如图 C.10 所示。它主要包括标题栏、主菜单、标准工具栏、代码窗口等。

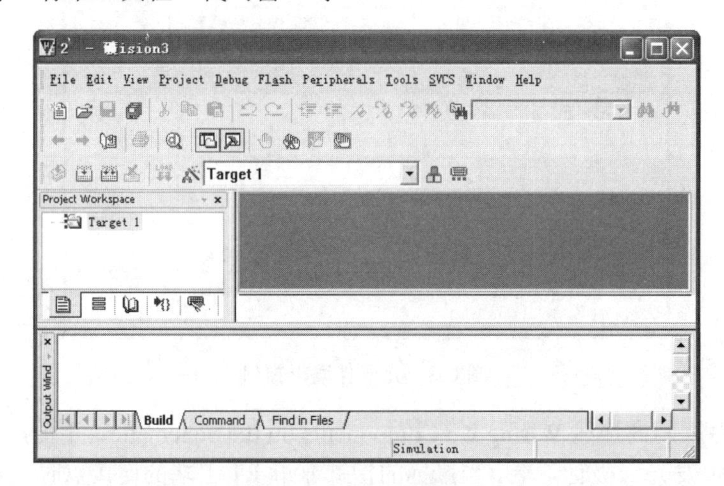

图 C.10　Keil uVision3 的工作界面

3. “流水灯”程序设计

1）建立一个新工程。单击 Project 菜单，选择 New Project 选项，如图 C.11 所示。

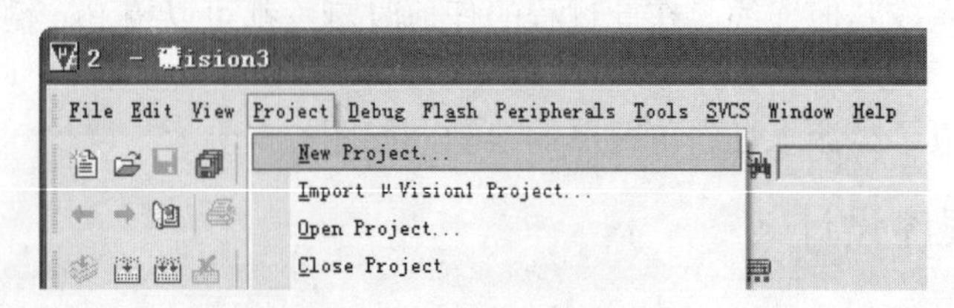

图 C.11　选择建立工程菜单

2）选择要保存的路径，输入工程文件的名字，比如保存到“流水灯”目录里，工程文件的名字为“流水灯”，如图 C.12 所示，然后单击“保存”按钮。

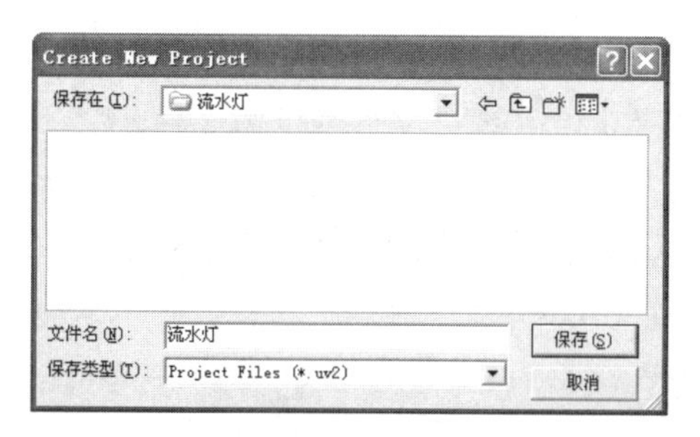

图 C.12 创建工程

3）随后会弹出一个对话框，要求选择单片机的型号，可以根据用户使用的单片机来选择。选择 AT89C51 选项，在右边栏中是对这个单片机的基本的说明，然后单击“确定”按钮即可，如图 C.13 所示。

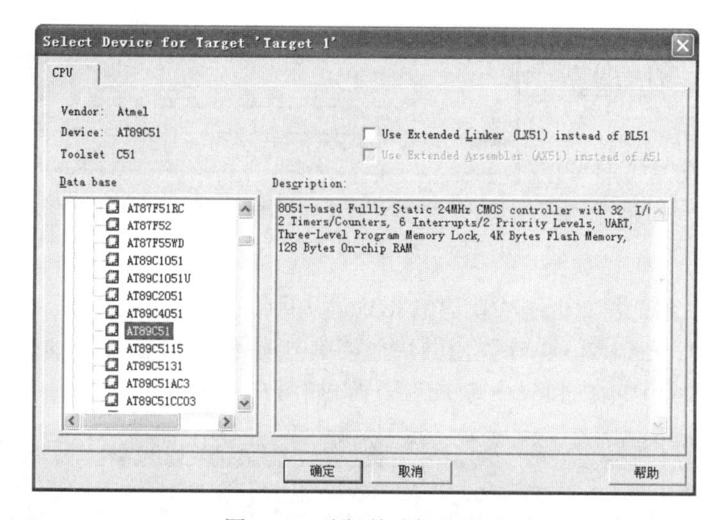

图 C.13 选择单片机的型号

4）此时，工程已经创建起来，其界面如图 C.14 所示。

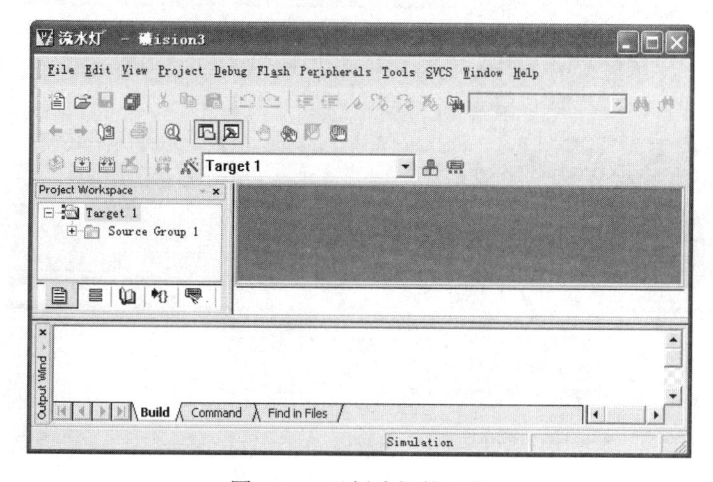

图 C.14 已创建好的工程

5）工程虽然已经创建好，即已经建立好了一个工程来管理流水灯这个项目，但还没写一行程序，因此还需要建立相应的 C 文件或汇编文件。

下面就来新建一个 C 文件。选择 File→New 选项，建立新文件，弹出一个 text 文件编辑窗口，在该窗口输入 C 源程序，或稍后输入源文件。然后，选择 File→Save as 选项，将该文件保存为 led.c，如图 C.15 所示。

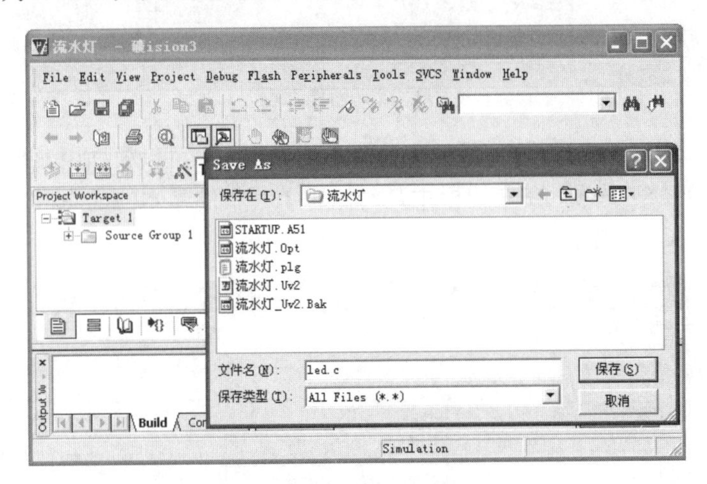

图 C.15　新建文件并保存文件

6）添加文件到工程。把刚才新建的 led.c 添加到工程来。单击 Target1 前面的“+”号，右击 Source Group 1 选项，在弹出的快捷菜单中选择 Add File to Group'source group 1'选项，在弹出的窗口中添加 led.c 文件到工程，如图 C.16 所示。

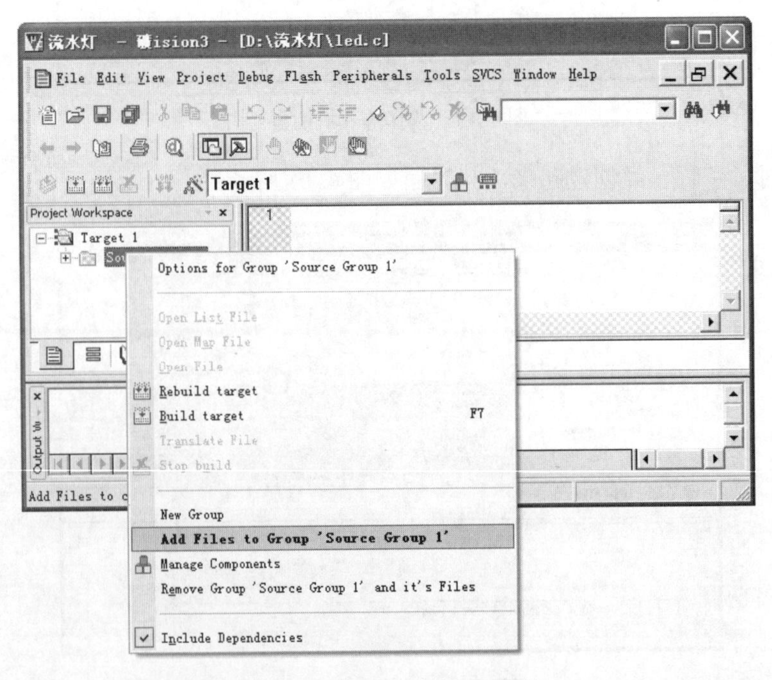

图 C.16　添加文件到工程菜单

添加后的界面如图 C.17 所示。

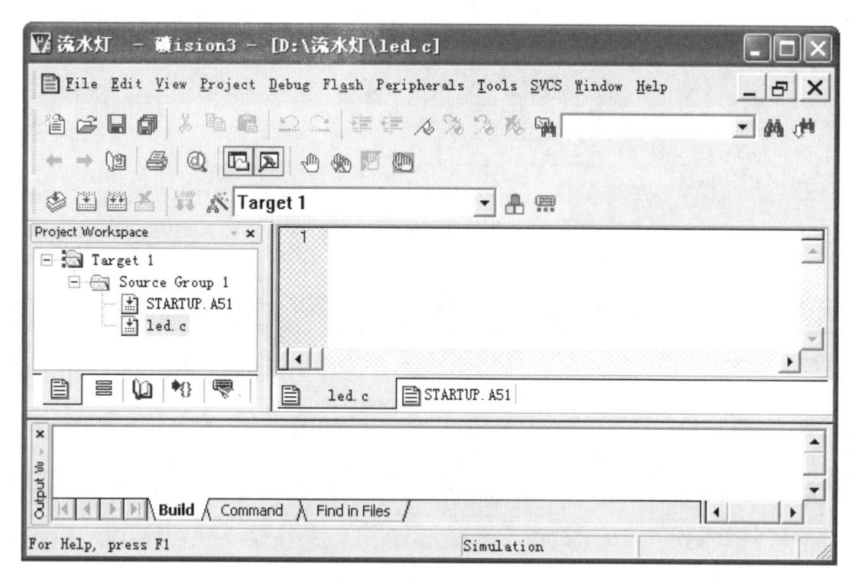

图 C.17　添加完成后的界面

7）打开 led.c 文件，输入 C 源代码并保存，完成之后如图 C.18 所示。

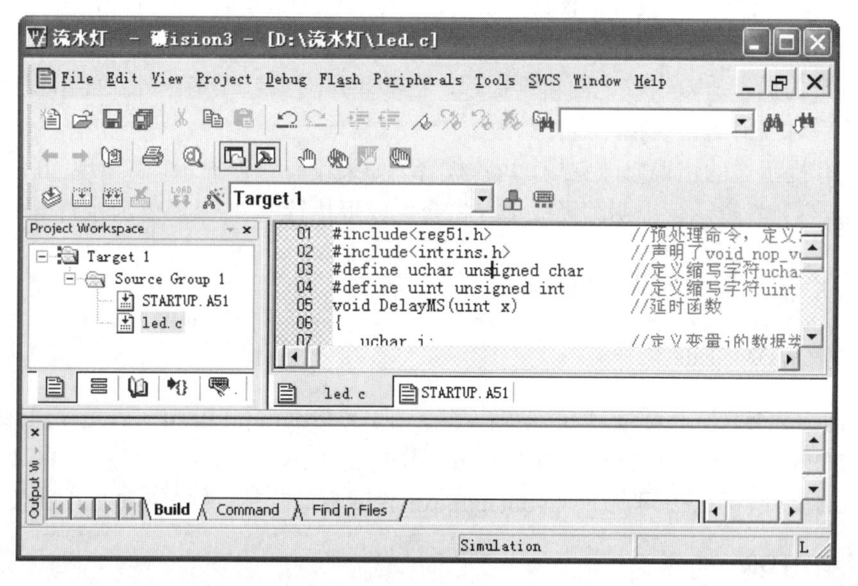

图 C.18　输入源代码

8）在选中 Target 1 的状态下，选择 Project→Options for Target'Target 1'选项，选择 Target 选项卡，更改晶振频率（本例使用 12MHz 晶振），如图 C.19 所示。

选择 Output 选项卡，选择 Create HEX File 选项，使程序编译后产生 HEX 代码，以便在 Proteus 里加载可执行代码，如图 C.20 所示。

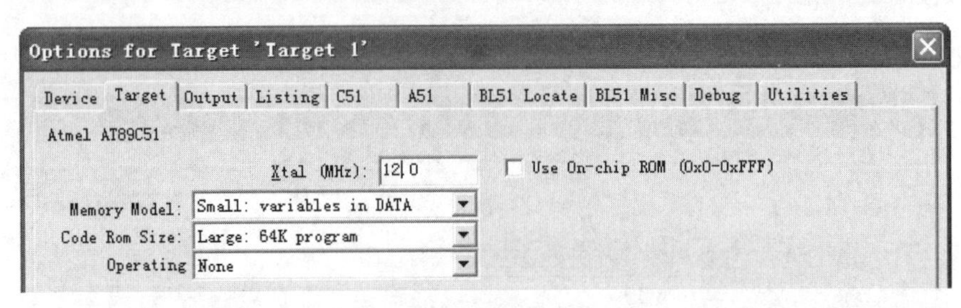

图 C.19 修改晶振频率

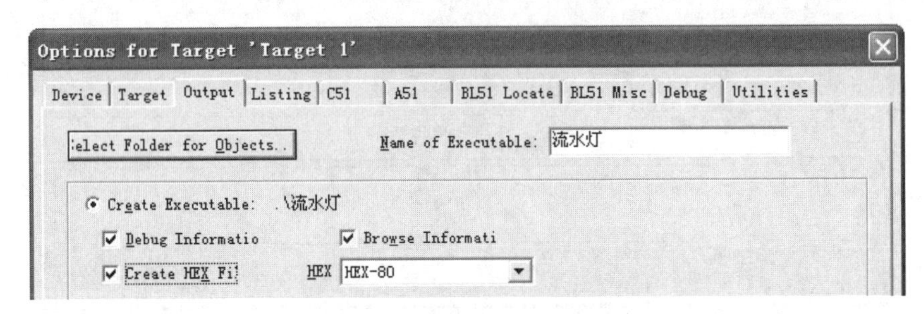

图 C.20 选择创建 HEX 文件

到此，设置工作已完成，下面将编译、连接、转换成可执行文件（.hex 的文件）。

9）编译、连接、生成可执行文件。单击 Project→Build Target 选项，进行编译。如果有错误，则在最后的输出窗口中会出现所有错误所在的位置和错误的原因，并有 Target not created 的提示。双击该处的错误提示，在编辑区对应错误指令处左面出现蓝色箭头提示，然后对当前的错误指令进行修改。

将所有提示过的错误修改完毕，再次编译，如果没有错误提示，将出现“0 Error（s），0 Warning（s）”提示。说明编译成功。将会生成可执行文件，即 “流水灯.hex”文件。

C.3 Proteus 和 Keil 联调

1. 修改 VDM51.dll 文件

假若 Keil C51 与 Proteus 均已正确安装，把 D:\Program Files\Labcenter Electronics\Proteus 7 Professional\MODELS\VDM51.dll 复制到 C:\keil\C51\BIN 目录中。如果没有 VDM51.dll 文件，那么去网上下载 vdmagdi.exe 联调驱动软件，并安装到 keil 目录下即可。

2. 添加 TDRV 文件

用记事本打开 C:\keil\TOOLS.INI 文件，在[C51]栏目下输入 TDRV9=BIN\VDM51.dll ("Proteus VSM Monitor-51 Driver")并保存。其中“TDRV9”中的“9”要根据实际情况输入，不要和原来的重复即可。

3. Proteus 设置

进入 Proteus 的 ISIS 界面，选择 Debug→Use Remote Debug Monitor 选项，如图 C.21

所示。此后，便可实现 Keil 与 Proteus 连接调试。

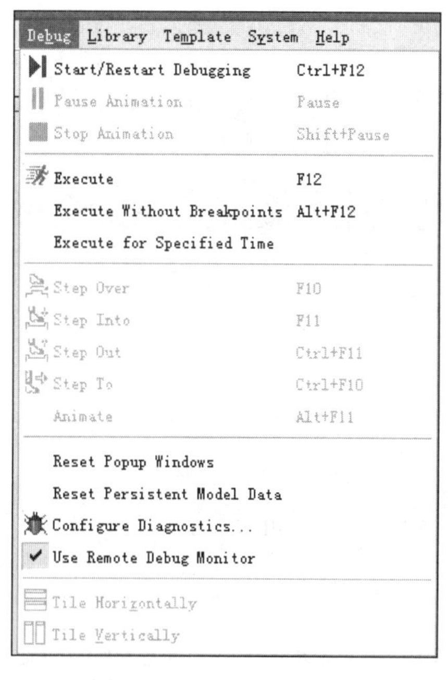

图 C.21　Debug 选项设置

4. 设置 Keil 选项

选择 Project→Options for Target'Target 1'选项，弹出一个窗口，单击 Debug 按钮，出现如图 C.22 所示对话框。

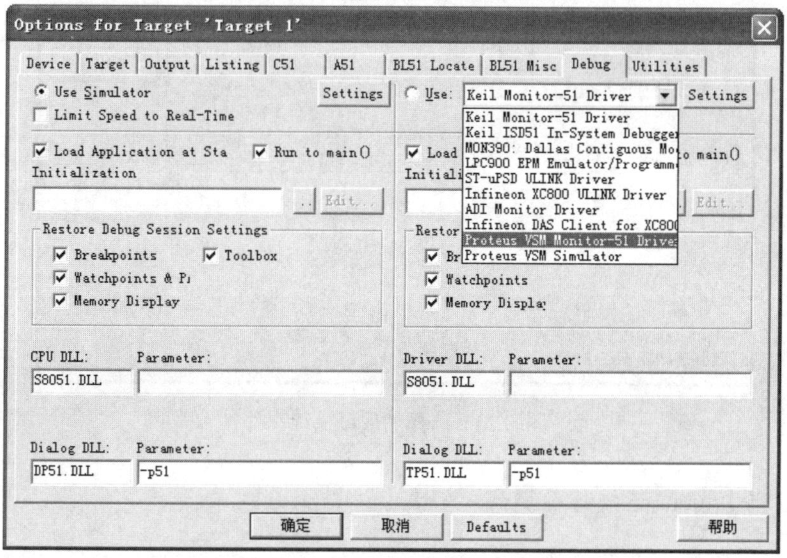

图 C.22　Keil uVision3 选项设置对话框

在出现的对话框中，选中右栏上部的下拉菜单中的 Proteus VSM Monitor-51 Driver 选项，并且选中 Use 单选项。

再单击 Setting 按钮，设置通信接口，在 Host 文本框中输入“127.0.0.1”，如果使用的不是同一台计算机，则需要在这里添上另一台计算机的 IP 地址（另一台计算机也应安装 Proteus 软件）。在 Port 文本框中输入“8000”，如图 C.23 所示。

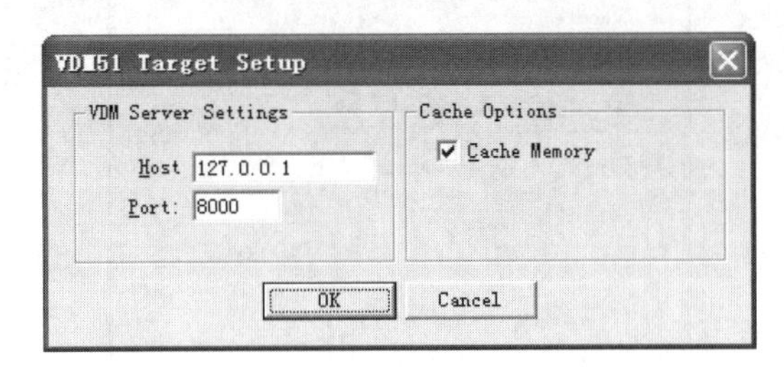

图 C.23 Setting 设置

单击 OK 按钮即可。设置完之后，可以重新编译、连接、生成可执行文件。

5. 加载可执行文件

在 Proteus 的 ISIS 界面，双击 AT89C51 原理图，弹出如图 C.24 所示对话框，在 Program File，单击打开的文件夹，选择并加载可执行文件“流水灯.hex”。

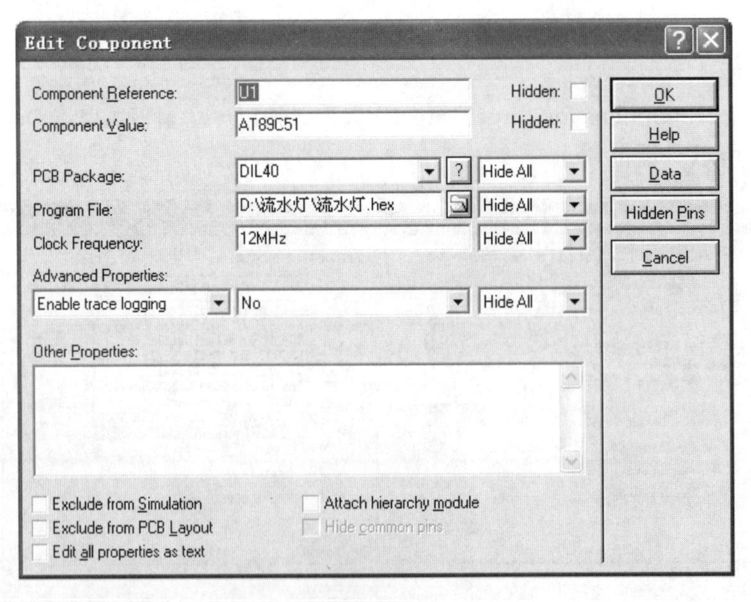

图 C.24 选择加载可执行文件

6. Keil 与 Proteus 连接仿真调试

在 Proteus 的 ISIS 界面中选择 Debug→Start/Restart Debugging 选项，在 Keil 软件中选择 Debug→Start/Stop Debug Session 选项，然后即可用 Keil 调试程序。在 Proteus 的 ISIS

界面中的图形编辑窗口观察仿真现象，可注意到每一个引脚的电平变化，红色代表高电平，蓝色代表低电平。其运行情况如图 C.25 所示。

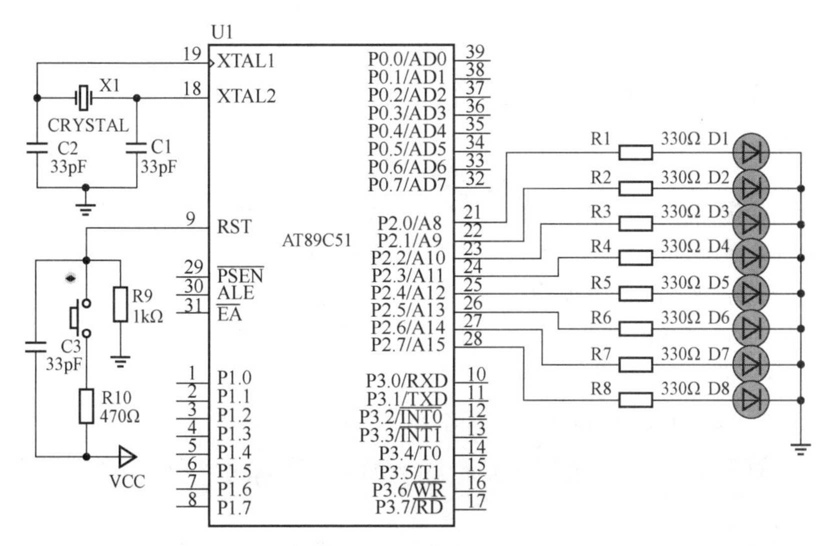

图 C.25　仿真运行效果

C.4　“流水灯” C 语言参考程序

```
#include<reg51.h>                //预处理命令，定义 SFR 头文件
#include<intrins.h>              //预处理命令，包含内部函数
#define uchar unsigned char      //定义字符变量 uchar
#define uint unsigned int        //定义整型变量 uint
void DelayMS(uint x)             //延时函数
{
   uchar i;                      //定义字符变量 i
   while(x--)                    //外循环
   {
      for(i=0; i<120; i++);      //内循环
   }
}
void main()                      //主函数
{
   uchar i;                      //定义字符变量 i
   P2=0xfe;                      //设置 P2 口的初始值
   while(1)
   {
      for(i=0; i<7; i++)         //八只发光二极管，依次循环移动七次
      {
         DelayMS(500);           //调用延时
         P2=_crol_(P2, 1);       //P2 口的值向左循环移动
      }
   }
}
```

C.5 汇编语言程序调试

如果是汇编语言程序，则可以直接在 Proteus 环境中完成硬件设计、程序编写、仿真调试。硬件设计与仿真调试方法与前面所述相同，此处不再赘述。

1. 建立汇编语言源程序

在 Proteus ISIS 界面中选择 Source→Add / Remove Source Files 选项，在弹出的对话框中，单击 Code Generation Tool 按钮，在弹出下拉菜单中选择相应的编译器，例如“ASEM51”（51 系列单片机编译器）。

单击 New 按钮，弹出对话框，在文件名框中输入新建源程序文件名“流水灯.asm”，单击“打开”按钮，弹出对话框提示“是否创建该文件”，单击“是”按钮，新建的源程序文件就添加到 Source Code Filename 文本框中，如图 C.26 所示。

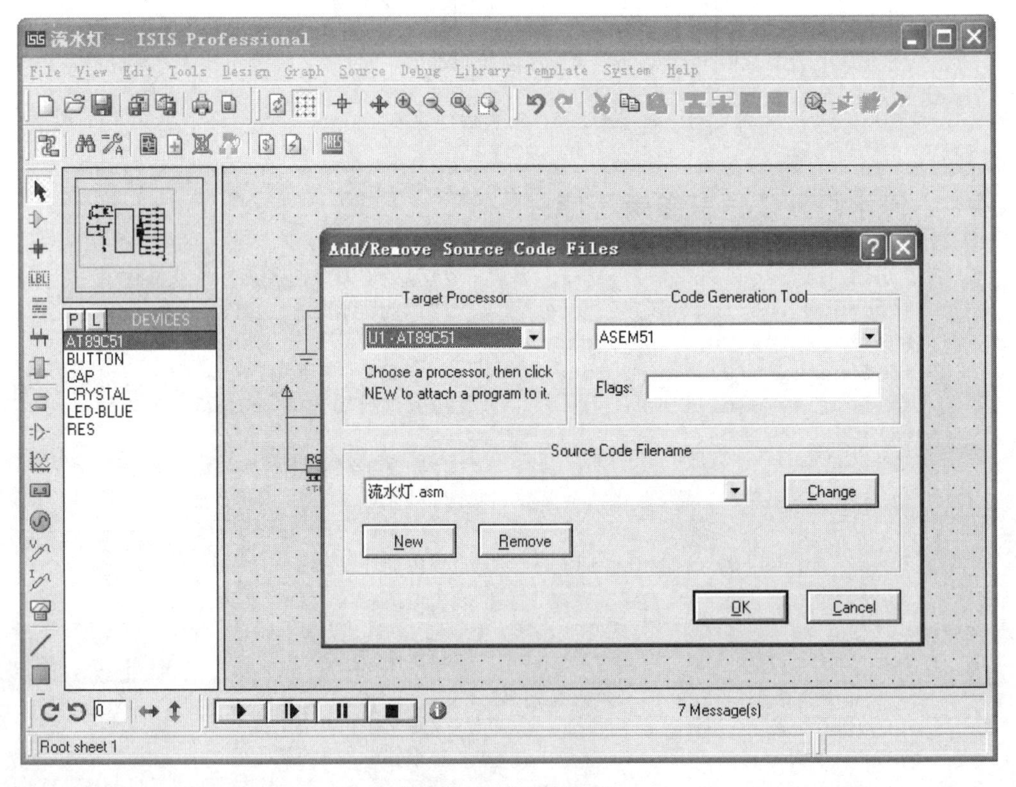

图 C.26 建立源文件

同时在 ISIS 界面的 Source 菜单中也加入了源程序文件名“流水灯.asm”，如图 C.27 所示。

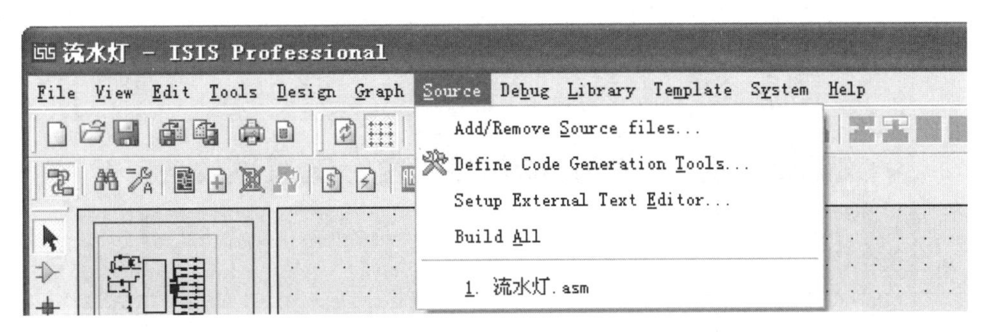

图 C.27　ISIS 界面中显示源程序名

2. 编写源程序代码

选择菜单 Source→“流水灯.asm”选项，打开源程序编辑窗口。编写源程序后存盘退出，如图 C.28 所示。

图 C.28　源程序编辑窗口

3. 编译源程序，生成目标代码文件

选择 Source→Build All 选项，编译结果出现在弹出的编译日志窗口中，如图 C.29 所示。如果没有错误便成功生成目标代码“流水灯.hex”文件。如果有错误，根据提示修改错误，重新编译，直到没有错误为止。

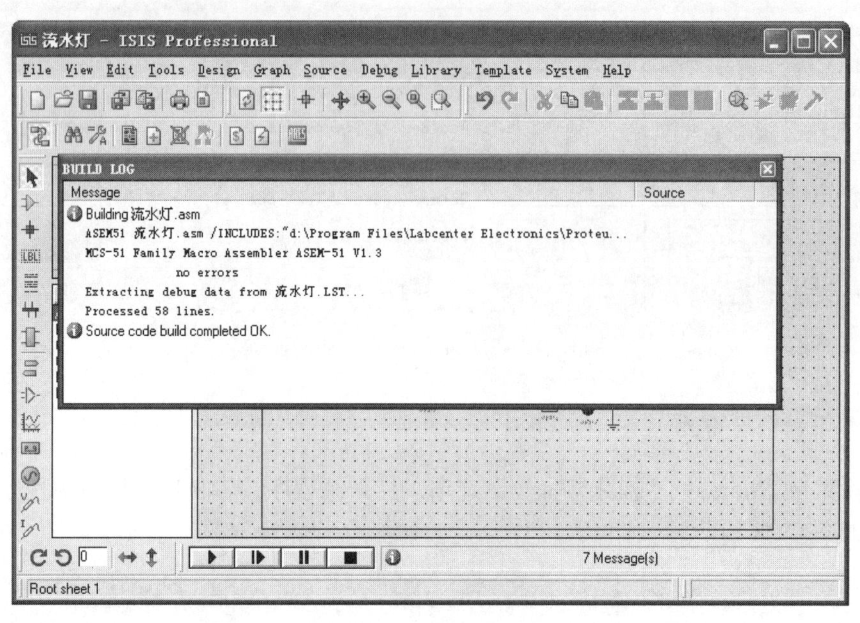

图 C.29　编译日志窗口

生成目标代码“流水灯.hex”文件之后，即可使用仿真进程控制按钮，进行仿真调试。

C.6　“流水灯”汇编语言参考程序

```
ORG 0000H                        ; PC起始值为0000H
    LJMP START                   ; 跳转到主程序
    ORG 0060H                    ; 主程序从0060H开始存放
START: MOV A, #0FEH              ; 从最低位开始亮灯
LOOP: MOV  P2, A                 ; P2口输出驱动LED发光
    LCALL  DELAY                 ; 调用延时
    RL  A                        ; 左移一位，准备点亮下一位
    SJMP LOOP                    ; 返回继续
DELAY: MOV R1, #10               ; 延时程序外循环控制变量初值
D1:     MOV R2, #20              ; 延时程序中循环控制变量初值
D2:     MOV R3, #200             ; 延时程序内循环控制变量初值
    DJNZ R3, $                   ; 延时内循环控制
    DJNZ R2,  D2                 ; 延时中循环控制
    DJNZ R1, D1                  ; 延时外循环控制
    RET                          ; 延时子程序返回
    END                          ; 汇编结束
```

附录 D　C51 语言简介

在单片机应用系统开发过程中，可以采用汇编语言或者 C 语言编写程序。一般来说，汇编语言可直接操作单片机的硬件资源，程序代码短，运行速度快，但可读性差、可移植性差，适合用于实时控制。C 语言程序可读性强，可移植性强，容易实现算法，但程序冗余大，运行速度慢，适合用于数据处理。以 MCS-51 及其兼容的单片机为目标处理器的 C 语言称为 C51，目前最流行的 C51 开发平台是 KEIL。

Keil C51 是一个基于 Windows 平台的集成开发环境，即可以编辑、编译和调试汇编语言程序，也可以编辑、编译和调试 C51 程序。

一个完整的 C51 程序由一个（且仅有一个）main()函数（又称主函数）和若干个被主函数调用的子函数组合而成。子函数可以是编译系统提供的库函数，或者是用户编写的自定义函数。C51 程序的执行从 main()函数开始，main()函数中的所有语句执行完成后，程序结束。

D.1　汇编语言与 C 语言

首先，让我们以冒泡法排序为例，感受一下汇编语言程序和 C51 程序的特点。设在存储区 TABL 处，有 10 个数据：99，15，30，13，27，28，7，0，33，67。编写程序，将其按照从大到小的次序排列。例 D.1 是采用汇编语言设计的冒泡法排序程序，例 D.2 是采用 C51 设计的冒泡法排序程序。两个程序的功能完全相同。

【例 D.1】　汇编语言冒泡排序程序。

```
N     EQU  10                    ; 定义数据长度
FIR   EQU  40H                   ; 定义数据起始地址
      ORG 0000H                  ; 定义程序起始地址
      LJMP GO                    ; 转移到主程序
TABL:DB 99, 15, 30, 13, 27, 28, 7, 0, 33, 67     ; 定义数据表格
GO:   MOV DPTR, #TABL            ; 设置数据指针
      MOV R0, #FIR               ; 设置数据起始地址
      MOV R7, #N                 ; 设置数据长度
VALU:MOV A, #0                   ; 累加器清零
      MOVC A, @A+DPTR            ; 读取第 0 个数据
      MOV @R0, A                 ; 送入内部 RAM
      INC R0                     ; 内部 RAM 数据指针加 1
      INC DPTR                   ; ROM 数据指针加 1
      DJNZ R7, VALU              ; 判断数据传送是否结束
      CALL SORT                  ; 调用排序子程序
      SJMP  $                    ; 无限循环
SORT:                            ; 排序
      MOV R7, #N -1              ; 外循环数
      CLR F0                     ; 清交换标志为 0
NEXT0:MOV A, R7                  ; 取外循环数
      JZ EXIT                    ; 只一个元素，退出
      MOV R6, A                  ; 内循环数
```

```
       MOV R0, #FIR                  ; R0 指向第一个元素
NEXT1:MOV A, @R0                     ; 取一个字节
       INC R0                        ; 数据指针加 1
       MOV B, @R0                    ; 取后一个数
       CJNE A, B, L1                 ; 两个相邻字节比较
       SJMP L2                       ; 相等，不必交换
L1:    JC L2                         ; 前一个小于后一个，符合增序
       XCH A, @R0                    ; 前一个大于后一个，交换
       DEC R0                        ; 数据指针前移一位
       MOV @R0, A                    ; 小数存放前地址
       INC R0                        ; 数据指针后移一位
       SETB F0                       ; 设置交换标志为 1
L2:    DJNZ R6, NEXT1                ; 内循环是否结束?
       JNB F0, EXIT                  ; 无交换，提前结束
       DJNZ R7, NEXT0                ; 外循环是否结束?
EXIT:RET                             ; 子程序返回
       END                           ; 汇编结束
```

【例 D.2】 C51 冒泡排序程序。

```
#include <reg51.h>                              //定义头文件
#define uchar unsigned char                     //定义 uchar
uchar A[10]= {99, 15, 30, 13, 27, 28, 7, 0, 33, 67};    //定义数组
void taxisfun()                                 //排序函数
{
  uchar i, j, Temp;                             //定义局部变量
  for (i=0; i<=8; i++)                          //设置外循环
  {
    for (j=0; j<=8-i; j++)                      //设置内循环
    {
      if (A[j+1]>A[j])                          //当后一个数大于前一个数
      {
        Temp = A[j];                            //前后 2 数交换
        A[j] = A[j+1];
        A[j+1] = Temp;
      }
    }
  }
}
void main(void)                                 //主程序
{
  taxisfun();                                   //函数调用
  while(1);                                     //无限循环
}
```

将上述两个程序在 KEIL 平台上编译，运行结果显示：

汇编语言程序：Program Size: data=8.0 xdata=0 code=67; Run Time: 376us

C51 程序：Program Size: data=19.0 xdata=0 code=211; Run Time: 1033us

由此可见，汇编语言程序代码短，执行速度快。但对初学者来说，C51 程序更容易理解，容易掌握。为帮助大家尽快学会单片机原理及 C51 程序设计方法，本附录简要介绍 C51 程序设计基础。

D.2　C51 基本元素

C51 的基本元素是指构成 C51 程序的基本要素，主要包括关键字、常量和变量等。

1. 标识符

标示符是指 C51 程序中对象的名字。对象可以是变量、常量、函数、数据类型及语句等。标识符的命名应遵从下列规则。

1）有效字符：只能由字母、数字和下划线组成，且以字母或下划线开头。

2）有效长度：随系统而异，但至少前 8 个字符是有效的。如果超长，则超长部分被舍弃。

2. 关键字

关键字又称保留字，是在程序中有特定意义的字符或字符串，它是 C51 规定的特定字符序列，必须在特定的地方，以特定的格式出现。程序员不能更改，定义对象（如变量、常量等）时不能与它们同名。与汇编语言不同，C51 是大小写敏感语言，即认为“Abc”不同于“abc”，请大家注意。C51 关键字如表 D.1～表 D.3 所示。

表 D.1　C51 标准关键字

序号	关键字	用途	说明
1	auto	存储种类声明	用以声明局部变量，缺省值为此
2	break	程序语句	退出内层循环体
3	case	程序语句	switch 语句中的选择项
4	char	数据类型声明	单字节整型数或字符型数据
5	const	存储类型声明	在程序执行过程中不可修改的常量值
6	continue	程序语句	转向下一次循环
7	defaut	程序语句	switch 语句中的失败选择项
8	do	程序语句	构成 do-while 循环结构
9	double	数据类型声明	双精度浮点数
10	else	程序语句	构成 if...else 选择结构
11	enum	数据类型声明	枚举
12	extern	存储种类声明	全局变量
13	float	数据类型声明	单精度浮点数
14	for	程序语句	构成 for 循环结构
15	goto	程序语句	构成 goto 转移结构
16	if	程序语句	构成 if...else 选择结构
17	int	数据类型声明	整型数
18	long	数据类型声明	长整型数
19	register	存储种类声明	CPU 内部寄存器变量

续表

序号	关键字	用途	说明
20	return	程序语句	函数返回
21	short	数据类型声明	短整型数
22	signed	数据类型声明	有符号数
23	sizeof	运算符	计算表达式或数据类型的字节数
24	static	存储种类声明	静态变量
25	struct	数据类型声明	结构类型数据
26	switch	程序语句	构成switch选择结构
27	typedef	数据类型声明	重新进行数据类型定义
28	union	数据类型声明	联合类型数据
29	unsigned	数据类型声明	无符号数据
30	void	数据类型声明	无类型数据
31	volatile	数据类型声明	变量在程序执行中可被隐含地改变
32	while	程序语句	构成while和do-while循环结构

表D.2　C51扩展关键字

序号	关键字	用途	说明
1	_at_	地址定位	为变量进行存储器绝对地址定位
2	alien	函数特性声明	用以声明与PL/M51兼容的函数
3	bdata	存储器类型声明	可位寻址的8051内部数据存储器
4	bit	位标量声明	声明一个位标量或位类型的函数
5	code	存储器类型声明	8051程序存储器空间
6	compact	存储器模式	指定使用8051外部分页寻址数据存储器空间
7	data	存储器类型说明	直接寻址的8051内部数据存储器
8	idata	存储器类型声明	间接寻址的8051内部数据存储器
9	interrupt	中断函数声明	定义一个中断服务函数
10	large	存储器模式	指定使用8051外部数据存储器空间
11	pdata	存储器类型声明	“分页”寻址的8051内部数据存储器
12	_priority_	多任务优先声明	规定RTX51或RTX51 Tiny的任务优先级
13	reentrant	再入函数声明	定义一个再入函数
14	sbit	位变量声明	声明一个可位寻址变量
15	sfr	特殊功能寄存器声明	声明一个8位的特殊功能寄存器
16	Sfr16	特殊功能寄存器声明	声明一个16位的特殊功能寄存器
17	small	存储器模式	指定使用8051内部数据存储器空间
18	_task_	任务声明	定义实时多任务函数
19	using	寄存器组定义	定义8051的工作寄存器组
20	xdata	存储器类型声明	8051外部数据存储器

表 D.3　MCS-51 特殊功能寄存器

序号	符号	地址	注释
1	*ACC	E0H	累加器
2	*B	F0H	乘法寄存器
3	*PSW	D0H	程序状态字
4	SP	81H	堆栈指针
5	DPL	82H	数据存储器指针低 8 位
6	DPH	83H	数据存储器指针高 8 位
7	*IE	A8H	中断允许控制器
8	*IP	D8H	中断优先级控制器
9	*P0	80H	端口 0
10	*P1	90H	端口 1
11	*P2	A0H	端口 2
12	*P3	B0H	端口 3
13	PCON	87H	电源控制及波特率选择
14	*SCON	98H	串行口控制器
15	SBUF	99H	串行数据缓冲器
16	*TCON	88H	定时器控制
17	TMOD	89H	定时器方式选择
18	TL0	8AH	定时器 0 低 8 位
19	TL1	8BH	定时器 1 低 8 位
20	TH0	8CH	定时器 0 低 8 位
21	TH1	8DH	定时器 1 高 8 位

带*号的特殊功能寄存器都是可以位寻址的寄存器。

3. 常量

常量是指在程序运行过程中其值保持固定不变的量。常量分为数值常量和符号常量。使用符号常量可以增加程序的可读性。但是，应该先定义，后使用。符号常量采用宏指令#define 定义，格式如下：

```
#define    常量名      常量值
```

例如，采用如下指令定义 PI，在程序中，所有出现 PI 的地方，编译程序都会将 PI 编译成 3.1416，相当于汇编语言伪指令“EQU”的功能。

```
#define    PI    3.1416
```

1）整型常量：在 C 语言中，8 位整型和 16 位常整型量以下列方式表示：

十进制整型常量：如 250，-12 等，其每个数字位可以是 0～9。

十六进制整型常量：如果整型常量以 0x 或 0X 开头，那么这就是用十六进制形式表示的整型常量。十进制的 128，用十六进制表示为 0x80，其每个数字位可以是 0～9，a～f。

2）浮点型常量：十进制数浮点表示是由数字和小数点组成的，如，3.14159，-7.2，9.9 等都是用十进制数的形式表示的浮点数。指数型浮点数又称为科学记数法，它是为方便计算机对浮点数的处理而提出的。如，十进制的180000.0，用指数形式可表示为1.8e5，其中1.8称为尾数，5称为指数，字母e也可以用E表示。又如0.00123可表示为1.23E-3。需要注意的是，用指数形式表示浮点数时，字母e或E之前（即尾数部分）必须有数字，且e后面的指数部分必须是整数，如，e-3，9.8e2.1，e5等都是不合法的指数表示形式。

3）字符型常量：字符型常量是由一对单引号括起来的一个字符，如‘a’、‘d’等。C51还允许使用一些特殊的字符常量，这些字符常量都是以反斜杠字符\开头的字符序列，称为“转义字符”。常用的转义字符如表D.4所示。

表D.4 常用转义字符

序号	转义字符	含义	ASCII码（16/10进制）
1	\o	空字符（NULL）	00H/0
2	\n	换行符（LF）	0AH/10
3	\r	回车符（CR）	0DH/13
4	\t	水平制表符（HT）	09H/9
5	\b	退格符（BS）	08H/8
6	\f	换页符（FF）	0CH/12
7	\'	单引号	27H/39
8	\"	双引号	22H/34
9	\\	反斜杠	5CH/92

4）字符串常量：C51除了允许使用字符常量外，还允许使用字符串常量。字符串常量是由一对双引号括起来的字符序列，如"string"就是一个字符串常量。C51规定，每一个字符串的结尾，系统都会自动加一个字符串结束标志\0，以便系统据此判断字符串是否结束。\0代表空操作字符，它不引起任何操作，也不会显示到屏幕上。例如，字符串"I am a student"在内存中存储的形式如下：

```
I a m a s t u d e n t \0
```

它的长度不是14个，而是15个，最后一个字符为\0。注意，在写字符串时不能加上\0。所以，字符串"a"与字符‘a’是不同的两个常量。前者是由字符a和\0构成，而后者仅由字符a构成。需要注意的是，不能将字符串常量赋给一个字符变量。在C51中没有专门的字符串变量，如果要保存字符串常量，则要用一个字符数组来存放。

4. 变量

变量是指在程序运行过程中其值可以变化的量。变量由变量名和变量值组成，应先定义，后使用。C51中变量的定义格式如下：

［存储种类］　数据类型　［存储器类型］　变量名表；

定义变量时，数据类型和变量名表是必须的，存储种类和存储器类型是可选的。

存储种类是指变量在程序执行过程中的作用范围。C51变量的存储种类有四种，分别是自动（auto）、外部（extern）、静态（static）和寄存器（register）。

1）auto：使用auto定义的变量称为自动变量，其作用范围在定义它的函数体或复合语句内部，当定义它的函数体或复合语句执行时，C51 才为该变量分配内存空间，结束时占用的内存空间释放。自动变量一般分配在内存的堆栈空间中。定义变量时，如果省略存储种类，则该变量默认为自动（auto）变量。

2）extern：使用 extern 定义的变量称为外部变量。在一个函数体内，要使用一个已在该函数体外或别的程序中定义过的外部变量时，该变量在该函数体内要用 extern 说明。外部变量被定义后分配固定的内存空间，在程序整个执行时间内都有效，直到程序结束才释放。

3）static：使用 static 定义的变量称为静态变量。它又分为内部静态变量和外部静态变量。在函数体内部定义的静态变量为内部静态变量，它在对应的函数体内有效，一直存在，但在函数体外不可见，这样不仅使变量在定义它的函数体外被保护，还可以实现当离开函数时值不被改变。外部静态变量是在函数外部定义的静态变量。它在程序中一直存在，但在定义的范围之外是不可见的。如在多文件或多模块处理中，外部静态变量只在文件内部或模块内部有效。

4）register：使用 register 定义的变量称为寄存器变量。它定义的变量存放在 CPU 内部的寄存器中，处理速度快，但数目少。C51 编译器编译时能自动识别程序中使用频率最高的变量，并自动将其作为寄存器变量，用户可以无需专门声明。

数据类型规定数据的取值范围。不同类型的数据，取值大小不一样，比如定义的数据类型是 char 型，则在程序中该数据最大的数据值只能是 255，在程序中定义一个表示每年的天数的变量，数据类型就不能定义成 unsigned char 型，需要定义成 unsigned int 型。但并不是定义的数据类型越大越好，如果将年的天数变量定义成 unsigned long 型，在使用上没有问题，但占用了更多的 RAM 空间，单片机中的 RAM 是非常宝贵的。C51 中数据类型分为基本数据类型和复杂数据类型，复杂数据类型由基本数据类型构造而成，如数组、结构体等，C51 支持的基本数据类型及其长度和值域如表 D.5 所示。

表 D.5　C51 基本数据类型

数据类型	长度	值域
unsigned char	单字节	0～255
signed char	单字节	−128～127
unsigned int	双字节	0～65535
signed int	双字节	−32768～32767
unsigned long	四字节	0～4294967295
signed long	四字节	−2147483648～2147483647
float	四字节	1.175494E−38～3.402823E+38
*	1～3 字节	对象地址
sfr	单字节	0～255
sfr16	双字节	0～65535
sbit	位	0 或 1
bit	位	0 或 1

在表D.5的数据类型中，*、bit、sfr、sfr16和sbit是C51编译器的扩充数据类型，标准C语言不支持这些数据类型。

*是指针运算符。指针就是变量或数据所在的存储区地址。如一个字符型的变量STR存放在内存单元的51H这个地址中，那么51H地址就是变量STR的指针。用一个变量来存放另一个变量的地址，那么用来存放变量地址的变量就称为“指针变量”。如用变量DDSTR来存放STR变量的地址51H，变量ADDSTR就是指针变量。

用指针运算符“*”能取得指针变量指向的存储地址单元中的内容。如指针变量ADDSTR指向的地址是51H，而存储单元51H中的内容是40H，那么*ADDSTR所得的值就是40H。

使用指针变量之前要先定义指针变量，形式如下：

```
数据类型 ［存储器类型］ * 变量名;
```

例如：

```
unsigned char xdata *pi
```

定义一个无符号字符型、外部数据存储器区，指针变量pi。

C51支持一般指针（Generic Pointer）和存储器指针（Memory_Specific Pointer）。一般指针的声明如下：

```
long * state;           //long型整数指针
char * xdata ptr;       //ptr为字符型数据指针
```

以上的long、char等指针指向的数据可存放于任何存储器中。一般指针本身用三个字节存放，分别为存储器类型，高位偏移，低位偏移量。

存储器指针声明时即指定了存储类型，例如：

```
char data * str;        //str指向内部RAM区中char型数据
int xdata * pow;        //pow指向外部RAM的int型整数
```

这种指针存放时，只需一个字节或2个字节就够了，因为只需存放偏移量。Idata、data、pdata存储器指针占一个字节，code、xdata则会占二个字节。

bit用于定义位变量，但不能定义位指针，也不能定义位数组，例如：

```
bit status;             //定义一个位变量status，类似于布尔数据类型
```

sfr用于定义51单片机内部一个字节特殊功能寄存器，取值范围为0～255。

sfr16用于定义51单片机内部二个字节特殊功能寄存器，取值范围为0～65535。

C51中特殊功能寄存器定义语法格式如下：

```
sfr（或sfr16） sfr-name = int constant;
```

“sfr”或“sfr16”是定义语句的关键字；sfr-name是特殊功能寄存器名，与一般变量取名规则相同；int constant是整型常数，不允许是带有运算符的表达式，表示特殊功能寄存器的地址，应在0X80～0XFF地址范围，例如：

```
sfr P1 = 0X90;        //定义一个8位的特殊功能寄存器P1，其地址为90H
sfr16 DPTR = 0X82;    //定义一个16位的特殊功能寄存器DPTR,其地址为83H和82H
```

sbit用于定义51单片机片内可位寻址位，包括特殊功能寄存器中的可位寻址位。C51中可位寻址位定义有三种格式：

格式1：

```
sbit bit-name = sfr-name ^ int constant
```

“sbit”是定义语句关键字；bit-name是可位寻址位名，与一般变量取名规则相同；

sfr-name 是之前定义过的特殊功能寄存器名；int constant 是整型常数，表示可位寻址位在特殊功能寄存器中的位置，取值范围必须为 0～7。例如：

```
sbit LED = P1^1;          //定义一个寻址位变量 LED，其位置是 P1 的第一位
```

格式 2：

```
sbit  bit-name = int constant
```

"sbit"和 bit-name 与格式一相同；int constant 是整型常数，表示可位寻址位的位地址。例如：

```
sbit CY = 0XD7;           //定义一个寻址位 CY，其位地址是 D7H
```

格式 3：

```
sbit  bit-name = int constant (1) ^int constant (2)
```

sbit 和 bit-name 与格式一相同；int constant(1)是整型常数，表示可位寻址位所在字节地址；int constant(2)是整型常数，表示可位寻址位所在字节内位置，取值范围必须为 0～7。例如：

```
sbit  CY = 0XD0^7         //定义一个寻址位 CY，他是字节地址 D0H 的第 7 位
```

C51 头文件 reg51.h 已定义标准 51 单片机特殊功能寄存器及其可位寻址位，程序员只要在源程序中包含#include<reg51.h>，就可以直接使用特殊功能寄存器名及其可位寻址位名。

存储器类型指定变量在 51 单片机系统中所保存的存储区域，C51 支持六种存储器类型，如表 D.6 所示。

表 D.6　C51 存储器类型

存储器类型	说明
data	以直接寻址方式访问内部数据存储器，速度最快
bdata	以直接寻址方式访问内部可位寻址数据存储器，允许位与字节混合访问
idata	以间接寻址方式访问内部数据存储器，允许访问全部内部数据存储器
pdata	分页访问外部数据存储器，用 MOVX @Ri 指令访问
xdata	访问外部数据存储器，用 MOVX @DPTR 指令访问
code	访问程序存储器，用 MOVC @A+DPTR 指令访问

在变量定义中，存储器类型是可选项，如果缺省存储器类型，编译系统按存储模式 SMALL、COMPACT 或 LARGE 所规定的默认存储器类型确定变量的存储区域。C51 存储模式如表 D.7 所示。

表 D.7　C51 存储模式

存储模式	说明
SMALL	默认存储器类型是 DATA，参数及局部变量放入可直接寻址的片内数据存储器（最大 128B），因此访问速度快。由于所有对象，包括堆栈，都放入片内数据存储器，而堆栈长度依赖函数嵌套层数，为防止数据存储器溢出，此模式适合小规模系统
COMPACT	默认存储器类型是 PDATA，参数及局部变量放入分页的外部数据存储器，通过@R0 或@R1 间接寻址，堆栈放在内部数据存储器中
LARGE	默认存储器类型是 XDATA，参数及局部变量放入外部数据存储器，通过@DPTR 间接寻址。变量通过 DPTR 数据指针访问，速度慢，效率低。适合变量多的大规模系统

变量名表是指定义变量的变量名列表，可以是一个变量名，也可以多个变量名，多个变量名之间用逗号“,”分隔。如：

```
static unsigned char  i;
    //定义无符号字符型静态变量 i
signed int idata sum, max_data[6];
    //定义带符号整型变量 sum、max、数组 data[6]，存放在内部 RAM，以间址方式访问
```

D.3 C51 运算符和表达式

C 语言数据表达能力强，且运算符丰富，利用这些数据和运算符可以灵活自如地组成各种表达式和语句。运算符是完成某种特定运算的符号。表达式是由运算符和运算对象组成的，符合语法规则，且具有特定含义的式子。在表达式后面加一个“;”构成一个表达式语句。

运算符按其功能可分为赋值运算符、算术运算符、增减量运算符、关系运算符、逻辑运算符、位运算符、复合运算符、逗号运算符。运算符按运算对象个数可分为单目运算符、双目运算符和三目运算符。

1. 赋值运算符

赋值运算符是将一个数据赋给一个变量的运算符，利用赋值运算符将一个变量与一个表达式连接起来的式子称为赋值表达式。C51 中赋值运算符是“=”，赋值语句的格式如下：

```
变量=表达式;
```

该语句先计算右边表达式的值，再将该值赋给左边的变量。例如：

```
X=9*8;
```

X 的值为 72。

2. 算术运算符

C51 的算术运算符及其功能如表 D.8 所示。由算术运算符将运算对象连接起来的式子称为算术表达式，算术表达式的格式如下：

```
表达式 1    算术运算符    表达式 2
```

各算术运算符的优先级参见表 D.8，计算时按“从左至右”的结合方式，即相同优先级算术运算符按照从左至右原则计算。

表 D.8 算术运算符

运算符	功能	举例	优先级
+	加或取正	19+23、+7	低
-	减或取负	56-41、-9	↑
*	乘	13×15	
/	除	5/10=0、5.0/10.0=0.5	
%	取余	9%5=4	高

3. 增减运算符

增减运算符是单目运算符，它对运算对象加 1 或减 1 操作后回存至自身。增减运算符参见表 D.9。增减运算符运算对象只能是变量，不能是常数或表达式。

表 D.9　增减运算符

运算符	功能	举例
++	自加 1	++i：先执行 i+1，再使用 i 值
		i++：先使用 i 值，再执行 i+1
--	自减 1	--i：先执行 i-1，再使用 i 值
		i--：先使用 i 值，再执行 i-1

4. 关系运算符

关系运算符用于判断某个条件是否满足，条件满足结果为 1，条件不满足结果为 0。C51 支持的关系运算符有：>（大于）、<（小于）、>=（大于或等于）、<=（小于或等于）、==（等于）、!=（不等于）。其中前四种是高优先级，后两种是低优先级。用关系运算符将两个表达式连接起来的式子称为关系表达式，关系表达式的格式如下：

　　表达式 1　　关系运算符　　表达式 2

例如：(X+1)>X、X==(X+1)，前一关系表达式结果为 1，后一关系表达式结果为 0。

5. 逻辑运算符

逻辑运算符用于对两个表达式进行逻辑运算，其结果为 0 或 1。逻辑运算符有：||（逻辑或）、&&（逻辑与）、!（逻辑非），其中前两个是双目运算符，低优先级；后者是单目运算符，高优先级。用逻辑运算符将两个表达式连接起来的式子称为逻辑表达式，逻辑表达式的格式如下：

　　表达式 1　　关系运算符　　表达式 2

其中，表达式 1 和表达式 2 可以是算术表达式、关系表达式或者逻辑表达式。例如，!X&&（Y+1>1）是合法的，若 X=1，则!X=0，逻辑表达式的结果为 0。

6. 位运算符

位运算符对变量进行按二进制位运算。位运算符的优先级从高到低依次是：～（按位取反）、>>（右移）、<<（左移）、&（按位与）、^（按位异或）、|（按位或）。位运算的一般格式如下：

　　变量 1　　位运算符　　变量 2

位运算中移位操作比较复杂。左移（<<）运算是将变量 1 的二进制值向左移动变量 2 所指的位数，左移过程中左端的二进制位丢弃，右端补“0”。右移（>>）运算是将变量1的二进制值向右移动变量2所指的位数，右移过程中右端的二进制位丢弃，左端根据变量1的性质，若变量1是无符号数，左端补“0”，若变量1是带符号数，左端补“符号位”。（即左端是“0”补“0”，是“1”补“1”。）

7. 复合赋值运算符

在赋值运算符“=”前加上其他运算符构成复合赋值运算符。C51支持的复合赋值运算符如表D.10所示。

表D.10　C51支持的复合赋值运算符

运算符	说明	运算符	说明
+=	加法赋值	>>=	右移位赋值
-=	减法赋值	&=	逻辑与赋值
*=	乘法赋值	|=	逻辑或赋值
/=	除法赋值	^=	逻辑异或赋值
%=	取余赋值	~=	逻辑非赋值
<<=	左移位赋值		

复合赋值运算符先对变量进行运算，再将结果返回给变量。复合赋值运算的一般形式如下：

变量　复合赋值运算符　表达式

其实际操作是：

变量　=　变量　运算符　表达式

例如：i+= 9; 即 i=i+9;。

8. 逗号运算符

逗号运算符用于将两个或两个以上的表达式连接起来。其一般形式如下：

表达式1，表达式2，……，表达式n

逗号运算符是优先级最低的运算符，它从左到右依次计算出各个表达式的值，最右边表达式的值即为整个逗号表达式的值。

例如：b=a--，a/6；即先计算a--，再计算a/6，最后将结果赋值给b。

9. 条件运算符

条件运算符（?:）是一个三目运算符。其一般格式如下：

逻辑表达式？表达式1：表达式2

条件运算符先计算逻辑表达式，若其值为真（或非0值），将表达式1作为整个条件表达式的值；若其值为假（或0值），将表达式2作为整个条件表达式的值。

例如：max=(a > b)?a:b，执行结果是将 a 和 b 中较大的值赋值给变量 max。

10. 指针和地址运算符

变量的指针是该变量的地址，C51 支持指针变量。C51 用“*”和“&”运算符提取变量的内容和地址，它们的一般格式分别是：

```
目标变量 = *指针变量      //将指针变量所指的存储单元内容赋值给目标变量
指针变量 = &目标变量      //将目标变量的地址赋值给指针变量
```

指针变量只能存放地址(即指针数据类型)，不能将非指针类型数据赋值给指针变量。例如：

```
int i;        //定义整数型变量 i
int *a;       //定义指向整数的指针变量 a
a = & i;      //将变量 i 的地址赋值给指针变量 a
a = i;        //错误，指针变量 a 只能存放变量指针（变量地址），不能存放变量值 i
```

11. 强制类型转换符

C51 允许各种数据类型共存于一个表达式。一个表达式中有多种数据类型时，默认情况下编译系统会按照默认的规则自动转换。默认规则如下：

短长度数据类型→长长度数据类型

有符号数据类型→无符号数据类型

当编译系统默认的数据类型转换规则达不到程序要求时，程序员需要对数据类型作强制转换，C51 中数据类型强制转换符是“()”，数据类型强制转换的格式如下：

```
(数据类型名)(表达式)
```

例如：

```
float a;
a = (float)25/5;
```

12. 长度运算符

长度运算符 sizeof 用于获取表达式或数据类型的长度（字节数）。sizeof 运算符的一般格式如下：

```
Sizeof(数据类型或表达式)
```

例如：

```
sizeof(int)
```

运算结果是 2。

13. 数组下标运算符

C51 支持一维或二维数组，C51 数组的下标运算符是[]。如 A[3]，代表数组 A[]的第三个元素。需要注意的是 C51 的数组下标从 0 开始，下标最大值是数组大小减 1。

14. 成员运算符

C51 支持复杂数据类型，如结构体、联合体、线性链表等。成员运算符用于引用复杂数据类型中的成员，如结构体中的某个成员。C51 有两个成员运算符。“.”用于非指针变量，“→”用于指针变量。复杂数据类型成员引用一般格式如下：

```
结构体变量名.成员名                    //结构体变量非指针变量
结构体指针→成员名      或者      (*结构体指针).成员名
```

例如：

```
struct date
{int year;
char month, day; }
struct date d1, *d2;
d1.year = 2010;
*d2→year = 2010;
```

C51 各类运算符优先级及结合性如表 D.11 所示。

表 D.11　运算符优先级及结合性

优先级	类别	运算符名称	运算符	结合性
1（最高）	强制转换	强制类型转换符	()	右结合
	数组	下标运算符	[]	
	结构、联合	成员运算符	.、→	
2	逻辑	逻辑非	!	左结合
	字位	按位取反	～	
	增量	增 1	++	
	减量	减 1	--	
	指针	取地址	&	
		取内容	*	
	算术	单目减	-	
	长度计算	长度计算	sizeof	
3	算术	乘	*	右结合
		除	/	
		取余	%	
4	算术和指针运算	加	+	右结合
		减	-	
5	字位	左移	<<	
		右移	>>	
6	关系	大于等于	>=	
		大于	>	
		小于等于	<=	
		小于	<	
7		恒等于	==	
		不等于	!=	
8	字位	按位与	&	

续表

优先级	类别	运算符名称	运算符	结合性
9		按位异或	^	
10		按位或	|	
11	逻辑	逻辑与	& &	
12		逻辑或	| |	
13	条件	条件运算符	？：	左结合
14	赋值	赋值 取余赋值	＝ %＝	
15	逗号	逗号运算符	，	右结合

D.4　C51 语句和控制结构

C51 语句的含义非常广泛，任何数据成分只要以分号结尾就称为语句，甚至只有一个分号也称为语句（空语句，不执行任何操作）。分号是语句的结束标志，一个语句可以写成多行，只要未遇到分号就认为是同一语句。同样，在一行内也可以写多个语句，只要用分号隔开就行。C51 程序书写比较自由，不过为了增加程序的可读性，一般一行写一条语句，并且根据程序结构和语法成分，使每行排列错落有致，以便从形式上明确程序段之间的逻辑关系。C51 中语句的类别、名称及一般形式如表 D.12 所示。

表 D.12　语句类别

类别	名称	一般形式
简单语句	表达式语句 空语句 复合语句	<表达式>; ; {<语句 1；……><语句 n>;}
条件语句	if 语句 switch 语句	if <e1> S1 else S2; switch <e > {case……}
循环语句	while 语句 for 语句 do-while 语句	while <e> S; for（e1；e2；e3）S; do S while <e>;
转向语句	break 语句 continue 语句 goto 语句 return 语句	break; continue; goto <标号>; return；或 return（<e>）;

1. 空语句

空语句在程序中只有一个分号，如下所示：

;

空语句不做任何具体操作，主要用于：

1）转向语句的转向点。

2）循环语句的循环体，循环体为空，循环动作全在循环头中。

2. 表达式语句

表达式是由运算符和运算对象构成的式子，表达式本身没有执行的功能，但其后加上分号变成语句，就可以执行了。表达式种类很多，常见的主要有赋值语句和函数调用语句。如：

```
x = 6.7;
printf ("OK");
```

3. 复合语句

用花括号将多条语句括起来，构成复合语句，例如：

```
{
  ++i;
  ++j;
  k = i + j;
}
```

复合语句内部有多条语句，对外是一个整体，相当于一条语句。复合语句主要用于循环语句的循环体或条件语句的分支。

根据结构化程序设计思想，任何程序都是由三种基本结构组成：顺序结构、分支结构和循环结构，如图 D.1 所示。顺序结构按语句书写顺序从上到下依次执行，由表达式语句组成，没有条件判断和循环控制语句，如图 D.1（a）所示。分支结构是根据程序运行状况和给定条件判断，决定程序执行两个或多个分支中的一个分支，如图 D.1（b）所示。C51 中分支结构一般采用 if 语句或 switch 语句实现。循环结构是根据程序运行状况和给定条件判断，符合条件执行循环体，不符合条件跳过循环体，如图 D.1（c）所示。C51 中循环结构一般采用 for 语句、while 语句、do-while 语句来实现。

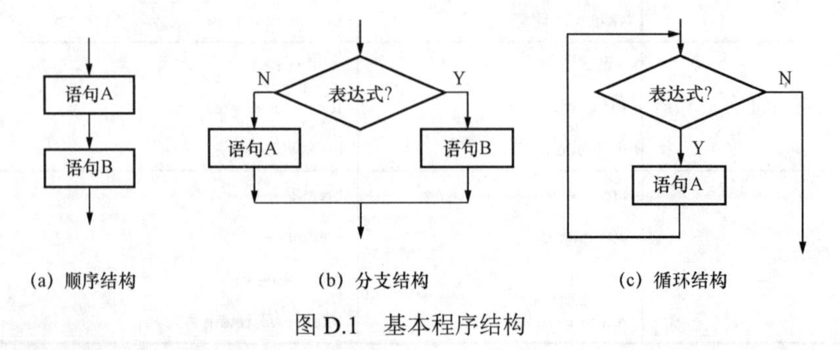

图 D.1　基本程序结构

4. if 语句

C51 中实现分支结构的主要有 if 语句和 switch 语句，if 语句主要有三种格式。

格式 1：

```
if (<表达式 1>) <语句 1> else <语句 2>
```

这是标准 if-else 语句，实现如图 D.2（a）所示的双分支程序结构，即表达式 1 条件成立执行语句 1，不成立执行语句 2。若语句 1 和语句 2 是复合语句，需要加花括号，例如：

```
if (a==0) b=5;
else b=7;
```

格式 2：

```
if（<表达式 1>）<语句 1>
```

格式 2 的 if 语句缺省 else，主要实现如图 D.2（b）所示的程序结构，即表达式 1 条件成立，执行语句 1，不成立跳过语句 1，执行下面的语句 2，例如：

```
if (a>=0) b=5;
```

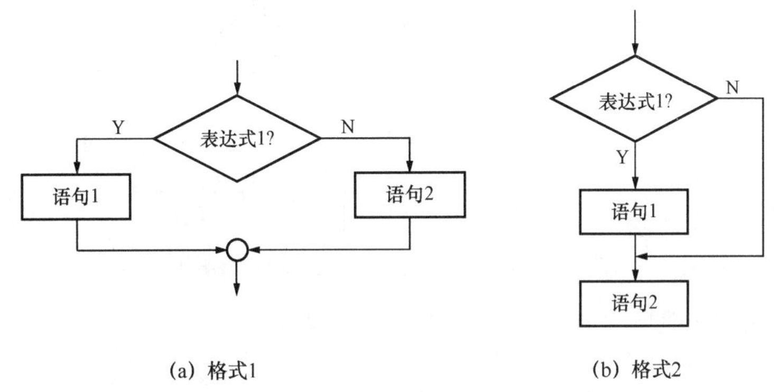

图 D.2　if 语句流程图

格式 3：

```
if（<表达式 1>）<语句 1>
  else if（<表达式 2>）<语句 2>
    ......
    else <语句 n+1>
```

格式 3 是 if 语句的嵌套，用于实现多分支结构，如图 D.3 所示，例如：

```
if (a<=0) b=5;
  else if (a==1) b=7;
  else if (a==2) b=9;
  else if (a==3) b=11;
  else  b=13;
```

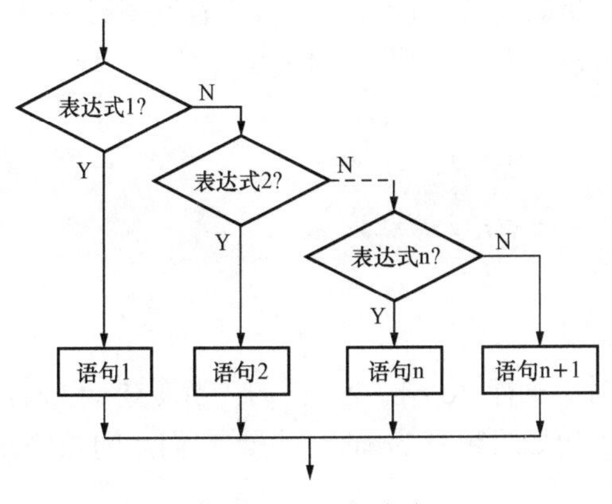

图 D.3　if 语句嵌套

5. switch 语句

if 语句主要实现双分支结构，如果实现多分支，需要用嵌套 if 语句实现，嵌套层数过多，书写麻烦，结构也不清晰。switch 语句较好地解决了这个问题。用 switch 语句实现的多分支程序结构如图 D.4 所示。

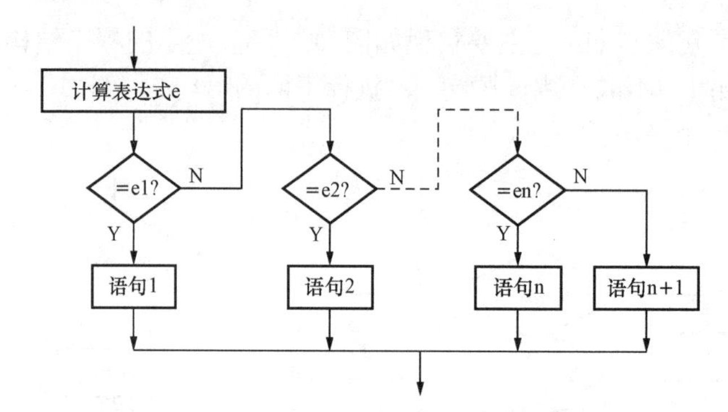

图 D.4 switch 语句实现多分支程序结构

switch 语句的一般格式如下：

```
switch (<表达式 e>)
{ case <常量 e1>: <语句 1> break;
  case <常量 e2>: <语句 2> break;
    ……
  case <常量 en>: <语句 n> break;
  default: <语句 n+1>
}
```

switch 语句先计算表达式 e，如果其值是 e1，执行语句 1，遇到 break 语句，switch 语句结束。若无 break 语句，继续执行语句 2。如果其值是 e2，执行语句 2；依此类推。如果表达式 e 与 e1，e2，…，en 都不相等，执行语句 n+1。使用 switch 语句应注意以下几点：

1）switch 后表达式数据类型可以是 int、char 或枚举型。

2）case 后语句组可以加“{ }”，也可以不加“{ }”。

3）各个 case 后的常量表达式不能包含变量，且其值必须各不相同。

4）多个 case 子句可以共用一个语句，例如：

```
switch(a)
{
  case 1:
  case 2: c = b+2; break;
  case 3: b = c+2;
}
```

当变量 a=1 或者 2 时，执行“c = b+2;”语句；当变量 a=3 时，执行“b = c+2;”语句。

5）case 和 default 子句如果带有 break 子句，它们之间顺序变化不影响执行结果。

6）switch 语句可以嵌套。

7）考虑到 C51 在 51 单片机上执行，程序和数据存储器都不够充裕；switch 语句编译后程序结构较为复杂，采用 C51 编写程序时，尽量采用 if 语句替代 switch 语句。

例如，用 A、B、C、D、E 来表示分数的等级：

```
90<=score<=100   A
80<=score<90     B
70<=score<80     C
60<=score<70     D
score<60        E
```

程序如下：

```
switch(scores/10)
{case 10:
   case 9: grade='A'; break;
   case 8: grade='B'; break;
   case 7: grade='C'; break;
   case 6: grade='D'; break;
   default: grade='E';
}
```

6. for 语句

C51 语言提供三种循环结构语句：for 语句、while 语句和 do-while 语句。

图 D.5 给出了用 for 语句实现的循环程序结构。

for 语句一般格式如下：

```
for (<表达式 e1>; <表达式 e2>; <表达式 e3>)
   <语句 1>
```

表达式 e2 是逻辑表达式，表达式 e1 和表达式 e3 不是逻辑表达式，不能使用比较和逻辑运算符。for 语句先对表达式 e1 求值，判断表达式 e2 是否为真，若真，执行语句 1，计算表达式 e3，再回去判断表达式 e2，直至表达式 e2 为假，退出 for 语句。基本 for 语句循环头示例如图 D.6 所示。

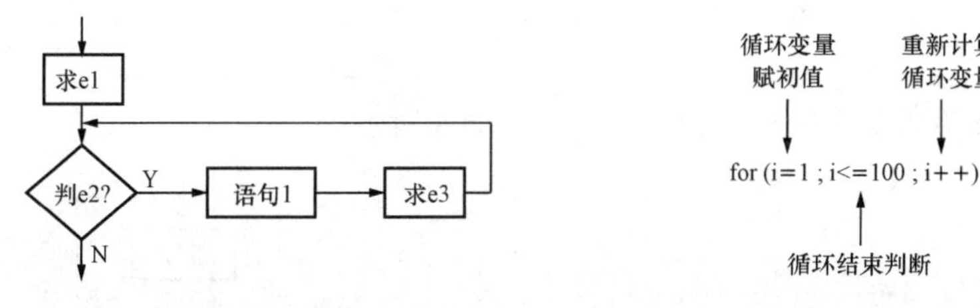

图 D.5　for 语句实现循环程序结构　　　图 D.6　基本 for 语句循环头示例

示例中 i 是循环变量，执行 for 语句时首先做“i=1;”，给循环变量 i 赋初值；接着判断循环是否结束“i<=100”，若循环条件成立，执行循环体（示例中未给出），并重新计算循环变量“i++;”，判断循环是否结束，依此类推，直至循环条件不成立，结束 for 语句。使用 for 语句应注意以下几点：

1）for 语句中<表达式 e1>、<表达式 e2>和<表达式 e3>可以省略，但分号不能省略，它们的功能必须在 for 语句之前或 for 语句的循环体中体现；

2）如果循环体是空语句，分号不能省略；如果循环体有多个语句组成，需要用｛｝括起来。

例如，求 1+2+…+100 的和。

```
void main(void)
{ int k, sum=0;
   for(k=0; k<101; k++)
     sum+=k;
}
```

7. while 语句

用 while 语句实现的循环程序结构如图 D.7 所示。

while 语句一般形式如下：

```
while (<表达式 e>)
   <语句 1>
```

while 语句先计算表达式 e，其值为真，执行语句 1，再计算表达式 e，直至表达式 e 的值为假。使用 while 语句应注意以下几点：

1）若 while 语句循环体有多条执行语句，应用｛｝括起来。

2）for 语句适用于循环次数预先确定的循环结构，while 语句适用于循环次数预先难以确定的循环结构。

3）while 语句的循环初始化在 while 语句前进行，<表达式 e>是循环结束判断，循环变量在循环体中修改。

例如，求 1+2+…+100 的和。

```
void main(void)
{ int a=0, sum=0;
   while( a<101 )
   {sum+=a; a++;}
}
```

8. do-while 语句

用 do-while 语句实现的循环程序结构如图 D.8 所示。

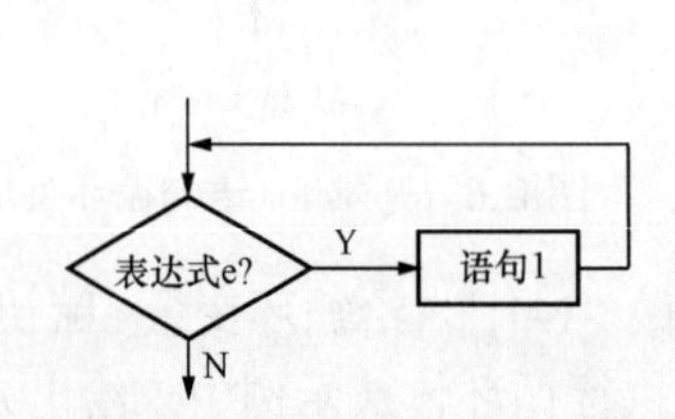

图 D.7　while 语句实现循环程序结构

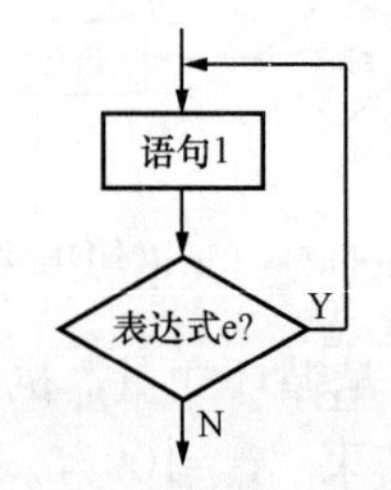

图 D.8　do-while 语句实现循环程序结构

do-while 语句一般形式如下：

```
do
```

```
   <语句 1>
While <表达式 e >
```

do-while 语句先执行语句 1，再判断表达式 e 是否为真，若为真继续执行语句 1，再判断表达式 e，依此类推，直至表达式 e 不成立。do-while 语句与 while 语句的差别是：while 语句先判断执行条件，再执行循环体；do-while 语句先执行循环体，再判断循环条件，do-while 语句至少执行一次循环体。do-while 语句注意问题与 while 语句基本相同。

例如，求 1+2+…+100 的和。

```
void main(void)
{int a=0, sum=0;
   do
     {
         sum+=a; a++;
      }
while(a<101);
}
```

9. break 语句

在 switch 语句中，break 语句会终止其后语句的执行，退出 switch 语句。在循环语句 while、for、do-while 中，break 语句使循环体结束，程序转到循环体后的语句去执行。但 break 语句只能结束包含它的最内层循环，而不能跳了多重循环。

```
function BreakTest(n){
   int i = 0;
   while (i<100)
   {
      if (i==n)
      break;
      i++;
   }
   return(i);
}
```

10. return 语句

return 表示从被调函数返回到主调函数继续执行，返回时可附带一个返回值，返回值可以是一个常量，变量，或是表达式。

例如，返回“阶乘函数”的函数值。

```
function jc(n)
{
   int j=1;
   for(int i=0; i<=n; i++)
   {
      j*=i;
   }
   return j;
}
```

如果计算5!，输出为120。return的功能为返回函数的值给调用函数。

对于返回类型为void的程序，return;语句是可选的。如果省略这条语句，隐含表明程序的最后一行有一个return语句。

11. continue语句

continue 语句只能出现在循环体中，其功能是立即结束本次循环，即遇到 continue 语句时，不执行循环体中continue后的语句，立即转去判断循环条件是否成立。

continue只是结束本次循环，而不是终止整个循环语句的执行，break则是终止整个循环语句的执行，例如：

```
int i，cnt=0;
for(i=0; i<10; i++)
{
  if(n==3) continue;
  cnt++;
}
```

执行结果：cnt的值是8。因为当运行到第4次时，i=3，符合if的条件，执行continue语句；continue后面的语句将不会执行，而直接进入下一次循环。

12. goto语句

goto语句是无条件转向语句，一般形式为

```
goto 语句标号;
```

goto语句往往用来从多重循环中跳出。它在解决一些特定问题时很方便，但由于goto语句难以控制，尽量少用，例如：

```
#include <stdio.h>
int main(void)
{
  int i, j, k;
  for (i = 0; i < 10; i++)
  for (j = 0; j < 10; j++)
  for (k = 0; k < 10; k++)
    if (i + j +k > 10)
    goto exit_for;
  exit_for:
  printf("%d %d %d", i, j, k);
}
```

D.5 C51函数

1. 函数概述

在求解复杂问题时，人们常常将其分解成多个简单小问题，分而求之。程序员在设计大型复杂程序时，往往将一个复杂的大型程序划分成多个功能单一的程序模块，分别实现，然后将各程序模块装配起来，组成完整的大型复杂程序，这种程序设计方法称为模块化程

序设计法。为更好地实现模块化程序设计，一个C语言源程序由多个函数组成，每个子函数完成一个相对独立的功能，主函数将各个子函数连接起来，完成整个程序功能。所谓函数就是一段可以重复调用，功能相对独立完整的程序段。在C语言中，函数是程序的基本组成单位，C程序是由各种各样的函数组成的。由于采用函数式模块结构，C语言更容易实现结构化程序设计，使程序的层次结构清晰，便于程序的编写、阅读和调试。

C语言函数从定义角度看，可以分为标准库函数和用户函数两类。

标准库函数是C语言系统提供的，用户无需定义，也不必在程序中作类型说明，只需在程序前包含该函数原型的头文件，在程序中便可直接调用，如printf、gets等。

用户自定义函数是用户按需要编写的函数，一般情况下标准函数库不可能包含用户所需的所有功能，用户需要编写自定义函数实现部分特殊功能。

2. 函数的定义和调用

函数定义是指编写函数功能的程序块。函数定义的一般格式如下所示。函数的定义有函数头和函数体组成。函数头是函数定义的第一行，它指定函数名、函数的返回值数据类型和形式参数表。

```
[返回值类型] 函数名 （类型符1  形参1，……，类型符n  形参n）
  {
     说明语句;
     执行语句;
  }
```

1）函数的返回值类型可以是各种基本数据类型和复杂数据类型，返回值类型缺省时，编译系统默认为int，对于无返回值函数，其返回类型用void说明。

2）函数名与变量名一样是一种标识符，定义规则也与变量名一样，一般情况下通过函数名能理解函数的功能。

3）形式参数表是指函数定义时在圆括号中列出的各个形式参数（简称形参）名及其数据类型，形参用于函数被调用时接收主调函数实参输入的数据。函数定义时，形参的数量不限，可以0个、1个或者多个。若函数有多个形参，中间用“,”隔开；若函数是无参数函数，没有形参，但圆括号不能省略，并且可用void说明。

函数体用花括号括起来，类似于复合语句。函数体由说明语句和执行语句组成，说明语句可定义函数所使用的变量；执行语句描述函数的具体操作，也可以调用函数实现函数嵌套。若函数体内没有语句，则该函数是空函数，不执行任何操作，但是花括号不能省略。对于有返回值函数，在函数体的执行语句中应用return语句返回函数执行结果，且保证返回结果的数据类型与函数头定义的返回值数据类型一致。

例如，定义一个求最大值的函数max()。

```
int  max(int  x, int  y)
{
   int  z;
   z=x>y?x: y;
   return(z);
}
```

函数的调用是指主调函数使用被调函数的过程。函数调用的形式主要有以下三种。

（1）函数调用语句

将函数调用表达式后加上分号，构成函数调用语句，如下所示：

```
函数名（实参表）;
```

这种调用方式主要用于无返回值函数，实参表中的参数数量和数据类型必须与被调函数定义的一致。

（2）函数表达式

将函数调用放在一个表达式中，如下所示：

```
y = 3 + max(x1, x2);
```

这种调用方式主要用于有返回值函数，函数表达式在赋值运算的右边。

（3）函数参数

被调函数表达式作为另一个函数的参数，出现在实参表中，如下所示：

```
printf("%d", max(x1, x2));
```

主调函数只能调用已存在的被调函数，若被调函数为库函数，则在源程序的开始处应用#include 命令包含含有被调函数原型的头文件；若被调函数为自定义函数，则被调函数应在主调函数前定义，或在调用被调函数前先声明被调函数。声明被调函数其实就是声明被调函数的原型，包括被调函数名、函数类型（即返回值类型）、形参表（包括形参个数及其数据类型）。声明函数原型可以照写函数定义时的函数头，再加分号即可，如：

```
int max(int x1, int x2);
```

若被调函数声明在源程序的定义部分（所有函数定义之前），该被调函数可以被任何函数调用；若被调函数声明在某个函数中，则该被调函数只能被这个函数调用。

3. 全局变量和局部变量

C 语言的变量可以定义在源程序的定义部分（所有函数定义之前），也可以定义在函数的说明部分，定义在源程序定义部分的变量称全局变量；定义在函数说明部分的变量称局部变量，函数形参属于局部变量。全局变量和局部变量的主要区别在于它们的作用域不同，全局变量对所有的函数是可见的，所有函数可以使用它；局部变量只对定义它的函数可见，只能在定义它的函数中使用，其他函数不能使用它。一个源程序中的各个全局变量不能同名，各个函数中的局部变量可以同名，在一个函数中，当全局变量与局部变量同名时，全局变量不起作用，局部变量起作用。全局变量定义时未初始化，系统自动默认初值为 0；局部变量定义时未初始化，其初值不确定。

4. 中断服务程序

中断是 CPU 访问外设的一种方法。CPU 通过中断方式访问外设，一方面可以提高 CPU 响应外设的速度；另一方面可以减少访问外设占用 CPU 的时间。在实时系统中 CPU 往往采用中断方式访问外设。在中断过程中，CPU 响应中断请求，就要执行中断服务程序。中断服务程序不同于子函数，子函数由主调函数调用触发执行，但中断服务程序由外设向 CPU 申请中断触发执行。中断服务程序的定义也类似于函数定义，如下所示：

```
[返回值类型] 函数名()  interrupt n [using m]
```

```
{
    说明语句;
    执行语句;
}
```

关键字 interrupt 后面的 n 是中断类型号，取值范围为 0～31，根据中断服务程序对应的中断源填写。MCS-51 单片机主要中断源的中断类型号和中断向量如表 D.13 所示。

表 D.13　MCS-51 单片机中断源和中断类型号

n	中断源	中断向量
0	外中断 0	0003H
1	定时计数器 0	000BH
2	外中断 1	0013H
3	定时计数器 1	001BH
4	串行口	0023H
保留	保留	8*n+3

关键字 using 后面的 m 是中断服务程序使用的工作寄存器组别，取值范围为 0～3。该项可以缺省，由编译器选择一个工作寄存器组供中断服务程序使用。

中断服务程序不能进行参数传递，故形参表空白，但圆括号不能省略。中断服务程序不能返回结果，建议返回类型指定为 void。中断服务程序不能由其他函数直接调用，以免产生不可预料的错误。

例如，编写一个用于统计外中断 0 的中断次数的中断服务程序。

```
extern  int x;
void  int0()  interrupt 0  using 1
{
   x++;
}
```

参考文献

陈明荧．2004．8051 单片机课程设计实训教材[M]．北京：清华大学出版社.

崔华，蔡炎光．2004．单片机实用技术[M]．北京：清华大学出版社.

丁元杰．2005．单片微机原理及应用[M]．3 版．北京：机械工业出版社.

冯文旭，朱庆豪，程丽萍，等．2008．单片机原理及应用[M]．北京：机械工业出版社.

姜志海．2005．单片机原理及应用[M]．北京：电子工业出版社.

蒋力培．2004．单片微机系统实用教程[M]．北京：机械工业出版社.

雷思孝，冯育才．2005．单片机系统设计及工程应用[M]．西安：西安电子科技大学出版社.

李建忠．2002．单片机原理及应用[M]．西安：西安电子科技大学出版社.

刘瑞新．2005．单片机原理及应用教程[M]．北京：机械工业出版社.

刘迎春．2005．MCS-51 单片机原理及应用教程[M]．北京：清华大学出版社.

龙泽明，顾立志，王桂莲，等．2005．MCS-51 单片机原理及工程应用[M]．北京：国防工业出版社.

马忠梅，籍顺心，张凯，等．2003．单片机的 C 语言应用程序设计[M]．北京：北京航空航天大学出版社.

毛谦敏．2005．单片机原理及应用系统设计[M]．北京：国防工业出版社.

徐新民．2006．单片机原理与应用[M]．杭州：浙江大学出版社.

薛晓书．2004．单片微型计算机原理及应用[M]．西安：西安交通大学出版社.

喻萍，郭文川．2006．单片机原理与接口技术[M]．北京：化学工业出版社.

张大明．2006．单片微机控制应用技术[M]．北京：机械工业出版社.

张俊谟．2002．单片机中级教程[M]．北京：北京航空航天大学出版社.

张义和，陈敌北．2006．例说 8051[M]．北京：人民邮电出版社.

张毅刚，刘杰．2004．单片机原理及应用[M]．哈尔滨：哈尔滨工业大学出版社.

朱清慧．2008．Proteus 教程[M]．北京：清华大学出版社.